传输工程师手册

主编 魏雷
副主编：朱斌 方恒武 吴昌成 张志方

CHUANSHU
GONGCHENGSHI SHOUCE

人民邮电出版社
北京

图书在版编目（CIP）数据

传输工程师手册 / 魏雷主编. -- 北京 ：人民邮电
出版社，2020.4（2024.7重印）
ISBN 978-7-115-53617-4

Ⅰ．①传… Ⅱ．①魏… Ⅲ．①光传输技术－技术手册
Ⅳ．①TN818-62

中国版本图书馆CIP数据核字(2020)第048493号

内 容 提 要

本书从光纤通信的基本概念、主流传输技术、硬件安装、设备测试、故障案例 5 个方面介绍光传输
设备的相关知识，便于读者对光传输设备安装测试工程有一个全面直观的认识。本书详细地介绍了工程
中所涉及的安装规范、测试指标及相关的工作流程，读者通过阅读本书可以迅速找到实际工作中所需要
的操作细则。本书还为读者提供了维护工作中的典型案例，并给出了常见的故障定位与处理思路。

本书适合光传输设备工程施工、维护领域的从业人员阅读和参考，其他对光传输设备安装测试工程
感兴趣的人员也可以通过阅读本书，加深对光传输技术的理解。

◆ 主　编　魏　雷

　　副主编　朱　斌　方恒武　吴昌成　张志方

　　责任编辑　贾朔荣

　　责任印制　彭志环

◆ 人民邮电出版社出版发行　　北京市丰台区成寿寺路 11 号
　　邮编　100164　电子邮件　315@ptpress.com.cn
　　网址　https://www.ptpress.com.cn
　　固安县铭成印刷有限公司印刷

◆ 开本：787×1092　1/16

　　印张：18.25　　　　　　　　　2020 年 4 月第 1 版

　　字数：378 千字　　　　　　　2024 年 7 月河北第 2 次印刷

定价：98.00 元

读者服务热线：(010)53913866　印装质量热线：(010)81055316
反盗版热线：(010)81055315
广告经营许可证：京东市监广登字20170147号

前　言

随着互联网、物联网、云计算等产业的蓬勃发展和 5G 时代的来临，各种业务对带宽的需求也更加迫切，光传输网的大容量、透明性和灵活性等特点使其在未来网络发展中的基础地位更加稳固。光传输网为全网的全业务提供了快速、灵活、透明的传输通道，并体现出超高速、智能化和分组化的三大特征，为未来移动互联网、物联网、云计算、智慧城市等技术的持续发展奠定了坚实的网络基础。

中邮建技术有限公司创建于 1958 年，前身为江苏省电信工程公司，曾是江苏省邮电管理局的直属施工企业。1988 年，中邮建技术有限公司开始承接"苏杭光传输工程"等重大光通信工程施工项目，并投身于国家一级传输干线（"八横八纵"）的建设中。我国通信企业拆分整合后，中邮建技术有限公司与中国电信、中国移动、中国联通等企业合作，积极参与其一级干线、二级干线及本地传输网工程的施工。其中，由中邮建技术有限公司承建的"中国电信高品质 IP 骨干网（CN2）"获得通信行业第一个"国家优质工程金质奖"。

中邮建技术有限公司将光传输工程的施工能力平移，积极参与能源、交通、公安、水利等行业系统的信息化建设，成果卓著，承接的"南水北调（东线）光传输项目"荣获 2017 年国际电信联盟（ITU）信息社会世界峰会（WSIS）项目奖大赛"信息和通信基础设施"类大奖，这是中国企业第一次摘得 WSIS Winner 大奖（信息社会世界峰会项目奖大赛最高奖），奠定了中邮建技术有限公司在光传输网建设与维护方面的行业领先地位。

目前，国内电信运营商已在省际、省内骨干网络大规模部署 100Gbit/s OTN，并已延伸至主要城市的核心网络，甚至已有部分 200Gbit/s、400Gbit/s OTN 设备投入运营。在5G 技术高带宽和基站高度密集的要求下，100Gbit/s Ethernet 组网将成为必然趋势。大规模的传输网络部署与建设已成为社会信息网络建设的重要组成部分，而基于传输网络的设备迅速更新换代，因而一线人员了解光传输网的原理、组网、实际操作的需求日益迫切。

本书以传输网络设备安装测试工程的主要任务为出发点，介绍了目前传输网常用技术的相关原理，网络结构以及设备安装、测试各项工序的要点与细节，以及实现"0 故障，100% 安全"的运维操作目标。全书共分 9 章，第 1 章介绍了光通信的基本概念和主要特点，以及光纤的相关知识，并阐述了当前光网络的发展趋势；第 2 章介绍了传统 SDH 技术的原理、帧结构与复用映射等概念，给出了 SDH 网络的主要网络拓扑结构与保护方式；第 3 章介绍了 WDM 技术的基础概念与原理，并详细介绍了与 WDM 网络设备相关的关键技术；第 4 章介绍了分组传输技术，分别对 PTN 与 IP RAN 两种主流分组承载网络技术的基本原理、协议和关键技术进行了介绍；第 5 章介绍了 OTN 的技术原理、设备分类、网络保护与 OTN 相关的关键技术；第 6 章介绍了 PON 接入技术，包括 PON 的基本概念和网络构成、PON 的结构分类，还介绍了部分 OLT、ONU 设备和 PON 设备的调试；第 7 章详细介绍了光传输网设备各个安装工序的细节，并给出了相应的安全措施与衡量安装工艺质量的标准；第 8 章介绍了目前主流的光传输设备的测试原理、测试方法与部分主流仪表，并给出了相关测试项目的指标值；第 9 章从维护的角度介绍了 OTN、IP RAN 和 PTN 等主流传输网络设备的故障处理思路与相关案例。

本书第 1 章由杨卫国编写；第 2 章由张文军、陆震编写；第 3 章由张志方、贾祥华编写；第 4 章由杨超、肖嘉熙编写；第 5 章由林刚、杨卫国编写；第 6 章由邓宁、徐彤编写；第 7 章由周兵、林加燕、张志方编写；第 8 章由张志方、张成乾、杨卫国编写；第 9 章由杨超、肖嘉熙、费孔鹤编写。朱斌、方恒武、吴昌成、张志方担任本书副主编，负责审稿；魏雷担任本书主编，负责协调、校稿、最终定稿并撰写前言。本书在编写过程中得到了陈铭、朱晨鸣等同志的大力支持与帮助，同时也感谢华为、中兴等设备厂商的鼎力协助。

我们的写作初衷在于为光传输网建设行业略尽绵薄之力，普及传输工程施工维护方面的基础知识和基本操作技能，帮助广大业内新人更快地了解行业，融入行业，适应工作环境。由于编者水平有限，书中难免有错误与不足之处，恳请读者批评指正。

魏雷

2019 年 12 月于南京

目　录

第1章
光通信基础知识

1.1 光通信概述

1.1.1 光通信的基本概念

光通信是指利用相干性和方向性极好的激光作为载波（也称光载波）携带信息，并利用光导纤维（光纤）传输的通信方式。光通信常用的波长范围为近红外线区，如图 1-1 所示，即 $0.85 \sim 1.6\,\mu m$，其频率范围约为 10^{14} Hz 数量级，是常用的微波频率的 $10^4 \sim 10^5$ 倍，所以其通信容量是常用微波通信的 $10^4 \sim 10^5$ 倍。

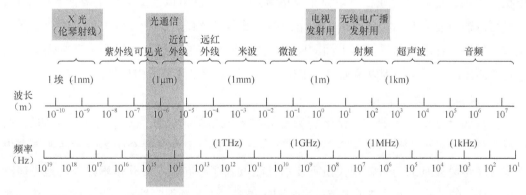

图 1-1　光通信常用的波长范围

1.1.2 光通信系统的主要特点

光通信技术从 20 世纪 70 年代初发展到现在，具有以下 6 个方面的特点。

1. 传输频带宽，通信容量大

通信容量和载波频率成正比，提高载波频率可以达到扩大通信容量的目的。光波的传播频率要比无线通信的传播频率快得多，因此光通信的通信容量也比无线通信的通信容量大很多。

光通信的工作频率为 $10^{12} \sim 10^{16}$Hz，如果将一个话路的频带设为 4kHz，那么一对光纤上可传输 10 亿路以上的话路。目前采用的单模光纤的带宽极宽，因此用单模光纤传输光载频信号可获得极大的通信容量。

2. 损耗小，中继距离长

现在，商品化的石英光纤损耗为 $0 \sim 20$dB/km，比任何传输介质的损耗都低，因此光通信系统可以减少中继站数目，这样不仅可以降低系统的费用成本和复杂的系统操作性，而且还可以实现更大距离的无中继传输。例如，采用分布式拉曼放大技术，可使 32 波长 $\times 40$Gbit/s WDM 系统的无中继传输距离达 250km。

3. 重量轻，体积小

由于电缆体积较大、重量较重，安装时必须慎重处理接地和屏蔽的问题。在空间狭小的场合，如在舰船和飞机中，这个弱点更为突出。然而，光纤重量很轻，直径很小，即使做成光缆，在芯数相同的条件下，其重量还是比电缆轻得多，体积也小得多。通信设备的重量和体积在许多领域，特别是在航空等领域的应用，具有特别重要的意义。

在飞机上用光纤代替电缆，不仅降低了通信设备的成本，提高了通信质量，而且降低了飞机的制造成本。分析表明，每降低 12kg 的重量，飞机制造成本就节省 270000 美元。

4. 抗电磁干扰性能好

光纤的原材料是石英，具有强烈的抗腐蚀性能和良好的绝缘性能，同时自身抗电磁干扰能力强，能够解决通信中电磁干扰的问题，不受雷电以及太阳黑子等活动的干扰，并且可以通过复合与电力导体高压输电线等形成复合光缆，有利于强电领域的通信系统工作。例如，在电气化铁道等方面的应用。无金属加强筋光缆非常适合于存在强电磁场干扰的高压电力线路周围以及油田、煤矿和化工等易燃易爆环境中使用。

5. 泄露少，保密性好

在现代社会中，企业的经济运行数据和技术竞争情报已成为竞争对手窃取的目标，因此通信系统的保密性能是用户必须考虑的一个因素。电波传输会因为电磁波泄露而出现串音，容易被别人窃听，现代侦听技术已能做到在离同轴电缆几千米以外的地方窃听电缆中传输的信号，可是窃听光缆信号却困难得多。因此，保密性高的网络中不能使用电缆。而在光纤中，传输的光泄露非常微弱，即使在弯曲地段也无法被窃听，因此，信息在光纤中的传输非常安全。

6. 节约金属材料

节约金属材料有利于资源合理使用，制造同轴电缆和波导管的金属材料在地球上的储量是有限的，而制造光纤的石英在地球上是取之不尽的。

光通信除了上述一些具体的特点外，还有很多的优点，如光纤的原材料成本低、光纤柔软、容易铺设、使用寿命长、稳定性好，因此，光纤通信的应用范围比较广泛，不仅可以用于通信，而且还可以用于工业等其他领域。

1.1.3　光通信系统组成

目前，光通信系统较多采用的是数字编码、强度调制—直接检测（Intensity Modulation Direct Detection，IM-DD）的通信系统，这种系统的构成如图 1-2 所示。

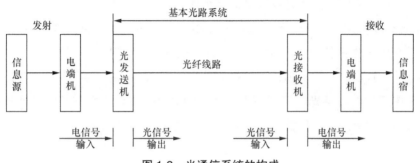

图 1-2　光通信系统的构成

图 1-2 所示的是光通信系统其中一个方向的传输结构，与反方向传输的结构相同。在图 1-2 中，电端机为复用设备（准同步复用或同步复用），作用是处理信息源的信号，例如模 / 数变换、多路复用等。光发送机、光纤线路和光接收机构成了可作为独立的"光信道"单元的基本光路系统，若配置适当的接口设备，则它可以插入现有的数字通信系统（或模拟通信系统）或者有线通信系统（或无线通信系统）的发射与接收之间；该系统若配置适当的光器件，还可以组成传输能力更强、功能更完善的光通信系统。例如，光纤线路中插入光纤放大器组成光中继长途系统；配置波分复用器和解复用器组成大容量波分复用系统；使用耦合器或光开关组成无源光网络等。下面简要介绍基本光路系统的 3 个组成部分。

1. 光发送机

光发送机的作用是把输入的电信号转换成光信号，并将光信号最大限度地注入光纤线路中。光发送机由光源、驱动器和调制器组成。光发送机的核心是光源，对光源的要求是输出功率足够大、调制速率高、光谱线宽度和光束发散角小、输出光功率稳定、器件寿命长。目前，使用最广泛的光源有半导体激光器（或称激光二极管）和半导体发光二极管（Light Emitting Diode，LED）。普通的激光器谱线宽度较宽，是多纵模激光器，在高速率调制下，激光器的输出频谱较宽，从而限制了传输速率和中继距离。一种谱线宽度很窄的单纵模分布反馈（Distributed FeedBack，DFB）激光器已经在市场上逐渐得到广泛应用。

光发送机把电信号转换成光信号的过程是通过电信号调制光源来实现的。光调制分为直接调制和间接调制（也称外调制）两种：直接调制是将电信号注入半导体激光器或发光二极管从而获得相应的光信号，输出功率的大小随信号电流的变化而变化，这种方式较简单，容易实现，但调制速率受激光器的特性所限制；间接调制是把激光的产生和调制分开，在激光形成后再加载调制信号，是用独立的调制器对激光器输出的激光进行调制。间接调制在相干光通信中得到了广泛应用。

2. 光纤线路

光纤线路是光信号的传输媒介，可把来自发送机的光信号以尽可能小的衰减和脉冲展宽传送到接收机中。它对光纤的要求是基本传输参数衰减和色散要尽可能小，并有一定的机械特性和环境特性。工程中使用的是由许多根光纤绞合在一起组成的光缆。整个光纤线路由光纤、光纤接头和光纤连接器等组成。

目前的光纤均为石英光纤。石英光纤有850nm、1310nm、1550nm 3个低损耗的波长区，光纤通信系统的工作波长只能在这3个波长区选择，激光器的发射波长、光检测器的响应波长都与其一致。这3个低损耗区的损耗分别小于2dB/km、0.4dB/km 和 0.2dB/km。

在通信中使用的石英光纤有多模光纤和单模光纤。单模光纤的传输性能比多模光纤好，大容量、长距离的光纤传输系统一般采用单模光纤。

为适应不同要求的光纤通信系统，光纤类型有 G.651 光纤（多模光纤）、G.652 光纤（常规单模光纤）、G.653 光纤（色散位移光纤）、G.654 光纤（低损耗光纤）和 G.655 光纤（非零色散位移光纤）等。

3. 光接收机

光接收机的功能是把由光发送机发送的、经光纤线路传输后输出的、已产生畸变和衰减的微弱光信号转换为电信号，并经放大、再生，恢复为原来的电信号。

光接收机由光检测器、放大器和相关电路组成。光接收机对光检测器的要求是响应度高、噪声低、响应速度快。目前广泛使用的光检测器有光电二极管（Positive Intrinsic-Negative，PIN）和雪崩光电二极管（Avalanche Photo Diode，APD）。

光接收机把光信号转换为电信号的过程是通过光检测器实现的。光检测器的检测方式有直接检测和外差检测两种：直接检测是由光检测器直接把光信号转换为电信号；外差检测是在接收机中设置一个本地振荡器和一个混频器，将本地振荡光和光纤输出的光进行混频产生差拍输出中频信号，再经光检测器把中频信号转换成电信号。外差检测方式对本地激光器的要求较高，要求光源频率稳定、谱线宽度窄、相位和偏振方向可控制。优点是接收灵敏度高。目前，光纤通信系统普遍采用 IM-DD 方式。外差检测用于相干光纤通信，虽然间接调制—外差检测的方式技术复杂，但其有着传输速率高、接收灵敏度高等优点，是一种有应用前景的通信方式。

衡量接收机质量的主要指标是接收灵敏度。它表示在一定的误码率条件下，接收机调整到最佳状态时接收微弱信号的能力。接收机的噪声是影响接收灵敏度的主要因素。

长距离的光纤传输系统还需要使用中继器，中继器的作用是将经过光纤长距离衰减和畸变后的微弱光信号放大、整形，再生成具有一定强度的光信号，继续送向前方，以保证良好的通信质量。以往光纤通信系统中的光中继器都是采用光—电—光的形式，但随着光放大器（如掺铒光纤放大器）的开发、成熟、使用，直接放大光已成为可能。

1.2 光纤的基础知识

1.2.1 光纤简介

1. 光纤的结构

光纤是一种导光性能极好、直径很细的圆柱形玻璃纤维，主要由纤芯、包层和涂覆层构成，基本结构如图 1-3 所示。

（1）纤芯

纤芯的主体材料为二氧化硅，掺杂微量的掺杂剂，如二氧化锗，用以提高纤芯的折射率（n_1）。纤芯的直径通常在 $5 \sim 50\,\mu m$。

（2）包层

包层一般采用纯二氧化硅，外径为 $125\,\mu m$。包层的折射率（n_2）小于纤芯的折射率（n_1）。

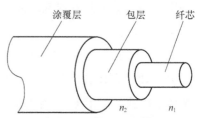

n_1：纤芯的折射率　n_2：包层的折射率

图 1-3　光纤的结构

（3）涂覆层

涂覆层采用环氧树脂、硅橡胶等高分子材料，外径约 $250\,\mu m$。光纤生产商通过增加涂覆层来增强光纤的柔韧性、机械强度和耐老化特性。

2. 光纤的分类

（1）按照折射率的分布形状分类

光线在光纤中传递时，各条光线分别以一个合适的角度入射到纤芯与包层的交界面上。由于纤芯的折射率（n_1）大于包层的折射率（n_2），因此，当光线的入射角度满足全反射条件时，光线可在分界面上反复进行全反射，以"之"字形路径向前行进，使光能限制在纤芯中，形成传输波。

根据光纤截面上折射率的径向分布情况，光纤分为阶跃型和渐变型光纤具体如图 1-4 所示。

（2）按照光纤的材料分类

按照光纤的材料分类，除石英系光纤之外，还有多成分的玻璃光纤、采用石英纤芯和塑料包层的石英塑料光纤、采用塑料纤芯和塑料包层的全塑料光纤等。

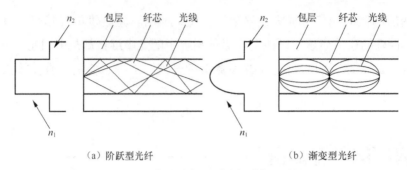

（a）阶跃型光纤　　　　　　　　　　　　（b）渐变型光纤

图 1-4　阶跃型光纤和渐变型光纤对比

这些光纤的损耗比石英光纤大，通常只用于楼内、室内等短距离的传输系统。

（3）按照传输模式分类

光属于电磁波范畴，因此光线在光纤中传播时，不仅需要满足纤芯与包层的全反射条件，还需要满足电磁波在传输过程中的相干加强条件。

对于具体的光纤结构，只有一系列特定的电磁波才可以在光纤中有效传输。这些特定的电磁波被称为光纤模式。光纤中可传导的模式数量是由光纤的具体结构和折射率径向分布决定的。

如果光纤只支持一个传导模式（基模），则称该光纤为单模光纤，纤芯中只有一条光线传输；如果光纤支持多个传导模式，则称该光纤为多模光纤，纤芯中的每条光线均为一个传输模式，图 1-4 所示的光纤即是两种典型的多模光纤。

单模光纤与多模光纤的区别见表 1-1。

表1-1　单模光纤和多模光纤的区别

	单模光纤	多模光纤
传输模式	只支持基模传输	支持多个传导模式
纤芯	较小（5～10μm）	较大（约50μm）
色散影响	主要由光信号中不同频率成分的传输速率引起，随着光信号光谱宽度的增大而增大	由于不同模式的传输速率不同，因此具有较大的模式色散，直接影响传输带宽和传输距离
类型	普通单模光纤（Single Mode Fiber，SMF）、色散位移光纤（Dispersion-Shifted Fiber，DSF）、色散补偿光纤（Dispersion Compensation Fiber，DCF）等	普通多模光纤（Multi-Mode Fiber，MMF）
工作窗口	1310nm和1550nm	850nm和1310nm
应用场合	长距离、大容量的光纤通信系统	短距离、低速的光纤通信系统

1.2.2　光纤的应用频率

随着光纤制造工艺的改进，光纤传输损耗也呈逐年降低的趋势，目前已存在 5 个低

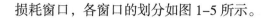

损耗窗口，各窗口的划分如图 1-5 所示。

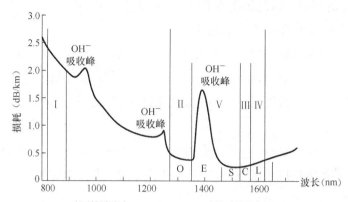

O：Original Band（原始波段）　E：Extend Band（扩展波段）　S：Short Band（短波段）

C：Conventional Band（常规波段）　L：Long Band（长波段）

图 1-5　低损耗窗口划分

5 个窗口的光信号的标记、波长范围、光纤类型和应用场合见表 1-2。

表1-2　低损窗口特性比较

窗口	I	II	III	IV	V
标记（nm）	850	1310（O波段）	1550（C波段）	1600（L波段）	1360～1530（E+S波段）
波长范围（nm）	600～900	1260～1360	1530～1565	1565～1625	1360～1530
光纤类型	多模光纤	多模光纤/G.652/G.653	G.652/G.653/G.655	G.652/G.653/G.655	全波光纤
应用场合	短距离、低速	短距离、低速	长距离、高速		

1.2.3　光纤的类型及特点

1. G.652 光纤（普通单模光纤）

G.652 光纤也称为色散非位移单模光纤，可以应用于 1310nm 波长和 1550nm 波长的窗口。G.652 光纤在 1310nm 窗口有近似于零的色散，在 1550nm 窗口损耗最低，但是具有 17ps/（km·nm）的色散值。

G.652 光纤被应用于 1310nm 窗口时，仅适用于 SDH 系统；G.652 光纤被应用于 1550nm 窗口时，适用于 SDH 系统和 DWDM 系统，当单通道速率大于 2.5Gbit/s 时，需要色散补偿。

2. G.655 光纤（非零色散位移单模光纤）

G.655 光纤在 1550nm 窗口的光纤色散的绝对值不为零而处于某个范围内，以此保证该窗口具有最低损耗和较小的色散值。

G.655 光纤适用于高速、长距离的光通信系统。由于非零色散值抑制了非线性四波混频对 DWDM 系统的影响，因此该类型光纤主要用于 DWDM 系统。

3. G.653 光纤（色散位移单模光纤）

G.653 光纤在 1550nm 窗口同时获得最低损耗和最小色散值，主要应用于 1550nm 窗口，适用于高速、长距离的单波通信系统。通信系统中采用 DWDM 技术时，在零色散波长区将出现严重的四波混频非线性问题，导致复用信道光信号能量出现衰减以及信道串扰。

4. G.654 光纤

G.654 光纤工作在 1550nm 窗口，平均损耗为 0.15dB/km ～ 0.19dB/km，比其他类型光纤的损耗低，零色散点位于 1310nm 窗口，主要适用于长中继距离的光传输系统。

5. 全波光纤

全波光纤又称无水峰光纤，它是通过消除 1385nm 附近的氢氧根（OH^-）离子，从而消除由氢氧根离子引起的附加水峰衰减，使光纤衰减仅由硅玻璃材料的内部散射损耗决定。

ITU-T 建议无水峰光纤的编号为 G.652 C&D，属于 G.652 光纤其中的一种，统一名称为波长扩展的色散非位移单模光纤。

全波光纤的损耗在 1310nm ～ 1600nm 波段，波段趋于平坦。内部已清除氢氧根，因此光纤即便暴露在氢气环境下也不会形成水峰衰减，具有长期的衰减稳定性。

全波光纤可以提供 1280nm ～ 1625nm 的完整传输波段，全部可用波长范围比常规光纤增加了约一半。

6. 真波光纤

真波光纤是目前被广泛应用的一种非零色散位移单模光纤（G.655 光纤）。光纤特性与 G.655 光纤类似。真波光纤的零色散点在 1530nm 以下的短波长区，在 1549nm ～ 1561nm 的色散值为 2.0ps/(nm·km) ～ 0ps/(nm·km)。

真波光纤的色散斜率和色散系数小，可容忍更高的非线性效应，适用于大容量的光传输系统。

7. 大有效纤芯面积光纤

大有效纤芯面积光纤属于非零色散位移单模光纤（G.655 光纤），从本质上改进了系统抗非线性的能力。

超高速系统的主要性能限制是色散和非线性。通常色散可以通过色散补偿的方法来消除，而非线性的影响却不能用简单的线性补偿来消除。光纤的有效面积是决定光纤非线性的主要因素，有效面积越大，可承受的光功率越大，因而可以更有效地克服非线性的影响。

1.2.4　光纤的传输特性

1. 光纤损耗

传输中功率损耗是光纤最基本和最重要的参数之一。光纤损耗的存在使得光纤中传输的光功率随传输距离的增加而按指数衰减。

（1）光纤损耗的产生以及低损窗口

光纤损耗主要包括以下两个方面。

① 光纤本身的损耗，包括光纤材料本身的固有吸收损耗、材料中的杂质吸收损耗（尤其是残留在光纤内的 OH^- 导致的损耗）、瑞利散射损耗以及光纤结构不完善引起的散射损耗。

② 光纤经过集束被制成光缆，光缆在各种环境下被敷设，加上光纤接续以及作为系统的耦合与连接等引起的光纤附加损耗，包括光纤的弯曲损耗、微弯损耗、光纤线路中的连接损耗、光器件之间的耦合损耗等。

光纤的衰减谱也如图 1-5 所示。窗口 I 的平均损耗值为 2dB/km，窗口 II 的平均损耗值为 0.3dB/km ～ 0.4dB/km，窗口 III 的平均损耗值为 0.19dB/km ～ 0.25dB/km，窗口 V 的 1380nm 处存在 OH^- 吸收峰。

（2）单模光纤损耗值

单模光纤损耗值见表 1-3。

表1-3 单模光纤损耗值

光纤类型	G.652	G.653	G.655
典型损耗值（1310nm）	0.3dB/km～0.4dB/km	—	—
典型损耗值（1550nm）	0.15dB/km～0.25dB/km	0.19dB/km～0.25dB/km	0.19dB/km～0.25dB/km
工作窗口	1310nm和1550nm	1550nm	1550nm

（3）光纤损耗与光信噪比的关系

光信噪比（Optical Signal Noise Ratio，OSNR）指光信号功率与噪声功率的比值。OSNR 是一个十分重要的参数，对估算和测量系统的误码性能、工程设计与维护都有重要意义。

我们以 DWDM 系统接收端的 OSNR 计算公式为例：

$$OSNR = P_{out} - 10\lg M - L + 58 - N_F - 10\text{lo}N$$

其中：P_{out} 为入纤光功率（dBm）；M 为 WDM 系统的复用通路数；L 为任意两个光放大器之间的损耗即区段损耗（dB）；N_F 为光放大器 EDFA 的噪声系数（dB）；N 为 WDM 系统合波器与 WDM 系统分波器之间的光放大器数目。

由公式可知，在其他参数不变的情况下，线路损耗越大，OSNR 越低，光线路的传输质量也会随之下降。

2. 色散

光纤的输入端入射光脉冲信号经过长距离传输以后，在光纤输出端发生了时间上的展宽，这种现象称为色散。单模光纤中的色散现象如图 1-6 所示。

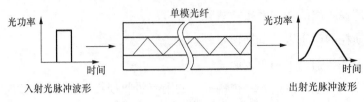

图 1-6　光纤中的色散现象

色散将导致码间干扰，在接收端将影响光脉冲信号的正确判决，误码率增大将严重影响信息的传送。

单模光纤中的色散主要由光信号中不同频率成分的不同传输速率引起，这种色散被称为色度色散。在色度色散可以忽略的区域，偏振模色散成为单模光纤色散的主要部分。

以下主要介绍色度色散和偏振模色散的现象以及对 DWDM 系统的影响。

（1）色度色散

1）色度色散简介

色度色散包括材料色散和波导色散两种。

① 材料色散：光纤材料即石英玻璃对不同光波长的折射率不同，而光源具有一定的光谱宽度，不同的光波长引起的群速度也不同，从而造成了光脉冲的展宽。

② 波导色散：它是光纤的某一传输模式，是在不同的光波长下的群速度不同引起的脉冲展宽。它与光纤结构的波导效应有关，因此也被称为结构色散。

材料色散大于波导色散。根据色散的计算公式，在某一特定波长的位置上，材料色散有可能为零，这一波长被称为材料的零色散波长。该波长恰好位于 1310nm 附近的低损耗窗口，如 G.652 就是零色散光纤。

尽管光器件受色散的影响很大，但是存在一个可以容忍的最大色散值（即色散容纳值）。只要产生的色散在容限之内，就可保证信号的正常传输。

2）色度色散的影响

色度色散主要会造成脉冲展宽和啁啾效应。

① 脉冲展宽：它是光纤色散对系统性能影响的最主要的表现。当传输距离超过光纤的色散长度时，脉冲展宽过大，系统将产生严重的码间干扰和误码。

② 啁啾效应：色散不仅使脉冲展宽，还使脉冲产生了相位调制。这种相位调制使脉冲的不同部位对中心频率产生了不同的偏离量，因此，具有不同的频率，即脉冲的啁啾效应。

啁啾效应将光纤划分为正常色散光纤和反常色散光纤：在正常色散光纤中，脉冲的高频成分位于脉冲后沿，低频成分位于脉冲前沿；在反常色散光纤中，脉冲的低频成分位于脉冲后沿，高频成分位于脉冲前沿。在传输线路中，合理使用两种光纤，可以抵消啁啾效应，从而消除脉冲的色散展宽。

3）如何消除色度色散对 DWDM 系统的影响

对于 DWDM 系统，系统主要工作在 1550nm 窗口，如果使用 G.652 光纤，需要利用具有负波长色散的色散补偿光纤进行色散补偿，降低整个传输线路的总色散。

（2）偏振模色散

偏振模色散（Polarization Mode Dispersion，PMD）是存在于光纤和光器件领域的一种物理现象。

单模光纤中的基模存在两个相互正交的偏振模式，在理想状态下，这两种偏振模式应当具有相同的特性曲线和传输性质，但是由于几何和压力的不对称导致了两种偏振模式具有不同的传输速度，产生了时延，形成了 PMD，具体如图 1-7 所示。PMD 的单位为 ps/km。

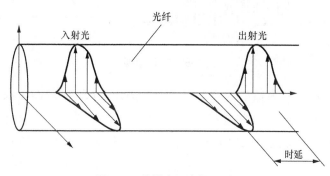

图 1-7　单模光纤中的 PMD

在数字传输系统中，PMD 将导致脉冲分离和脉冲展宽，对传输信号造成降级，并限制载波的传输速率。

PMD 与其他色散相比，几乎可以被忽略，但是无法完全被消除，只能从光器件上使之最小化。脉冲宽度越窄的超高速系统，PMD 的影响越大。

3．光纤的非线性效应

在常规光纤通信系统中，发送光功率低，光纤呈线性传输特性，但是 DWDM 系统由于采用了掺铒光纤放大器（Erbium Doped Fiber Amplifier，EDFA），光纤呈现非线性效应。

光纤的非线性效应使 DWDM 系统多波通道之间产生严重的串扰，引起光纤通信系统的附加衰减，进而限制发光功率、EDFA 的放大性能和无电再生中继距离。

非线性效应主要包括自相位调制（Self-Phase Modulation，SPM）、交叉相位调制（Cross-Phase Modulation，CPM）、四波混频（Four-Wave Mixing，FWM）受激拉曼散射（Simulated Raman Scattering，SRS）和受激布里渊散射（Stimulated Brillouin Scattering，SBS）。

（1）自相位调制（SPM）

折射率与光强存在依赖关系，在光脉冲持续时间内折射率会发生变化，因此脉冲峰值的相位对于前、后沿来说均会产生时延。随着传输距离的增大，相移不断积累，达到一定程度后显示出相当大的相位调制，光谱展宽导致脉冲展宽，这就是自相位调制，具体如图 1-8 所示。

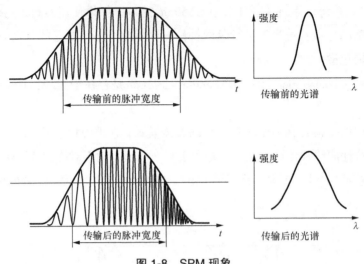

传输前的脉冲宽度   传输前的光谱

传输后的脉冲宽度   传输后的光谱

图 1-8　SPM 现象

当系统使用色散系数为负的光纤工作区时（例如 G.653 光纤的短波长区，或工作区色散为负的 G.655 光纤），SPM 将导致色散受限距离变短；当使用色散系数为正的光纤工作区时（例如 G.652、G.653 光纤的长波长区，或工作区色散为正的 G.655 光纤），SPM 将延长色散受限距离。

SPM 影响主要发生在靠近发送机侧的一定距离内，同时低色散光纤也可减少 SPM 对系统性能的影响。

（2）交叉相位调制（CPM）

当两个或多个不同频率的光波在非线性介质中同时传输时，每个频率光波的幅度调制都将引起光纤折射率的相应变化，从而使其他频率的光波产生非线性相位调制，即交叉相位调制。

CPM 通常伴随 SPM 的产生。CPM 将引起一系列非线性效应，如 DWDM 系统通道之间的信号干扰、光纤非线性双折射等现象，从而造成光纤传输的偏振不稳定。CPM 对脉冲的波形和频谱也会产生一定的影响。

适当地增大色散可削弱 CPM 的影响。

（3）四波混频（FWM）

FWM 是指多个频率的光载波以较强功率在光纤中同时传输时，光纤的非线性效应引发多个光载波之间出现能量交换的一种物理过程。

FWM 导致复用信道光信号能量的衰减以及信道串扰。FWM 的影响导致其他波长上产生一个新光波，具体如图 1-9 所示。

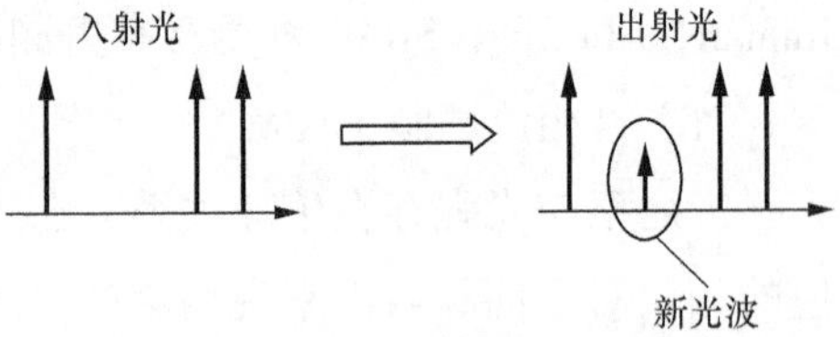

入射光　　出射光

新光波

图 1-9　FWM 现象

FWM 的产生与光纤色散有关，零色散时混频效率最高，随着色散的增加，混频效率迅速降低。DWDM 系统通过采用 G.655 光纤，避免了 1550nm 零色散波长区出现 FWM 效应。

（4）受激拉曼散射（SRS）

受激拉曼散射的过程如下。

① 频率为 ν_{in} 的入射光子与介质相互作用，可能发射一个频率为 $\nu_s = \nu_{in} - \nu_v$ 的斯托克斯光子和一个频率为 ν_v 的光学声子。在这个过程中能量保持守恒，光波产生下频移。

② 频率为 ν_{in} 的入射光子与介质相互作用，也可能吸收一个频率为 ν_v 的光学声子而产生一个频率为 $\nu_a = \nu_{in} + \nu_v$ 的反斯托克斯光子。在这个过程中能量同样保持守恒，光波产生上频移。

这是一个由非线性效应引起的受激非弹性散射的过程，起源于光子与光学声子（分子震动态）之间的相互作用和能量交换。

SRS 效应将使短波长的信号衰减，长波长的信号增强，具体如图 1-10 所示。

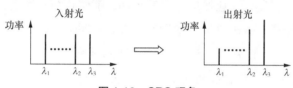

图 1-10　SRS 现象

SRS 效应在光纤通信中有很多方面的应用，如利用拉曼增益可以制作分布式拉曼放大器，对光信号提供分布式宽带放大。不过 SRS 对通信系统也会产生一定的负面影响，在 DWDM 系统中，短波长信道的光会作为泵浦光将能量转移至长波长信道中，形成通道间的拉曼串扰。

（5）受激布里渊散射（SBS）

SBS 是由非线性效应引起的受激非弹性散射过程，起源于光子与声学声子（晶体震动态）之间的相互作用和能量交换。

利用 SBS 效应可以制成光纤布里渊激光器和放大器。另外，SBS 将引起信号光源的不稳定性，以及反向传输通道间的串话。但是随着系统传输速率的提高，SBS 的峰值增益显著降低，因此 SBS 对高速光纤传输系统不会构成严重影响。

1.3　光通信技术的发展

1. SDH 技术

为适应不断演变的电信网的要求，美国贝尔通信研究所提出了 SDH 的概念，称为同步光纤网（SONET）。后来，国际电报电话咨询委员会（Consultative Committee for

International Telegraph and Telephone，CCITT）接受了 SONET 的概念，并将其重新命名为同步数字体系（Synchronous Digital Hierarchy，SDH）。SDH 不仅是一种复用方法，也是一种组网原则，还是一套国际标准。

SDH 传输网是一种以同步时分复用和光纤技术为核心的传输网结构。与 PDH 面向点到点的工作模式不同，SDH 采用了面向业务的模式，利用交叉连接单元、分插复用单元和信号再生放大单元等网元设备构成线形、星形、环形和网孔形等多种拓扑结构。

SDH 主要有五个方面的特性：第一，SDH 的接口采用了统一的标准和协议，以及统一的比特率，为便于承载低阶数字信号及同步结构，它还定义了统一的同步复用格式，这样，不同厂商的数字交换机接口与 SDH 网元间的接口就能够相互兼容；第二，SDH 具备灵活的复用映射结构，实现上层业务信息传输的透明性，简化信号的复用、交叉连接和交换的过程，并使 SDH 成为一个独立于各类业务网的业务传输平台；第三，SDH 采用字节复接技术，使得信号上下支路变得十分简单；第四，SDH 中提出了自愈网的新概念，按照 SDH 规范组成的、带有自愈保护能力的环网，能够预留一定比例的传输容量，当传输通道被切断或受损时，SDH 通过自愈网在很短的时间内用备用通道替换失效的通道，从而保证通信；第五，SDH 强大的网络管理功能尤其突出，支持对网元的分布式管理，支持逐段的对净负荷字节业务性能进行监视和管理。

美中不足的是，SDH 的体系结构是面向语音业务优化设计的，采用的是严格的时分复用（Time-Division Multiplexing，TDM）技术方案，当处理数据业务时，由于数据业务突发性强，对实时性要求不高却对传输通道的带宽弹性要求很高，因此 SDH 的带宽利用率并不理想。

2. MSTP 技术

随着各种数据业务的比例持续增大，以及 TDM、异步传输模式（Asynchronous Transfer Mode，ATM）和以太网等多业务混合传送需求的增多，广大用户接入网和驻地网都陆续升级为宽带，城域网原本的承载语音业务的定位无论在带宽容量还是接口数量上都不能达到传输汇聚的要求。为满足需要，思科公司最先提出了多业务传送平台（Multi-Service Transport Platform，MSTP）的概念，国际互联网工程任务组（The Internet Engineering Task Force，IETF）接着制定了多协议标记交换协议。MSTP 将传统的 SDH 复用器、光波分复用系统终端、数字交叉连接器、网络二层交换机以及 IP 边缘路由器等各种独立的设备合成一个网络设备，进行统一控制和管理，因此 MSTP 也被称为基于 SDH 技术的多业务传送平台。MSTP 充分利用了 SDH 的技术优点——给传送的信息提供保护恢复的能力以及较小的时延性能，同时对网络业务支撑层加以改造，利用 2.5 层交换技术实现了对二层技术（如 ATM、帧中继）和三层技术（如 IP 路由）的数据智能支持。这样处理的优势使 MSTP 技术既能满足某些实时交换服务的高 QoS 的要求，又能实现以太网尽力而为的交互方式；另外，在同一个网络上，它既能提供点到点的传送服务，又可以提供多点传送服务。这样，MSTP 最适合工作在网络的边缘，如城域网和接入网，被用于处理混合型业务，特别是以 TDM 业务为主的混合业务。从运营商的角度来说，MSTP 不仅适合运营商缺乏网络基础设备的情况，同样也适合已建设了大量 SDH 网络的运营公司。以 SDH 为基础的多业务平台可以更有效地支持分组数据业务，有助于实现业务从电路交换域向分组域的过渡。

3. PTN 技术

MSTP 作为 SDH 设备的演进技术，主要改善了用户接入侧部分的网络状况，但从网络的整体内核结构来说，依然是一个电路主导的网络。在 TDM 业务比例逐渐减小以及"全 IP 环境"逐渐成熟的今天，传输设备不仅需要具备"多业务的接口适应性"，而且还要具备"多业务的内核适应性"，即传输网在保证传统业务正常运行的前提下，需要满足 IP 化对传输网本身提出的分组化要求，这需要分组技术和传输技术相互融合。分组传输网即在这种业务转型和技术融合的背景下产生。

分组传输网（Packet Transport Network，PTN）是一种光传输网络架构，它是一个工作于 IP 业务层和底层光传输媒质之间新的层面，针对分组业务流量的突发性和统计复用传送的要求而设计的，同时又能够兼顾支持其他类型的业务。

PTN 技术是传输网、IP/MPLS 和以太网相结合的产物，充分结合了 3 种技术的优势。第一，PTN 继承了 SDH 传输网的传统优势，具备了丰富的保护倒换和恢复方式，遇到网络故障时能够实施基于 50ms 电信级的业务保护倒换，从而实现传输级别的业务保护和恢复，保证网络能够检测错误，监控信道；它还拥有完善的操作维护管理（Operation Administration Maintenance，OAM）体系、良好的同步性能和强大的网管系统，从而调控连接信道的建立和撤除，实现业务 QoS 的区分和保证，并灵活提供服务级别协议（Service Level Agreement，SLA）。第二，PTN 顺应了网络的智能化、IP 化、扁平化和宽带化的发展趋势，完成了与 IP/MPLS 多种方式的互联互通，能够无缝承载 IP 核心业务；它的核心是分组业务，同时又增加了独立的控制面，支持多种基于分组交换业务的双向点对点连接通道，提供了更加适合于 IP 业务特性的"柔性"传输管道，从而适合各种粗细颗粒的业务，以提高传送效率的方式拓展了有效带宽。第三，PTN 保持了适应数据业务的特性，采用了分组交换、统计复用、面向连接的标签交换、分组 QoS 机制、灵活动态的控制面等技术。

总的来说，PTN 技术融合了分组网络和传统传输网的各自优势，是一种面向下一代通信网络的传输网技术，为业务转型和网络融合提供了一种高可用和可靠、扁平、低成本的网络构架。

4. ASON 技术

在企业用户、个人用户对网络数据的流量及质量的要求越来越高时，网络逐渐趋于智能化和宽带化的自动交换光网络（Automatically Switched Optical Network，ASON）的概念于 2000 年年初由 ITU–T 提出。

ASON 技术在 SDH 原有的传送平面和管理平面的基础上，引入了控制平面，使传输、交换以及数据网络相互结合在一起；在 SDH 网络原有的多种大容量交换机和路由器的支持下，ASON 技术完成合理化配置与网络连接管理，实现对网络资源的实时动态控制与按需分配。它主要受信令与选路两者控制，在两者的合理控制下实现自动交换功能。

ASON 体系结构由 3 种接口、3 种连接类型和 3 种平面组成；3 种接口分别是 CCI、NMI–A 接口及 NMIT 接口；3 种连接类型为软永久连接、交换连接及永久连接；3 种平面则是指 ASON 技术独立的控制平面、管理平面和传送平面。

ASON 技术主要有以下 3 点优势。第一，ASON 技术能够实时有效地监管、控制网络流量的使用情况，避免了不必要的资源浪费。该技术能够根据用户的实际要求和具体的网络情况合理地调整网络内部的逻辑拓扑结构，选择最佳路由，使网络资源得到合理化应用，极大地避免了业务拥堵，实现网络资源的按需分配以及网络资源共享。第二，ASON 技术还能保护网络资源，大大提高网络的安全性能。当网络出现故障时，ASON 体系中的控制平面及管理平面能够充分发挥自身作用，相互配合、协调工作，使网络内部的各个子系统都能迅速得到故障的位置信息，整个网络就会更加快速地寻找备用路由亦或启用恢复路由，保障通信畅通。第三，ASON 技术具有较强的功能性，这是通信网络中的一个亮点，它能够既快又好地给用户提供多种宽带业务服务及应用。利用 ASON 技术开发出的波长出租、波长批发等多种业务功能可以将光纤物理宽带快速转换为最终用户宽带，为网络运营商快速开通各类增值业务提供便利。一般来说，ASON 设备初始建设会有一定的投资费用，但是与后期扩容相比，其成本相对较低，并具有一定的运营优势。

将 ASON 技术与 IP 分组技术相融合，就形成了智能光传输网，也就是说，以往的以电信号为主的网络将逐渐向以分组信号为主的光网络过渡，从而具有了容量大、智能化、动态配置的特点。

5. WDM 技术

电子元器件的瓶颈制约了时分复用系统速率的进一步提高，却也促进了光层面上波分复用技术的发展，波分复用（Wavelength Division Multiplexing，WDM）技术是指在一根光纤中同时传输多个波长的光载波信号，它在给定的信息传输容量下，可以显著减少所需要的光纤总量。

波分复用技术是光传输技术的又一次飞跃，利用单模光纤低损耗区拥有巨大带宽的特点，多路复用单个光纤载波的紧密光谱间距，把光纤能被应用的波长划分成若干个波段，每个波段作为一个独立的通道传输一种预定波长的光信号。不同波长的光信号就可混合在一起同时进行传输，这些不同波长的光信号所承载的各种信号既可以工作在相同速率和相同数据格式的情形下，也可以工作在不同速率和不同数据格式的情形下。我们可以看出，如果光波像其他电磁波信号一样采用频率而不是波长来描述和控制，波分复用的实质是光的频分复用。

20 世纪 80 年代中期，WDM 的雏形出现，那时还只是"双波长复用"，即 1310nm 和 1550nm 激光器通过无源滤波器在同一根光纤上传送两个信号。随着网络业务量和带宽需求的迅速增长，WDM 系统也有了很大进步，它细分为密集波分复用（Dense Wavelength Division Multiplexing，DWDM）和粗波分复用（Coarse Wavelength Division Multiplexing，CWDM）。密集波分复用的波道数从 10 波道、20 波道发展到 40 波道、80 波道，乃至 160 波道，并且还在不断增长，其每个波道的波长间隔已经小于 0.8nm，系统的传输能力随之成倍增加，同一光纤中光波的密度也变得很高。

DWDM 系统从 20 世纪 90 年代中期商用以来，发展迅速，已成为实现大容量长途传输的首选。DWDM 系统的优点显而易见，但问题也随之出现，几乎所有的 DWDM 系统中都需要色散补偿技术来克服多波长系统中的非线性失真——四波混频现象；另外，DWDM 系统采用的是温度调谐的冷却激光，成本很高。因为温度分布在一个很宽的波长区段内，所以不均匀，导致温度调谐实现起来难度较大。

CWDM 刚好与 DWDM 形成互补，它的每个波道之间的间隔更宽，业界通行的标准波道间隔为 20nm，因此 CWDM 对激光器的技术指标要求相对较低，其系统允许的最大波长偏移可达 ±6.5nm，激光器的发射波长精度可放宽到 ±3nm。同时在一般的工作温度范围内（-5℃～70℃），温度变化导致的波长漂移不会干扰系统的正常运作，故其激光器也就无须温度控制机制。相较于 DWDM，CWDM 激光器的结构大大简化，成品率也相应提高。这样一种成本较低、结构简单、维护方便、供电容易、占地不大的产品，很适合共址安装或被安装在大楼内，因此迅速占领了城域接入网等边缘网络的市场。

6. OTN 技术

为了弥补 SDH 基于 VC-12/VC-4 的交叉颗粒偏小、调度较复杂、不适应大颗粒业务传送需求等缺陷，同时解决 WDM 系统组网能力较弱、方式单一（以点到点连接为主）、故障定位困难、网络生存性手段和能力较弱等问题，ITU-T 于 1998 年正式提出了光传输网（Optical Transport Network，OTN）的概念。OTN 继承了 SDH 和 WDM 的双重优势，它是一种以 DWDM 与光通信技术为基础在光层组织网络的传输网。它由光放大、光分插复用、光交叉连接等网元设备组成，能处理波长级业务，并将传输网推进到了真正的多波长光网络阶段。OTN 可以提供巨大的传送容量、完全透明的端到端波长／子波长连接、电信级的保护以及加强的子波长汇聚和疏导能力。目前，OTN 是传送宽带大颗粒业务的最优技术。

OTN 基于 G.709、G.798、G.872 等一系列 ITU-T 的建议书和规范，结合了传统的电域和光域处理的优势，是一种管理数字传送体系和光传输体系的统一标准。

OTN 不仅保持了与现存 SDH 网络的兼容性，还为 WDM 提供端到端的连接，具有组网能力，并且完全向后兼容，其技术特点和优势主要有以下 5 点。

第一，相较于 SDH 的 VC-12/VC-4 的调度颗粒，OTN 当前定义的电层带宽颗粒为光通路数据单元（ODU$_k$，k=0、1、2、3）；OTN 配置、复用以及交叉的颗粒明显要大很多，从而急剧提升了高带宽数据业务的传送效率和适配能力。

第二，OTN 帧结构遵从 ITU-T G.709 建议书，虽然对于不同速率以太网的支持有所差异，但是可以支持诸如 SDH、ATM、以太网等信号的映射和透明传输，在满足用户对带宽持续增长的需求的同时，最大化地利用现有设备的资源。

第三，OTN 改变了 SDH 的 VC-12/VC-4 调度带宽和 WDM 点到点提供大容量传送带宽的现状，它通过采用 ODU$_k$ 交叉、OTN 帧结构和多维度可重构光分插复用器（Reconfigurable Optical Add-Drop Multiplexer，ROADM），极大地强化了光传输网的组网性能，使得同一根光纤的不同波长上的接口速率和数据格式相互独立，让同一根光纤可以传输不同的业务。

第四，OTN 的开销管理能力和 SDH 相似，光通路层的 OTN 帧结构大大增强了该层的数字监视能力，同时 OTN 还提供 6 层嵌套串联连接监视功能，使得其能够在组网时采取端到端和多个分段一同进行性能监视的方案，管理每根光纤中的所有波长，并采用前向纠错技术，增加了传输的距离。

第五，OTN 能够提供更为灵活的、基于电层和光层的业务保护功能，诸如在 ODU$_k$ 层的子网连接保护和共享环网保护以及光层上的光通道或复用段保护等，为跨运营商传输提供了强大的维护管理和保护功能。

7. WSON 技术

现今光通信的发展趋势是将原本光—电—光的转换方式简化为光—光的转换方式，目的是发展并组建全光网络。全光网络是以光节点取代原有网络的电节点，并使各光节点通过光纤组成网络，这样，信号只有在进出该网络时才需要光和电之间的转换，而在其中经历传输和交换过程的信号始终以光的形式存在，例如在光放大器中，信号直接进行光—光的放大，从而节省大量的成本，降低故障率。当前数据业务的规模越来越大，因此要求传输网要具有自行动态调整带宽的能力。OTN 的核心设备，在光域上直接实现了光信号的交叉连接、路由选择、网络恢复等功能，而无须光—电—光方式处理的元器件——光交叉连接器（Optical Cross-connect，OXC），虽然 OXC 网络的配置方式比较灵活，但是也需要人工参与配置，因此当网络规模越来越大后，OXC 的人工配置和维护便成了一个不小的负担。为了改善这个状况，IETF 提出了波长交换光网络（Wavelength Switched Optical Network，WSON），WSON 是基于 WDM 传输网的 ASON 技术的概念。WSON 除了具备传统 ASON 的功能，还可解决波分网络中光纤/波长自动发现、在线波长路由选择、基于损伤模型的路由选择等问题。

WSON 控制技术实现了光波长的动态分配。WSON 将控制平面引入波分网络中，实现波长路径的动态调度。WSON 通过光层自身自动完成波长路由计算和波长分配，而无须管理平面，使波长调度更加智能化，提高了 WDM 网络调度的灵活性和网络管理的效率。

目前，WSON 可实现的智能控制功能主要包括以下 3 个方面。

① 自动发现光层资源：自动发现光层波长资源，主要包括各网元各线路光口已使用的波长资源、可供使用的波长资源等信息。

② 波长业务能自动、半自动或手工分配波长通道，并确定波长调度节点，避免波长冲突问题。路由计算时，智能考虑波长转换约束、可调激光器、物理损伤和其他光层限制。

③ 波长保护恢复：支持抗多点故障，可提供 OCh 1+1/1:n 保护和永久 1+1 保护等，满足 50ms 倒换要求；可实现波长动态 / 预置重路由恢复功能，目前恢复时间可实现秒级。

目前，WSON 是 ASON 控制技术的一个研究方向。WSON 架构和需求以及支持 WSON 的协议扩展等标准化工作已经完成。虽然 WSON 还属于正在标准化的技术，成熟和应用还需要一定的时间，但它的应用给网络带来的增加值是值得肯定的。首先，它提供自动创建端到端波长业务，路由计算时自动考虑各种光学参数的物理损伤和约束条件，一方面大大降低了人工开通的复杂度，另一方面路由计算更加合理优化，有效提高了网络资源的利用率。其次，它提供较高的生存能力，可以抗多次故障，在网络运行中缩短了故障抢通时间，大大缓解了日常故障抢修工作给维护人员带来的压力。

8. 超大容量传输技术

随着互联网、云计算、LTE 以及物联网的飞速发展，用户的业务需求不断变化，数据流量不断攀升。作为流量承载主体的光传输网，为满足用户新的需求，只有提升网络容量，增加网络灵活性，才能适应技术的演进发展潮流。也正因为如此，在 100Gbit/s 的传输速率刚刚迈入黄金发展期之时，400Gbit/s 技术曙光已经初现。

400Gbit/s 线路侧接口技术面临的主要问题是传输距离和频谱效率的平衡问题。在技术方案方面，400Gbit/s 线路技术将重用 100Gbit/s 成功应用的偏振复用、基于相干的数字信号处理、相位调制等技术，但在具体应用时将面临两个主要制约因素：一是由于速率是 100Gbit/s 的 4 倍，如果采用完全相同的技术，那么对于光电器件的带宽响应也要是 4 倍，显然目前的器件无法满足；二是传输性能问题，速率提升后接口对光信噪比的要求显著提高，这就意味着传输距离将会明显缩短。因此，400Gbit/s 技术选择不仅仅是简单的 100Gbit/s 技术方案的拷贝，而是结合 400Gbit/s 技术实现的限制因素后的综合选择。对于 400Gbit/s 技术面临的以上两个问题，目前业界主要从以下 3 个方面探索解决：一是传输载波不再限制于单个载波，而是引入多子载波的概念降低单独光域载波的传输速率；二是采用更高阶的调制降低实际信号的波特率，譬如引入 16QAM QAM 为正交振幅调制（Quadrature Amplitude Modulation，QAM）；三是引入特定的复用技术降低传输损伤或者波特率等，譬如基于奈奎斯特的子载波复用技术、基于光域或者电域的正交频分复用（Orthogonal Frequency Division Multiplexing，OFDM）技术等。未来，400Gbit/s 系统可能会根据应用场景的不同，分别采用单载波、双载波或四载波的实现方案。

（1）单载波 400Gbit/s 技术方案

单载波 400Gbit/s 技术方案即在传统的 50GHz/100GHz 栅格内实现 400Gbit/s 信号传输，最大限度地兼容现有的 WDM 系统。为实现单载波 400Gbit/s 的传输，调制格式可以采用 16/32/64QAM 的不同阶数。对于 16QAM，需要能支撑 60Gbaud 速率的光电器件，ADC/DAC（模数转换 / 数模转换）的采样率将超过 100Gsample/s，单载波方案相对于双载波方案，其波特率增加了 1 倍，其光谱宽度和 200Gbit/s 正交相移键控（Quadrature Phase Shift Keying，QPSK）类似，无法在 50GHz 频谱带宽内传输，至少占用 75GHz 或 100GHz 的光谱宽度，即一个 400Gbit/s 16QAM 需要占用 2 个 50GHz 通道，其传输容量与双载波一样，但传输系统对 OSNR 要求非常高，传输距离在 200km 内，只适合在距离较短的城域范围内应用。对于 32QAM 或 64QAM，因为过于密集的星座图导致 OSNR 需求急剧增加和非线性效应的影响加剧，传输距离相对 16QAM 方案会进一步缩短。

（2）双载波 200Gbit/s 技术方案

双载波 200Gbit/s 技术方案的调制格式主要有 8QAM、16QAM 和 QPSK 调制。16QAM 可保持现有的光电器件带宽不变而直接提升速率，因此所需的光电器件与 100Gbit/s 的要求相似。由于高阶调制方式的星座点更加密集，需要系统对相位噪声有较强的容限，因此需要采用更复杂的相噪补偿技术。16QAM 相对现有 100Gbit/s 方案，波分系统容量提升一倍，但是 200Gbit/s 16QAM 系统对 OSNR 的要求很高，B2B（背靠背）OSNR 容限为 17dB 左右，如采用 EDFA 光放，其传输能力约为 600km，只能满足中短距离传输；如采用高性能拉曼放大器，200Gbit/s 16QAM 系统传输距离可达 1200km 左右，可以满足大部分骨干传输网的应用需求。

双载波 QPSK 调制格式的 3dB 谱宽约为 0.43nm，无法在 50GHz 频谱带宽内传输，至少要占用 75GHz 或者 100GHz 的光谱宽度，即一个 200Gbit/s 需要占用 2 个 50GHz 通道，故其系统容量与 100Gbit/s 的系统容量一样。200 Gbit/s QPSK 的 B2B OSNR 容限约 15dB，相对于 16QAM 的高阶调制，200Gbit/s QPSK B2B OSNR 容限可降低约 3dB，同时相对于 16QAM，QPSK 具备更好的抗非线性能力，入纤功率比 16QAM 更高。因此，200Gbit/s QPSK 相当于提升约 1 倍的 200Gbit/s 16QAM 传输能力，若采用 EDFA 传输，距离可达 1200km 左右；若采用高性能拉曼放大器，传输距离可达 2000km，是干线传输很好的解决方案。

未来，400Gbit/s WDM 系统的建设可采用灵活速率技术来实现网络成本最优，即利用 DSP 可编程技术实现调制格式和 FEC 开销比率的灵活可调，实现不同数据速率和传输距离可变，包括在发送端灵活选择 QPSK、16QAM 或者 8QAM 的调制格式，灵活选择符号波特率，这样可以大大降低设备单盘备件的数量和种类。对于长距离传输，它可以选择 QPSK 或者 8QAM 来满足传输距离的要求；对于传输距离较短、容量要求大的场景，可以选择 16QAM，以提高频谱效率。

（3）四载波 100 Gbit/s 技术方案

四载波方案即 4 个子载波采用 Nyquist-WDM 技术复用，每个子载波上承载一个 100Gbit/s 信号，不同的载波通过 Nyquist 方式复用。

传统的 100Gbit/s 系统采用 50GHz 波道间隔，如果传输 4 个 100Gbit/s 子载波则需要 200GHz 频谱宽度。此方案采用 Nyquist-WDM 技术，可以利用灵活栅格，通道内子载波间隔为 37.5GHz，这样 4 个子载波所占频谱的宽度为 150GHz，通过发送端滤波技术和接收端的滤波恢复算法可以实现与 100Gbit/s 技术相当的传输距离。四载波方案可以实现 2000km 左右的超长距离传输，但频谱效率相对于 100Gbit/s WDM 系统提升不大，不是 400Gbit/s WDM 的主流方案。

综上所述，400Gbit/s WDM 主要有单载波技术实现方案和双载波技术实现方案两种。在使用 EDFA 和普通 G.652 光纤的情况下，双载波 200Gbit/s 16QAM 是很好的城域传输解决方案，双载波 200Gbit/s QPSK 是很好的中长距离干线传输解决方案。单载波 400Gbit/s 16QAM/32QAM/64QAM 传输能力较弱，应用范围有限。而四载波 100Gbit/s 方案本质上就是 100Gbit/s 技术，具有与 100Gbit/s 等同的传输距离，适合超长距离传输。400Gbit/s WDM 的实现方案多种多样，在实际应用中，我们应根据不同的应用场景来选择技术方案。

400Gbit/s 技术的传输需求主要来自以下两个方面。一是 IP 骨干网和干线光传输网大容量传送，根据相关预测，未来我国运营商干线网流量的年增长率依然会高达 40% 左右。到 2020 年，核心骨干网带宽的需求将是 2011 年的 20 ～ 25 倍，链路容量将达 100Tbit/s，节点容量将超过 400Tbit/s。二是数据中心互联，目前比较大的数据中心出口带宽可达几百 Gbit/s 及其以上，每年还以 50% 以上的速度在增长，预计到 2020 年出现 1Tbit/s 的需求。随着云计算的发展，不同数据中心之间的物理界限日益模糊，数据中心互联的带宽需求将进一步提升。而行业专网如现代科学计算高速数据网络、金融网络系统的带宽需求也在逐年增加，这些都在推动传输容量的进一步提升。

城域网、数据中心等大带宽互联可率先采用 400Gbit/s，2×200Gbit/s 或 4×100Gbit/s 都可满足传输容量和传输距离的一般需求。对于小容量的汇聚场景，光子集成（Photonic Integration Circuit，PIC）可能是更具竞争力的解决方案。

400Gbit/s 技术经过多年的发展，在技术、标准、产业等方面都取得了不小的进展，随着技术标准的逐步成熟，相信在关键技术和产业等方面也会逐步取得更大进展，400Gbit/s 技术同时也对芯片、器件以及光纤介质等有一些新的要求和影响，因此需要产业界各方共同努力推动 400Gbit/s 技术和产业的发展。

9. 量子通信

所谓量子通信是指利用量子纠缠效应进行信息传递的一种新型的通信方式，是近 20 年发展起来的新型交叉学科，是量子论和信息论相结合的新的研究领域。

量子通信主要基于量子纠缠态的理论，使用量子隐形传态（传输）的方式实现信息传递。根据实验验证，具有纠缠态的两个粒子无论相距多远，只要一个粒子发生变化，另外一个粒子也会瞬间发生变化，实验人员利用这个特性实现光量子通信的过程如下：事先构建一对具有纠缠态的粒子，将两个粒子分别放在通信双方，将具有未知量子态的粒子与发送方的粒子进行联合测量，接收方的粒子瞬间发生变化，变化为某种状态，这个状态与发送方的粒子变化后的状态是对称的；然后将联合测量的信息通过经典信道传送给接收方，接收方根据接收到的信息对坍塌的粒子进行幺正变换，即可得到与发送方完全相同的未知量子态。

量子通信系统的基本部件包括量子态发生器、量子传输通道和量子解调器，如图 1-11 所示。量子通信模型包括量子信源、编码器（量子态发生器）、信道（量子通道）、解码器（量子测量装置）和量子信宿几个主要部分：量子信源是消息的产生器；量子信宿是消息的接收者；量子调制器用于把消息变换成量子比特，用量子态作为消息的载体以传输量子信息；量子解调器用于把量子信息比特转换成消息；信道包括量子传输信道和辅助信道两个部分，量子传输信道就是传输量子信号的通道，辅助信道是指除了传输信道和测量信道外的其他附加信道，如经典信道；量子信道可以单独使用，也可以与经典信道结合起来传输量子信息和经典信息；量子噪声是环境对量子信号影响的等效描述。

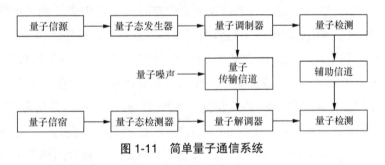

图 1-11　简单量子通信系统

量子通信与传统通信技术相比，具有如下主要特点和优势：具有极高的安全性和保密性，根据量子不可克隆定理，量子信息一经检测就会产生不可还原的改变，如果量子信息在传输中途被窃取，接收者必定能发现，量子通信没有电磁辐射，第三方无法进行无线监听或探测；时效性高、传输速度快，量子通信的线路时延几乎为零，量子信道的信息效率比经典信道量子的信息效率高几十倍，并且量子信息传递的过程没有障碍，抗干扰性能强，量子通信中的信息传输不通过传统信道，与通信双方之间的传播媒介无关，不受空间环境的影响，具有完好的抗干扰性能，在同等条件下，获得可靠通信所需的信噪比比传统通信手段低 30dB ～ 40dB；传输能力强，量子通信与传播媒介无关，传输不会被任何障碍阻隔，量子隐形传态通信还能穿越大气层，既可在太空中通信，又可在海底通信，还可在光纤等介质中通信。

目前，量子通信的基本理论和框架已经形成，在单光子、量子探测、量子存储等量子通信关键技术获得发展和突破的条件下，各种理论体系正日趋完善，量子通信技术已经从科研阶段逐步进入试点应用阶段；量子通信的绝对保密性也决定了其在金融等领域有着广阔的应用前景，随着技术日趋完善和成熟，量子通信在未来的大众商业市场中，将具有极大的应用前景。量子通信应用试点逐步开展，国内外产业化趋势已经形成，量子密钥分发保密通信的高安全性所蕴含的战略意义和经济价值备受政府、学术界与产业界的重视。近年来，试点应用和产业化也呈现出快速发展的趋势。量子通信的试点应用催生了一批由科研机构孵化的量子技术科技产业实体，能够提供初步商用化的量子密钥分发系统器件、终端设备和整体应用解决方案，进行量子保密通信前沿研究成果向应用技术和商用化产品的转化。

量子通信与现有通信的融合将是一个相互取长补短的过程，未来，量子通信将与现有通信深度融合——量子通信不会完全替代现有的通信技术，而是在现有技术的基础上，在物理层、网络层、应用层与之进行融合。

第 2 章
SDH 传输网技术

2.1 SDH 技术原理

2.1.1 SDH 的概念及特点

SDH 网是由 SDH 网元（Network Element，NE）组成的，是在光纤上进行同步信息传输、复用、分插和交叉连接的网络。SDH 拥有全世界统一的网络节点接口（Network to Network Interface，NNI），从而简化了信号的互通、传输、复用、交叉连接和交换过程；它有一套标准化的信息结构等级，被称为同步传送模块等级 N（Synchronous Transport Module level-N，STM-N），并具有块状帧结构。SDH 协议允许系统开发者在此状帧结构中安排丰富的开销比特用于网络的 OAM；它的基本网元有终端复用器（Terminal Multiplexer，TM）、再生中继器（Regenerative Repeater，REG）、分插复用器（Add-Drop Multiplexer，ADM）和同步数字交叉连接设备（Synchronous Digital Cross Connector，SDCC）等，它们的功能各异，但都有统一的标准光接口，能够在基本的光缆段上实现横向兼容，即允许不同厂商设备在光路上互通；它有一套特殊的复用结构，允许现存的准同步数字体系和 B-ISDN 信号都能进入其帧结构，因而具有广泛的适应性；它采用大量软件进行网络配置和控制，使得新功能和新特性的增加比较方便，以利于将来的不断发展。

以上这些特点可以从以下几个方面进一步说明。

① SDH 对网络节点接口进行了统一的规范，包括数字速率等级、帧结构、复接方法、线路接口、监控管理等，这使得 SDH 易于在多厂商环境下操作，即同一条线路上可以安装不同厂商的设备，体现了横向兼容性。

② SDH 信号的基本传输模块可以容纳北美、日本和欧洲的准同步数字系列，包括

1.5Mbit/s、2Mbit/s、6.3Mbit/s、34Mbit/s、45Mbit/s 及 140Mbit/s 在内的 PDH 速率信号均可被装入"虚容器",然后经复接被安排到 155.52Mbit/s 的 SDH STM-1 信号帧的净荷内,使新的 SDH 能支持现有的 PDH,体现了后向兼容性。

③ SDH 采用了同步复用方式和灵活的复用映射结构,只需利用软件即可使高速信号一次直接分插出低速支路信号,这样既不影响别的支路信号,又避免了它对全部高速复用信号进行解复用,省去了全套背靠背的复用设备,使上、下业务十分容易,并省去了大量的电接口,简化了运营操作。

④ SDH 的网同步和灵活的复用方式大大简化了数字交叉连接功能的实现过程。同步分叉能力使网络增强了自愈能力,便于根据用户的需要动态组网,便于各种新业务的接入。

⑤ SDH 帧结构中安排了丰富的开销比特。这些开销比特包括段开销(Section Overhead,SOH)和通道开销(Path Overhead,POH),因而,网络的 OAM 能力大大加强,如故障检测、区段定位、端到端性能监视、单端维护能力等。

⑥ SDH 设备是智能化的设备,兼有终结、分插复用和交叉连接功能,它可以通过远端控制灵活地组网和管理。由于 SDH 协议规范了网管设备的接口,因而不同厂商的网管系统互连成为可能。所以,SDH 适合智能化的电信管理网络(Telecommunication Management Network,TMN),网络中的每一个 SDH 的 NE 可通过软件进行本地或远端操作,包括性能监测、服务(或带宽)管理、业务量调度、路由选择及改变、故障告警、网络恢复或自愈等。这种网管不仅简单而且几乎是实时的,因此降低了网络维护管理的费用,大大提高了网络的效率、灵活性、可靠性与生存力。

⑦ SDH 除了支持基于电路交换的同步转移模式(Synchronous Transfer Mode,STM)外,还可支持基于分组交换的 ATM。在 ATM 中,信息以信元为单元来组织(目前暂定为固定的 53 个 8 位组的长度),UNI 的方案之一是将信元复接安排到 SDH STM-N 帧的净荷中,这样,SDH 适用于从 STM 向 ATM 过渡,体现了前向兼容性。

上述特点体现了 SDH 同步复用、标准光接口和强大的网管能力三大核心。当然,SDH 也有一些不足之处。

① 频带利用率不如传统的 PDH 系统。PDH 的 139.264Mbit/s 的传输速率可以收容 64 个 2.048Mbit/s 系统,而 SDH 的 155.52Mbit/s 却只能收容 63 个 2.048Mbit/s 系统,频带利用率从 PDH 的 94% 下降到 83%;PDH 的 139.26Mbit/s 可以收容 4 个 34.368Mbit/s 系统,而 SDH 的 155.520Mbit/s 却只能收容 3 个,频带利用率从 PDH 的 99% 下降到 66%。可见,上述安排虽然换来网络运用上的灵活性,但降低了频带利用率。

② 技术上和功能上的复杂性大大增加。在传统的 PDH 系统中,64 个 2.048Mbit/s 到 139.264Mbit/s 的复用 / 分接只需 10 万个等效门电路即可,而在 SDH 中,63 个 2.048Mbit/s 到 155.520Mbit/s 的复用 / 分接共需 100 万个等效门电路。

③ ADM/DCC 的自选路由以及难以区分来历的不同的 2.048Mbit/s 信号,使得网同步

的规划管理和同步性能的保证难度加大。

④ SDH 技术大规模地采用软件控制和将业务量集中在少数几个高速链路和交叉连接点上，使得软件可以控制网络中大部分交叉连接设备和复用设备。这样，网络层上的人为错误、软件故障乃至计算机病毒的侵入都可能导致网络发生重大故障，甚至造成全网瘫痪。为此，我们必须仔细地测试软件，选用可靠性较高的网络拓扑。

⑤ SDH 网络的管理成本比 PDH 的成本低，但对于维护管理人员的素质要求较高。

综上所述，光同步传输网尽管也有其不足之处，但比传统的准同步传输网确有其明显的优越性。

2.1.2　速率等级与帧结构

一个电信传输网原则上包含传输设备和网络节点（设备）两种基本设备：传输设备可以是光缆线路系统，也可以是微波接力系统或卫星通信系统等；网络节点有多种，包括 64kbit/s 电路节点、宽带节点等。简单的节点仅有复用功能，复杂的节点则包含信道终结、交叉连接、复用和交换等功能。NNI 的工作定义是网络节点互连的接口，其位置如图 2-1 所示。

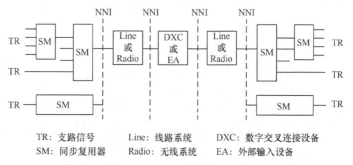

TR: 支路信号　　　　Line: 线路系统　　　DXC: 数字交叉连接设备
SM: 同步复用器　　　Radio: 无线系统　　　EA: 外部输入设备

图 2-1　NNI 的位置示意

在电信网中，规范一个统一的 NNI 标准的基本出发点是不受限于特定的传输媒质；不受限于网络节点所完成的功能；不受限于对局间通信或局内通信的应用场合。因此，NNI 的标准化不仅可以使 3 种存在差异的 PDH 传输系统在 SDH 网中实现统一，而且在建设 SDH 网和开发应用新设备产品时，它可使网络节点设备功能模块化、系列化，并能根据电信网络中心规模大小和功能要求灵活地进行网络配置，从而使 SDH 网络结构更加简单、高效和灵活，并在将来需要扩展时具有很强的适应能力。同步数字系列的 NNI 的基本特征是具有国际标准化的接口速率和信号的帧结构。

SDH 具有统一规范的速率。SDH 信号以 STM 的形式传输，其最基本的同步传送模块是 STM–1，节点接口的速率为 155.520Mbit/s，更高等级的 STM–N 模块是将 4 个 AUG–N 复用为 AUG–$4N$，其中加上了新生成的 SOH。STM–N 的速率是 155.520Mbit/s 的 N 倍，N 值规范为 4 的整数次幂，目前 SDH 仅支持 N=1、4、16、64、256（高于 256 等级的还有待深入研究）。为了加速将无线系统引入 SDH 网络，我们可采用其他的接口速率。例如，对于携载负荷低于 STM-1 信号的中小容量的 SDH 数字微波系统，可采用 51.840Mbit/s 的接口速率，我们称之为 STM-0 系统。ITU-T G.707 建议书规范的 SDH 标准速率见表 2-1。为了便于比较，表 2-1 中同时列出了美国国家标准的 SONET 速率等级。从表 2-1 中我们可以看出，SONET 的基本模块信号 STS-1 的速率为 51.840Mbit/s，以便它接入 E-32（约 45Mbit/s）速率信号。SONET 允许的速率等级较多，迄今为止，正式规定的已达 10 种，STS-96 等级尚未正式标准化，常用的有 STS-3、STS-12、STS-48 和 STS-192。

表2-1　SDH和SONET网络节点接口的标准速率

SDH		SONET	
速率	等级	等级（光载波/电信号）	标准速率
51Mbit/s	STM-0	OC-1/STS-1	51.840Mbit/s
155Mbit/s	STM-1	OC-3/STS-3	155.520Mbit/s
		OC-9/STS-9	466.560Mbit/s
622Mbit/s	STM-4	OC-12/STS-12	622.080Mbit/s
		OC-18/STS-18	933.120Mbit/s
		OC-24/STS-24	1244.160Mbit/s
		OC-36/STS-36	1866.240Mbit/s
2.5Gbit/s	STM-16	OC-48/STS-48	2488.320Mbit/s
		OC-96/STS-96*	4976.640Mbit/s
10Gbit/s	STM-64	OC-192/STS-192	9953.280Mbit/s
40Gbit/s	STM-256	OC-576/STS-576	39813.120Mbit/s

2.1.3　复用与映射

SDH 技术有一系列标准速率接口，并具有前向和后向兼容性，允许接入各种不同速率的 PDH 信号、B-ISDN 信号和 ATM 信号以及其他新业务信号。由于各种支路信号间存在一定的差异，为了实现同步复用，在形成 STM-1 速率信号时，需要进行适配，即映射；此外，通过指针调整可以完成从 STM-N 帧中任意上、下一个支路信号。各种速率的业务信号被复用进 STM-N 帧的过程都要经历映射、定位和复用 3 个步骤。其中采用指针调整定位技术取代 125 μs 缓存器来校正支路频差和实现相位对准是复用技术的一项重大革新。

1. SDH 的复用结构

图 2-2 所示的 SDH 复用结构是 ITU-T G.707 建议书第四版之前版本的复用结构。从图 2-2 中我们可知，除了 140Mbit/s 的支路信号外，其他支路信号到 STM-N 的复用路线不是唯一的。为了降低设备的复杂性，设备生产商可以根据设备的业务需求及网络的应用环境，省去某些接口和复用映射支路。

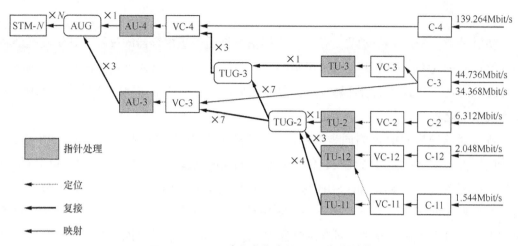

图 2-2　G.707 建议书指出的 SDH 复用结构

2. 复用单元

SDH 的基本复用单元包括容器（C-n）、虚容器（VC-n）、支路单元（TU-n）、支路单元组（TUG-n）、管理单元（AU-n）和管理单元组（AUG-n），其中 n 为单元等级序号。

（1）容器

容器是一种用来装载各种速率业务信号的信息结构。G.707 建议书针对 PDH 的速率系列，规范了 C-11、C-12、C-2、C-3 和 C-4 的 5 种标准容器。PDH 系列作为 SDH 的有效负荷用 E-n 表示，n 为 PDH 系列等级。

（2）虚容器

虚容器用来支持 SDH 通道层连接的信息结构，是 SDH 通道的信息终端，由组织在重复周期为 125 μs 或 500 μs 的块状帧结构中的信息净荷（容器的输出）和通道开销组成，其公式为：

$$VC\text{-}n = C\text{-}n + VC\text{-}n\text{POH}$$

（3）支路单元和支路单元组

支路单元是提供低阶通道层和高阶通道层之间适配的信息结构。STM-N 中有 4 种支路单元，即 TU-n（n=11、12、2、3）。TU-n 由 1 个相应的低阶虚容器（VC-n）和 1 个相应的支路单元指针（TU-nPTR）组成，其公式为：

$$TU\text{-}n = VC\text{-}n + TU\text{-}n\text{PTR}$$

（4）管理单元和管理单元组

管理单元是提供高阶通道层和复用段层之间适配的信息结构。STM-N 中有 AU-3 和 AU-4 两种管理单元。AU-n（n=3、4）由 1 个相应的高阶虚容器（VC-n）和 1 个相应的管理单元指针（AU-nPTR）组成，其公式为：

$$AU\text{-}n = VC\text{-}n + AU\text{-}n\text{PTR}\ （n=3、4）$$

3. 映射

映射是指在 SDH 网络边界处使各种支路信号被适配进虚容器的过程，其实质是使各种支路信号的速率与相应虚容器的速率同步，以便使虚容器成为可独立传送、复用和交叉连接的实体。SDH 系统将低速支路信号复用成高速信号通常需要先进行适配处理，从而实现系统同步。

按映射信号与 SDH 网络同步与否，映射方式可分为异步映射方式和同步映射方式。异步映射方式对映射信号特性没有任何限制，无须网同步，仅利用净荷的指针调整即可将信号适配装入 SDH 帧结构。SDH 系统采用指针调整来容纳不同频率或相位差异，无须滑动缓存器来实现信号同步。异步映射方式是一种通用映射方式，是 PDH 向 SDH 过渡过程中必不可少的映射方式。同步映射方式要求映射信号与 SDH 网络必须严格同步。为了实现同步，减少滑动损伤，SDH 系统需要配备一个 125 μs 的滑动缓存器。滑动缓存器的引入为复用器带来了至少 150 μs 的延时，但解同步器只有 10 μs 的延时。

2.2 SDH 的典型组网

网络物理拓扑是网络节点和传输线路的几何排列，将维护和实际连接抽象成物理上的连接性。网络拓扑的概念对于 SDH 网络的应用十分重要，特别是网络的效能、可靠性和经济性在很大程度上与具体物理拓扑有关。

简单的通信是从一点到另一点进行传输的，即点到点拓扑，常规的 PDH 系统和早期的 SDH 系统是基于这种物理拓扑的。除此之外，SDH 网络还有 5 种基本类型的物理拓扑。

2.2.1 网络的拓扑结构

1. 线形拓扑

将通信网络中的所有点一一串联，使首尾两点开放，这就形成了线形拓扑，如图 2-3（a）所示。这种拓扑的特点是所有点都应完成连接功能，这种结构无法应付节点和链路失效的问题，故生存性较差。

SDH 组网在两个 TM 中间，接入若干个 ADM，就是典型的线形拓扑形式，这也是 SDH 早期应用的比较经济的网络拓扑形式，如图 2-3（a）所示。尽管目前实际工程中使用完全意义上的线形拓扑比较少，但它在网络结构的局部仍有重要的应用，比较典型的结构如"环带链"中的"链"即可视为局部的线形拓扑。

2. 星形拓扑

通信网络中某一特殊点与其他各点直接相连，而其他各点间不能直接连接，即构成星形拓扑，如图 2-3（b）所示。在该拓扑结构中，特殊点之外任何两点的通信都应通过特殊点进行。这种网络拓扑形式的优点是可以将多个光纤终端统一成一个终端，这样，有利于分配带宽，节约成本；但也存在着特殊点的安全保障问题和潜在瓶颈问题。

3. 树形拓扑

树形拓扑可以看成是线形拓扑和星形拓扑的结合，它将通信网络的末端点连接到几个特殊点，如图 2-3（c）所示。这种拓扑形式的网络可被用于广播式业务，但不利于提供双向通信业务，同时，还存在瓶颈问题和光功率限制问题。

4. 环形拓扑

环形拓扑是将线形拓扑的首尾之间相互连接，从而任何一点都不对外开放，如图 2-3（d）所示。环形拓扑在 SDH 网中应用比较普遍，主要是因为它具有一个很大的优点，即具有很强的生存性，这在当今网络设计和维护中尤为重要。

5. 网孔形拓扑

当涉及通信的许多点直接互相连接时就形成了网孔形拓扑，所有的点都彼此连接被称为理想的网孔形拓扑，如图 2-3（e）所示。具备这种拓扑形式的网络，其两点间通信有多种路由可选，故可靠性高、生存性强且不存在瓶颈问题和失效问题，但缺点是结构复杂、成本较高。

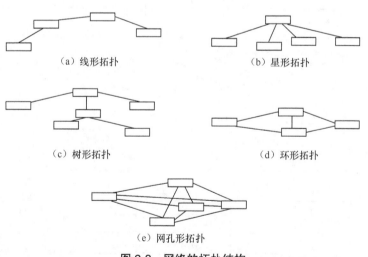

（a）线形拓扑　　　　　　　　　（b）星形拓扑

（c）树形拓扑　　　　　　　　　（d）环形拓扑

（e）网孔形拓扑

图 2-3　网络的拓扑结构

SDH 网络的主要功能是为电信网提供有效的传输手段，具有安全、经济、维护管理方便、技术上简单易行等特性。受通信需求、技术水平、地理环境、经济条件等方面的制约，SDH 传输网的拓扑结构应该是多种多样的，即某些场合需要复杂的网孔形结构，而有些场合以最简单的线形网络就可以满足需求。

各种拓扑结构彼此各有各的优缺点，在具体选择时，我们应综合考虑网络的生存性、网络配置的容易性、网络结构应当适于新业务的引进等多种实际因素和具体情况。一般来说，用户网适用于星形拓扑和环形拓扑，中继网适用于环形拓扑和线形拓扑，长途网适用于树形与网孔形结合的拓扑结构。

SDH 设备组网十分灵活，可以构建由上述基本拓扑结构组合而成的复杂网络。图 2-4（a）～（d）均为常见的典型组网应用。

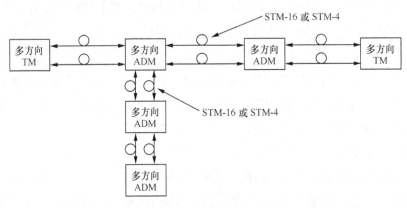

（a）1+1 或 1:1 保护的链带链

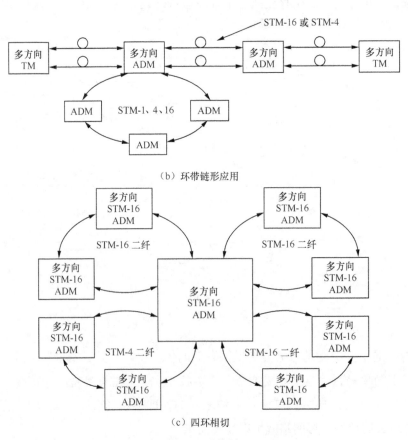

（b）环带链形应用

（c）四环相切

图 2-4　SDH 设备的组网示例

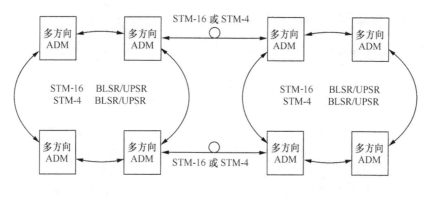

（d）双环互通

图 2-4　SDH 设备的组网示例（续）

2.2.2　SDH 的保护与恢复

当网络出现故障时，SDH 传输网的自愈特性可以通过保护倒换的方式，保证网络能在极短的时间内从失效故障中自动恢复所携带的业务。因此，传输网的保护倒换方式将直接关系到 SDH 网的功能、效果、经济和业务传输。

SDH 自愈网具有控制简单、生存性强等突出特点，一般线形、环形和网状形等结构都可作为 SDH 自愈网的拓扑结构。ADM 和 SDCC 两种智能网元则是 SDH 网络实现自愈功能的保证。

1. 网络的保护与恢复

网络的生存性通过网络保护和网络恢复来实现：网络保护一般是利用节点间预先分配的容量进行，即当一个工作通路发生失效事件时，利用备用设备的倒换动作，使信号通过保护通路保持有效；网络恢复是在外部网络操作系统的控制下，采用某种算法寻找失效路由的替代路由，这种利用节点间可用的任何容量实施网络中业务恢复的方法，可大大节省网络资源，同时又能保证所需的网络资源，但需要相对较长的计算时间。

网络保护是目前常用的方法，分类方法很多，综述如下。

（1）从网络的功能结构划分

路径保护：当工作路径失效或者性能劣于某一必要的水平时，工作路径将由保护路径代替，路径终端可以提供路径状态的信息，保护路径终端提供受保护路径状态的信息。这两种信息提供了保护启动的依据。

路径保护过程可以用引进一个保护子层的方法来描述，如图 2-5 所示。

子网连接保护：当工作子网连接失效或性能劣于某一必要的水平时，工作子网连接将由保护子网连接代替。子网连接保护可以看作是一种缺陷条件的检出，发生在服务层网络、子层或其他传送层网络，而保护倒换的激活是发生在客户层网络的保护方法。子网连接保护可以被应用于网络内的任何层，被保护的子网连接可以进一步由较低等级的子网连接和链路连接级联而成。通常，子网连接没有固定的监视能力，因而子网保护方案可以进一步用监视子网连接的方法来表示。

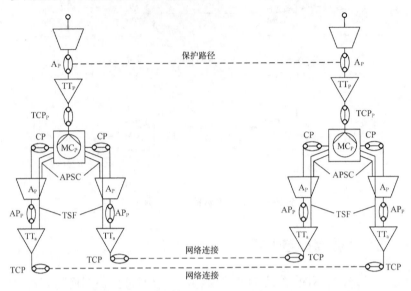

TSF: 路径信号失效 A_P: 保护适配
APSC: 自动保护倒换通路 MC_P: 保护矩阵连接
TT_P: 保护路径终端 TCP_P: 保护 TCP
TT_a: 无保护路径终端 AP_P: 保护接入点

图 2-5　路径保护

子网连接保护功能可以有以下两种连接监视方案。

① 固有监视：利用服务层固有可用的数据所得到的信息来启动客户层的保护倒换。如图 2-6 所示，服务层网络的路径状态可供矩阵使用，图中的服务层信号失效，从而启动客户层的保护倒换。固有监视主要用来监视服务层是否失效，是一种适于光缆被切断和节点失效等硬失效的保护手段，该手段主要保护倒换准则有指针丢失（Loss Of Pointer，LOP）和告警指示信号（Alarm Indication Signal，AIS）等。

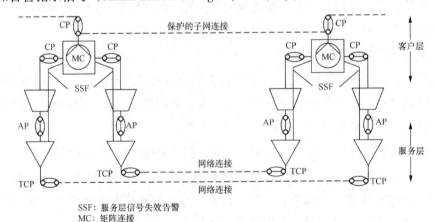

SSF: 服务层信号失效告警
MC: 矩阵连接

图 2-6　利用固有监视的子网连接保护

② 非介入监视：使用桥接到子网连接的路径终端来监视子网。

如图 2-7 所示，非介入监视主要用来监视服务层是否失效以及客户层失效和性能是否劣化，是一种不仅适用于保护网络中的硬失效，而且适用于保护性能劣化和运行操作者错误的保护手段。其倒换准则除了 LOP 和 AIS 外，还包括大量高 / 低阶通道开销监视器缺陷，如导致系统故障（System Failure，SF）的未装载、踪迹标识失配（Trace Identifier Mismatch，TIM）以及导致信号劣化（Signal Degrade，SD）的告警等。

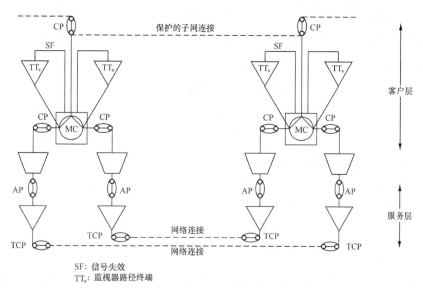

SF：信号失效
TT_a：监视器路径终端

图 2-7　利用非介入监视的子网连接保护

子网连接保护的重要特点是与网络拓扑无关，而且可以在需要时从固有监视平稳过渡到非介入监视。子网连接保护方案推荐使用"非介入监视"监视器。

（2）从网络的物理拓扑划分

自动线路保护倒换：是工作通道中断或性能劣化到一定程度后，系统将主信号自动转至备用光纤系统的方法。这种保护方式使业务快速恢复，恢复时间小于 50ms，对于网络节点的光电元件失效故障十分有效。但是当光缆被切断时（故障中占有很大的比率），往往是同一缆芯内的所有光纤（包括主备用）一起被切断，因而上述保护方式就无能为力了。尽管分路由是一种行之有效的选择方案，但其代价太大。传统的 PDH 系统采用自动线路保护倒换方式。

环形网保护：网络节点连成环形可以改善网络的生存性和性能价格比。网络节点可以是数字交叉连接设备，也可以是分插复用设备，通常环形网节点由 ADM 构成。

网孔形保护：各节点具有高度的连接性，可以通过多条路由通信。比如，我国的各个 C1 和 C2 即可构建成一个大规模的网孔网络。为实现自愈，这类结构主要利用数字交叉连接设备（Digital Cross Connector，DCC）的智能，充分发挥多路由潜在的灵活性，这样只需很小的冗余容量就可以恢复多种故障。

2．网络自愈时间

业务恢复时间和业务恢复范围是度量生存性的两个重要指标，不同的用户和业务对业务恢复时间和范围有不同的要求。例如，一般的大型金融机构的自动取款机对业务的可靠性要求最高，不仅要求业务能 100% 恢复，而且希望业务恢复时间小于 50ms；普通居民用户对业务中断的时间一般要求不高，但对业务资费较敏感；某些电话业务则处于上述两种情况之间，一般要求业务能全部恢复，但可以容忍较大范围的业务中断时间。

当业务中断时间在 50 ～ 200ms 时，交换业务的连接丢失概率小于 5%，对于 No.7 信令网和信元中断业务的影响不大；当业务中断时间在 200ms ～ 2s 时，交换业务的连接丢失概率逐渐增加；当业务中断时间达 2s 时，所有电路交换连接、专线、$n \times 64$kbit/s 和 2Mbit/s 拨号业务都将丢失连接；当业务中断时间达 10s 时，多数话带数据调制解调器超时，面向连接的数据会话（如 X.25）也可能已超时；当业务中断时间超过 10s 后，所有通信会话都将丢失连接。业务中断时间有 50ms 和 2s 两个重要门限值：前者可以满足大多数业务的质量要求，除了瞬态冲击影响外，业务不会中断，因而可认为 50ms 的保护恢复时间对于多数电路交换网的话带业务和中低速数据业务是透明的；后者可以保证中继传输和信令网的稳定性，电话用户只经历短暂的通话间歇，数据会话协议仍能维持不超时，图像业务则会发生丢帧和图像冻结的现象。2s 门限已作为网络恢复的目标值，称为连接丢失门限（Connection Drop Threshold，CDT）。

3. 线路保护倒换

链形结构的网络拓扑在实际工程中有着较为广泛的应用，这种结构具有自愈能力及自动保护倒换（Automatic Protection Switching，APS）的特性。

线路保护倒换分为 1+1 方式和 1:N 方式两种结构。

（1）1+1 结构

1+1 保护倒换结构如图 2-8 所示。

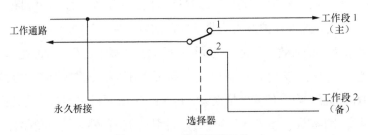

图 2-8　1+1 保护倒换结构

STM-N 信号同时在工作段和保护段两个复用段发送，在发送端，STM-N 信号永久地与工作段和保护段相连（并发）。接收端对从两个复用段收到的 STM-N 信号条件进行监视并选择连接更合适的一路信号（选收）。对于 1+1 结构，工作通路是永久连接的，它不允许提供无保护的额外业务。这种保护方式可靠性较高，高速大容量系统（例如 STM-16）经常采用这种方式，在 SDH 的发展初期或网络的边缘处，以及没有多余路由可选时这种保护方式是一种常用的保护措施，但成本较高。

（2）1:N 结构

1:N 的线路保护倒换结构如图 2-9 所示。

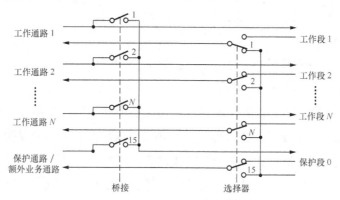

图 2-9　1:N 保护倒换结构

在 1:N 结构中，保护段由很多工作通路共享，N 取值为 1～14。在工作通路两端，N 个工作通路中的任何一个或者额外业务通路（如测试信号）都与保护段相连。MSP 对接收信号条件进行监视和评价，并在首端执行桥接，在尾端从保护段中选收合适的 STM-N 信号。

在实际中，较常用的 1:1 结构是 1:N(N=1) 结构的子集。1:1 结构的保护通路可提供优先等级较低的额外业务，因而系统效率高于 1+1 方式。但当工作通路倒换至保护通路时，上述正在保护通路中传送的额外业务将无条件丢失。

对于自动线路保护倒换，有以下两点需要特别说明。

① 这种结构对于网络节点的光或电的元部件失效故障是比较有效的，但对断缆这样的故障则是无能为力的。若系统采用备用路由的保护方式，可以避免类似的严重故障，不过这种方案需要至少双份的光纤和设备，增加了成本。

② 在链形拓扑的两种结构中，1+1 结构因为采用并发选收的机制，收发两端无须使用任何信令即可完成保护倒换，因而自动保护倒换时间短（可少于 50ms）；1:N 结构保护信道被 N 个工作信道所共享，因此当故障发生时，必须使用 APS 协议才能在收发两端建立可靠的连接，增加了时延。

4. 自愈环

环网络是指网上的每个节点都通过双工通信设备与相邻的两个节点相连，从而组成一个封闭的环。系统利用 SDH 的分插复用器或交叉连接设备可以组建具有自愈功能的 SDH 环网络，这是目前组建 SDH 网应用较多的一种网络拓扑形式。针对光纤线路保护倒换而形成的 SDH 自愈环（Self-Healing Ring，SHR），不仅能提高网络的生存能力，而且能降低倒换中备用路由的成本，在中继网、接入网和长途网中都得到了广泛的应用。SDH 的自愈环是一种比较复杂的网络结构，在不同的场合有不同的分类方法。

（1）单向环和双向环

按照进入环的支路信号方向与由该支路信号目的节点返回的信号（即返回业务信号）

方向是否相同，自愈环可以分为单向环和双向环。在单向环中，来回业务信号均沿同一方向（顺时针或逆时针）在环中传输；在双向环中，进入环的支路信号按一个方向传输，而由该支路信号目的节点返回的支路信号按相反的方向传输。

（2）二纤环和四纤环

按照环中每一对节点间所用光纤的最小数量，自愈环可被划分为二纤环和四纤环。

（3）通道保护环和复用段倒换环

按照保护倒换的层次，自愈环被分为通道倒换环和复用段倒换环（北美称其为线路倒换环）。通道保护环属于子网连接保护，复用段倒换环则属于路径保护。

对于通道倒换环，业务量的保护是以通道为基础的，倒换与否依据的是各个通道的信号质量。在通常情况下，我们可根据通道的告警指示信号就能决定是否倒换。对于复用段倒换环，业务量的保护是以复用段为基础的，倒换与否是按每对节点间的复用段信号质量而定的。当复用段出现问题时，整个节点间的复用段业务信号都转向保护环。通道保护环与复用段保护环的一个重要区别是前者往往使用专用保护，在正常情况下，保护信道也在传送工作业务信号，保护时隙为整个保护环专用；而后者往往使用共享保护，即正常情况下保护信道是空闲的，保护时隙被每对节点共享。据此，SDH 自愈环又可以分为专用保护环和共享保护环。

通道保护环的桥接和倒换动作发生于相关通道的两个端节点；而复用段保护环的桥接和倒换动作发生于失效跨距段的端节点。对于失效的链路，桥接和倒换动作发生于与失效链路相连的一对相邻节点；而节点失效，桥接和倒换动作发生于失效节点的两个相邻节点。

2.3 SDH 设备的主要性能指标

2.3.1 SDH 误码性能

误码是指经接收、判决、再生后，数字码流中的某些比特产生差错，对传输信息的质量造成影响。

1. 误码的产生和分布

误码是传输系统的一大危害，轻则使系统稳定性下降，重则导致传输中断。从网络性能的角度出发可将误码分成以下两大类。

（1）内部机理产生的误码

系统内部机理产生的误码包括各种噪声源产生的误码，定位抖动产生的误码，复用器、交叉连接设备和交换机产生的误码，由光纤色散产生码间干扰引起的误码，此类误码由系统的误码性能反映出。

（2）脉冲干扰产生的误码

脉冲干扰产生的误码是由突发脉冲，诸如电磁干扰、设备故障、电源瞬态干扰等产生的误码。此类误码具有突发性和大量性，系统突然间出现大量误码时，可通过系统的短期误码性能反映出来。

2. 误码性能的度量

传统误码性能的度量（G.821）是以比特的错误情况为基础的，实现方式是度量 64kbit/s 的通道在 27500km 的全程中端到端连接的数字参考电路的误码性能。在传输速率大于 64kbit/s 的数字电路中可以开辟一个 64kbit/s 的通道用于误码性能的测试，当传输网的传输速率越来越高时，以比特为单位衡量系统的误码性能具有局限性。

目前高比特率通道的误码性能是以块为单位进行度量的（B1、B2、B3 监测的均是误码块），由此产生出一组以"块"为基础的参数。这些参数的含义如下。

（1）误块

当块中的比特发生传输差错时称此块为误块。

（2）误块秒（Errored Second，ES）和误块秒比（Errored Second Ratio，ESR）

当某一秒中发现一个或多个误码块时称该秒为误块秒。在规定测量时间段内出现的误块秒总数与总的可用时间的比值为误块秒比。

（3）严重误块秒（Severely Errored Second，SES）和严重误块秒比（Severely Errored Second Ratio，SESR）

某一秒内包含不少于 30% 的误块或者至少出现一个严重扰动期（Severe Disturbance Period，SDP）时，认为该秒为严重误块秒。其中严重扰动期是指在测量时，最小等效于 4 个连续块的时间或者 1ms（取两者中较长时间段）时间段内所有连续块的误码率 $\geq 10^{-2}$ 或者出现信号丢失的情况。

在测量时间段内出现的 SES 总数与总的可用时间比被称为严重误块秒比（SESR）。

严重误块秒一般是由脉冲干扰产生的突发误块，所以 SESR 反映设备抗干扰的能力。

（4）背景误块（Background Block Error，BBE）和背景误块比（Background Block Error Ratio，BBER）

扣除不可用时间和 SES 期间出现的误块后剩余的块被称为背景误块（BBE）。BBE 数与在一段测量时间内扣除不可用时间和 SES 期间内所有块数后的总块数之比被称为背景误块比（BBER）。

若测量时间较长，那么 BBER 反映的是设备内部产生的误码情况，与设备采用器件的性能稳定性有关。

3. 数字段相关的误码指标

ITU-T 将数字链路等效为全长 27500km 的假设参考数字链路（Hypothetical Reference Digital Link，HRDL），并为每一段链路分配最高误码性能指标，以便使主链路各段的误码情况在不高于该标准的情况下连成串之后能满足数字信号端到端（27500km）正常传输的要求。

420km、280km、50km 假设参考数字段（Hypothetical Reference Digital Section，HRDS）应满足的误码性能指标见表 2-2、表 2-3、表 2-4。

表2-2　420km HRDS误码性能指标

速率（kbit/s）	155520	622080	2488320
ESR	3.696×10^{-3}	待定	待定
SESR	4.62×10^{-5}	4.62×10^{-5}	4.62×10^{-5}
BBER	2.31×10^{-6}	2.31×10^{-6}	2.31×10^{-6}

表2-3　280km HRDS误码性能指标

速率（kbit/s）	155520	622080	2488320
ESR	2.464×10^{-3}	待定	待定
SESR	3.08×10^{-5}	3.08×10^{-5}	3.08×10^{-5}
BBER	3.08×10^{-6}	1.54×10^{-6}	1.54×10^{-6}

表2-4　50km HRDS误码性能指标

速率（kbit/s）	155520	622080	2488320
ESR	4.4×10^{-4}	待定	待定
SESR	5.5×10^{-6}	5.5×10^{-6}	5.5×10^{-6}
BBER	5.5×10^{-7}	2.7×10^{-7}	2.7×10^{-7}

4. 误码减少策略

（1）内部误码的减小

改善收信机的信噪比是降低系统内部误码的主要途径。另外，选择合适的发送机消光比、改善接收机的均衡特性、减少定位抖动都能改善系统的内部误码性能。再生段的平均误码率低于 10^{-14} 数量级以下，系统可被认为处于"无误码"运行状态。

（2）外部干扰误码的减少

应对外部干扰误码减少的基本对策是加强所有设备的抗电磁干扰和静电放电能力。此外在设计规划系统时留有充足的冗余度也是一种简单可行的对策。

2.3.2　可用性参数

1. 不可用时间

传输系统的任意传输方向上的数字信号连续 10s 内每秒的误码率均低于 10^{-3}，从这 10s 的第一秒起就认为信号进入了不可用时间。

2. 可用时间

数字信号连续 10s 内每秒的误码率均高于 10^{-3} 时，那么从这 10s 的第一秒起就认为信号进入了可用时间。

3. 可用性

可用时间占全部总时间的百分比被称为可用性。为保证系统的正常使用，系统要满足一定的可用性指标。假设参考数字段可用性指标见表 2-5。

表2-5　假设参考数字段可用性指标

长度（km）	可用性	不可用性	不可用时间
420	99.977%	2.3×10^{-4}	120分钟/年
280	99.985%	1.5×10^{-4}	78分钟/年
50	99.99%	1×10^{-4}	52分钟/年

2.3.3　抖动漂移性能

抖动和漂移与系统的定时特性有关。定时抖动是指数字信号在特定时刻（例如最佳抽样时刻）相对理想时间的位置发生短时间偏离的现象。短时间偏离是指变化的频率高于 10Hz 的相位变化。漂移指数字信号在特定时刻相对理想时间位置发生长时间偏离的现象。长时间偏离是指变化的频率低于 10Hz 的相位变化。

抖动和漂移会使接收端出现信号溢出或取空，从而导致信号滑动损伤。

1. 抖动和漂移的产生机理

SDH 网中除了具有其他传输网的共同抖动源——各种噪声源、定时滤波器失谐、再生器固有缺陷（码间干扰、限幅器门限漂移）等，还有两个 SDH 网特有的抖动源。

脉冲塞入抖动：在将支路信号装入 VC 时，SDH 系统加入了固定塞入比特和控制塞入比特，分接时需要移去这些比特，这将导致时钟缺口经滤波后产生残余抖动。

指针调整抖动：由指针进行正/负调整和去调整时产生。对于脉冲塞入抖动，与 PDH 系统的正码脉冲调整产生的情况类似，可采用措施使它降低到可接受的程度，而指针调整（以字节为单位，隔三帧调整一次）抖动由于频率低、幅度大，很难用一般方法滤除。

引起 SDH 网漂移的普遍原因是环境温度的变化使光缆传输特性发生变化，导致信号漂移，另外，时钟系统受温度变化的影响也会出现漂移。最后，SDH 网络单元中指针调整和网同步的结合也会产生低频率的漂移。不过总体说来，SDH 网的漂移主要来自各级时钟和传输系统，特别是传输系统。

2. 抖动性能规范

SDH 网中常见的度量抖动性能的参数如下。

（1）输入抖动容限

输入抖动容限分为 PDH 输入口（支路口）和 STM-N 输入口（线路口）两种输入抖动容限。PDH 输入口是在使设备不产生误码的情况下，该输入口所能承受的最大输入抖动值。由于 PDH 网和 SDH 网长期共存，传输网中有 SDH 网元上 PDH 业务的需求，要满足这个需求必须使该 SDH 网元的支路输入口能包容 PDH 支路信号的最大抖动，即该支路口的抖动容限能承受 PDH 信号的抖动。

线路口（STM-N）输入抖动容限是指能使光设备产生 1dB 光功率代价的正弦峰—峰抖动值。该参数被用来规范当 SDH 网元互连在一起接收传输 STM-N 信号时，本级网元的输入抖动容限能包容上级网元产生的输出抖动。

（2）输出抖动

输出抖动与输入抖动的容限类似，也分为 PDH 支路口和 STM-N 线路口，是指在设备输入无抖动的情况下，由端口输出的最大抖动。

在 SDH 网元下进行 PDH 业务时，SDH 设备的 PDH 支路端口的输出抖动应能接收此 PDH 信号的设备可承受所输出的抖动。STM-N 线路端口的输出抖动应能接收此 STM-N 信号的 SDH 网元可承受的输出抖动。

（3）映射和结合抖动

在 PDH/SDH 网络边界处，该抖动是指调整和映射会产生 SDH 的特有抖动。为了规范这种抖动，我们采用映射抖动和结合抖动描述这种抖动情况。

映射抖动是指在 SDH 设备的 PDH 支路端口处输入不同频偏的 PDH 信号，在 STM-N 信号未发生指针调整时，设备的 PDH 支路端口处输出 PDH 支路信号的最大抖动。

结合抖动是指在 SDH 设备线路端口处输入符合 G.783 规范的指针测试序列信号，此时 SDH 设备发生指针调整，适当改变输入信号频偏，设备的 PDH 支路端口处输出信号测得的最大抖动。

（4）抖动转移函数——抖动转移特性

为了规范设备输出 STM-N 信号的抖动对输入 STM-N 信号抖动的抑制能力（即抖动增益），以控制线路系统的抖动积累，防止系统抖动迅速积累，我们定义了抖动转移函数。

抖动转移函数是指设备输出的 STM-N 信号的抖动与设备输入的 STM-N 信号的抖动的比值随频率的变化关系。

3. 抖动减少的策略

（1）线路系统的抖动减少

线路系统抖动是 SDH 网的主要抖动源，减少线路系统产生的抖动是保证整个网络性能的关键之一。减少线路系统抖动的基本对策是减少单个再生器的抖动（输出抖动），控制抖动转移特性（加大输出信号对输入信号的抖动抑制能力），改善抖动积累的方式（采用扰码器，使传输信息随机化，各个再生器产生的系统抖动分量相关性减弱，改善抖动积累特性）。

（2）PDH 支路口输出抖动的减少

由于 SDH 采用的指针调整可能会引起很大的相位跃变（因为指针调整是以字节为单位的）和随之产生的抖动和漂移，因而在 SDH/PDH 网边界处支路口采用解同步器来减少抖动和漂移幅度，解同步器具有缓存和相位平滑的作用。

第 3 章
WDM 传输网技术

3.1 WDM 技术原理

3.1.1 WDM 的基本概念

光通信系统可以按照不同的方式进行分类,按照信号的复用方式划分,可分为频分复用系统(Frequency Division Multiplexing, FDM)、时分复用系统(Time Division Multiplexing, TDM)、波分复用系统(Wavelength Division Multiplexing, WDM)和空分复用系统(Space Division Multiplexing, SDM)。所谓频分复用、时分复用、波分复用和空分复用是指按频率、时间、波长和空间来进行划分的光通信系统。虽然频率和波长是紧密相关的,但在光通信系统中,波分复用系统分离波长采用光学分光元件,不同于一般电通信中采用的滤波器,因此我们仍将两者分成不同的系统。

波分复用利用一根光纤可以同时传输多个不同波长的光载波的特点,把光纤可能应用的波长范围划分成若干个波段,每个波段作为一个独立的通道传输一种预定波长的光信号。光波分复用的实质是在光纤上进行光波的正交频分复用(Orthogonal Frequency Division Multiplexing, OFDM),因为光波通常用波长而不用频率来描述、监测与控制。随着光电技术的发展,在同一光纤中波长的密度会变得很高,其被称为密集波分复用(Dense Wavelength Division Multiplexing, DWDM),还有波长密度较低的 WDM 系统,被称为稀疏波分复用(Coarse Wave Division Multiplexing, CWDM)。

将一根光纤看作是一个"多车道"的高速公路,传统的 TDM 系统利用这条道路的一条车道,提高比特率相当于在该车道上加快行驶速度来增加单位时间内的运输量;使用 DWDM 技术,类似于利用尚未使用的车道,以获取光纤的巨大传输能力。

3.1.2　WDM 技术的发展背景

随着科学技术的迅猛发展，通信领域的信息传送量正以一种加速度的形式膨胀。信息时代要求传输网络的容量越来越大，提高传输速率和扩容的手段可以有多种，下面对几种扩容方式进行比较。

1. **空分复用**

空分复用是靠增加光纤数量的方式来线性增加传输容量的，同时传输设备也线性增加。

在光缆制造技术非常成熟的今天，几十芯的带状光缆已经比较普遍，而且先进的光纤接续技术使光缆施工变得更加简单，但光纤数量的增加无疑给施工以及将来线路的维护带来诸多不便，并且对于已有的光缆线路，通过重新敷设光缆来扩容，工程费用将会成倍增长。空分复用方式没有充分利用光纤的传输带宽，会造成光纤带宽资源的浪费。通信网络的建设不可能一直采用敷设新光纤的方式来扩容，而且工程初期也很难预测日益增长的业务需求和应该敷设的光纤数。因此，空分复用的扩容方式十分受限。

2. **时分复用**

时分复用是一项比较常用的扩容方式，从传统 PDH 的一次群至四次群，到 SDH 的 STM-1、STM-4、STM-16 乃至 STM-64，都采用了时分复用技术。时分复用技术可以成倍地提高光传输信息的容量，极大地降低每条电路在设备和线路方面的投入成本，并且采用这种复用方式可以很容易地在数据流中抽取某些特定的数字信号，适合在需要采取自愈环保护策略的网络中使用。

但时分复用的扩容方式有两个缺陷：第一是影响业务，在"全盘"升级至更高的速率等级时，网络接口及其设备需要完全更换；第二是速率的升级缺乏灵活性，以 SDH 设备为例，当一个线路速率为 155Mbit/s 的系统被要求提供两个 155Mbit/s 的通道时，就只能将系统升级到 622Mbit/s，因此，会有两个 155Mbit/s 的通道被闲置。

对于更高速率的时分复用设备，目前成本还较高，并且 40Gbit/s 的 TDM 设备已经达到电子器件的速率极限，即使是 10Gbit/s 的速率，在不同类型光纤中的非线性效应也会对传输产生各种限制。

不管是采用空分复用还是时分复用的扩容方式，基本的传输网络均采用传统的 PDH 或 SDH 技术，即采用单一波长的光信号传输，这种传输方式是对光纤容量的极大浪费。

3. **波分复用**

波分复用是指利用单模光纤低损耗区的巨大带宽，将不同波长（频率）的光混合在一起进行传输，这些不同波长的光信号所承载的数字信号可以是不同速率、不同数据格式的信号。目前的技术可以完全克服由于光纤的色散和光纤非线性效应带来的限制，满足对传输容量和传输距离的各种需求。

WDM 扩容方案的缺点是需要较多的光纤器件，增加器件失效和出故障的概率。

3.1.3　DWDM 的原理概述

DWDM 技术利用单模光纤的带宽以及低损耗的特性，采用多个波长作为载波，允许各载波信道在光纤内同时传输。现代的技术已经能够实现波长间隔为纳米级的复用，甚至可以实现波长间隔为零点几纳米级的复用，因此把波长间隔较小的多个波长的复用称为 DWDM。

DWDM 系统的构成及频谱示意如图 3-1 所示。发送端的光发射机发出波长不同而精度和稳定度满足一定要求的光信号，光信号经过光波长复用器复用在一起被送入掺铒光纤功率放大器（掺铒光纤放大器主要用来弥补合波器引起的功率损失和提高光信号的发送功率），接着，放大后的多路光信号被送入光纤进行传输，中间可以根据情况决定是否需要光线路放大器，光信号到达接收端经光前置放大器（主要用于提高接收灵敏度，以便延长传输距离）被放大后，被送入光波长分波器分解出原来的各路光信号。

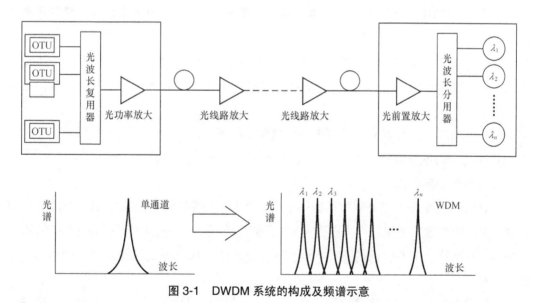

图 3-1　DWDM 系统的构成及频谱示意

3.2　WDM 的关键技术

3.2.1　光源

光源的作用是产生激光或荧光，它是组成光纤通信系统的重要器件。目前应用于光纤通信的光源半导体激光器（Laser Diode，LD）和半导体发光二极管（Light Emitting

Diode，LED）都属于半导体器件。它们共同的特点是体积小、重量轻、耗电量小。

LD 和 LED 相比，主要区别在于：前者发出的是激光，后者发出的是荧光。LED 的谱线宽度较宽，调制效率低，与光纤的耦合效率也低，但它的输出特性曲线线性好，使用寿命长，成本低，适用于短距离、小容量的传输系统；LD 一般适用于长距离、大容量的传输系统，在高速率的 PDH 和 SDH 设备上被广泛采用。

高速光纤通信系统中使用的光源分为多纵模（Multi Longitudinal Mode，MLM）激光器和单纵模（Single Longitudinal Mode，SLM）激光器两类。从性能上讲，这两类半导体激光器的主要区别在于它们的发射频谱：MLM 激光器的发射频谱的线宽较宽，为 nm 量级，我们可以观察到其存在多个谐振峰；SLM 激光器发射频谱的线宽为 0.1nm 量级，而且在频谱图中我们只能观察到单个谐振峰。SLM 激光器比 MLM 激光器的单色性更好。

DWDM 系统的工作波长较为密集，一般波长间隔为几个纳米到零点几纳米，要求激光器工作在一个标准波长上，并且具有很好的稳定性；另外，DWDM 系统的无电再生中继长度从单个 SDH 系统传输 50 ～ 60km 增加到 500 ～ 600km，在延长传输系统的色散受限距离的同时，为了克服光纤的非线性效应［如受激布里渊散射效应（SBS）、受激拉曼散射效应（SRS）、自相位调制效应（SPM）、交叉相位调制效应（CPM）、调制的不稳定性以及四波混频（FWM）效应等］，DWDM 系统的光源使用技术采用更先进、性能更优越的激光器。

综上，DWDM 系统对光源的两个突出的要求如下：

① 比较大的色散容限；

② 标准而稳定的波长。

在 DWDM 系统中，激光器波长的稳定是一个十分关键的问题，根据 ITU-T G.692 建议书的要求，中心波长的偏差不大于光信道间隔的正负五分之一，即光信道间隔为 100GHz（0.8nm）的系统，中心波长的偏差不能大于 ±20GHz，因此激光器需要采用严格的波长稳定技术。

集成式电吸收调制激光器的波长微调主要是靠改变温度来实现的，其波长温度的灵敏度为 0.08nm/℃，正常工作温度为 25℃，在 15℃～ 35℃内调节芯片的温度，可使 EML 调定在一个指定的波长上，调节范围为 0 ～ 1.6nm。

分布反馈激光器（Distributed Feed-Back Laser Diode，DFB-LD）的波长稳定是利用波长和管芯温度对应的特性，通过控制激光器管芯处的温度来控制波长，以达到稳定波长的目的。对于 1.5μm DFB-LD，波长温度系数约为 0.02nm/℃，它在 15℃～ 35℃的中心波长符合要求。这种温度反馈控制的方法完全取决于 DFB 的管芯温度。目前，DFB 工艺可以在激光器的寿命时间（20 年）内保证波长的偏移满足 DWDM 系统的要求。

除了温度外，激光器的驱动电流也能影响波长，其灵敏度为 0.008nm/mA。

　　以上这些方法可以有效地解决短期波长的稳定问题，但对于激光器老化等引起的波长长期变化就显得无能为力了。直接使用波长敏感元件对光源进行波长反馈控制是比较理想的，其原理如图 3-2 所示。

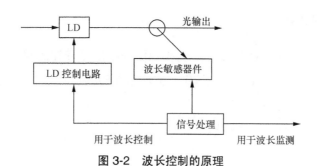

图 3-2　波长控制的原理

3.2.2　光电检测器

　　光电检测器的作用是把接收到的光信号转换成相应的电信号。从光纤传送过来的光信号一般是非常微弱的，因此对光检测器的要求是非常高的，具体要求如下：

　　① 在工作波长范围内有足够高的响应度；

　　② 在完成光电转换的过程中，引入的附加噪声应尽可能小；

　　③ 响应速度快，线性好及频带宽，使信号失真尽量小；

　　④ 工作稳定可靠，有较好的稳定性及较长的工作寿命；

　　⑤ 体积小，使用简便。

满足上述要求的半导体光检测器主要有 PIN 光电二极管和雪崩光电二极管两类。

1.　PIN 光电二极管

PIN 光电二极管是一种半导体器件，其构成是在 P 型和 N 型之间夹着本征（轻掺杂）区域。这个器件反向偏置时，表现出无穷大的内部阻抗，输出电流正比于输入光功率。

PIN 光电二极管的价格低，使用简单，但响应慢。

2.　雪崩光电二极管（APD）

　　在长途光纤通信系统中，毫瓦级的光功率从光发送机输出后，经光纤的长途传输，到达接收端的光信号十分微弱。如果采用 PIN 光电二极管检测，输出的光电流也十分微弱，为了使光接收机能判决电路的正常工作，必须对电流多级放大。放大器在放大信号的过程中不可避免地会引入各种电路噪声，从而使光接收机的信噪比降低，灵敏度下降。为了克服 PIN 光电二极管的上述缺点，光纤通信系统采用一种具有内部电流放大作用的光电二极管，即 APD。APD 利用光生载流子在耗尽区内的雪崩倍增效应，产生光电流的倍增作用。雪崩倍增效应是指 PN 结外加高反向偏压后，在耗尽区内形成一个强电场。当耗尽区吸收光子时，激发出来的光生载流子被强电场加速，以极高的速度与耗尽区的晶格发生碰撞，产生新的光生载流子，并形成连锁反应，从而使光电流在光电二极管内部获得倍增。

雪崩二极管的增益和响应速度都优于 PIN 光电二极管，但其噪声性能较差。

3.2.3　光放大器

光信号沿光纤传播时会产生一定的衰耗，传输距离受衰耗的制约。为了使信号传得更远，必须增强光信号的功率，目前常用的方法是在传输过程中引入光放大器。

1. 光放大器的概述

光放大器的工作原理如图 3-3 所示。

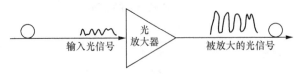

图 3-3　光放大器的工作原理

光放大器不需要将光信号转换成电信号，而是直接对所传输的光信号进行功率放大。因为光放大器只是简单地放大信号，所以对任何比特率以及信号格式都是透明的。光放大器不仅支持单个信号波长的放大，而且支持一定波长范围的光信号放大。掺铒光纤放大器的出现把波分复用和全光网络的理论变成现实，WDM 技术在光纤通信中扮演着重要的角色。

现在主要使用的光放大器包括半导体光放大器（Semiconductor Optical Amplifier，SOA）和光纤光放大器（Fiber Optical Amplifier，FOA）两种类型。

SOA 实质上是半导体激光器的活性介质。换句话说，一个半导体光放大器是一个没有或有很少光反馈的激光二极管。

FOA 与 SOA 不同，FOA 的活性介质（或称增益介质）是一段特殊的光纤或传输光纤，并且和泵浦激光器相连，当信号光通过这一段光纤时，信号光被放大。FOA 又可以分为掺稀土离子光纤放大器和非线性光纤放大器。和 SOA 一样，掺稀土离子光纤放大器的工作原理也是受激辐射；而非线性光纤放大器是利用光纤的非线性效应放大光信号的。实用化的光纤放大器有掺铒光纤放大器和拉曼光纤放大器。

EDFA 作为新一代光通信系统的关键部件，具有增益高、输出功率大、工作光学带宽较宽、与偏振无关、噪声指数较低、放大特性与系统比特率和数据格式无关等优点。它是 DWDM 系统中必不可少的关键部件。

根据 EDFA 在 DWDM 光传输网中的位置，EDFA 可以分为功率放大器（Booster Amplifier，BA）、线路放大器（Line Amplifier，LA）和前置放大器（Preamplifier，PA）。

拉曼光纤放大器的增益波长由泵浦光波长决定，只要泵浦源的波长适当，理论上可放大任意波长的信号，当其与常规 EDFA 混合使用时可大大降低系统的噪声指数，增加传输距离。

2. EDFA 增益平坦控制

普通的以纯硅光纤为基础的 EDFA 的增益平坦区很窄，仅在 1549 ~ 1561nm，大约 12nm，在 1530 ~ 1542nm 的增益起伏很大，可高达 8dB。当 DWDM 系统的通路超出增益平坦区时，在 1540nm 附近的通路会遭受严重的信噪比劣化，无法保证正常的信号输出。

为了解决上述问题，人们开发出以掺铝的硅光纤为基础的增益平坦型 EDFA，大大地改善了 EDFA 的工作波长带宽，平抑了增益的波动。目前成熟的技术已经能够做到 1dB 增益平坦区并且几乎扩展到整个铒通带（1525 ~ 1560nm），基本解决了普通 EDFA 的增益不平坦问题。未掺铝的 EDFA 和掺铝的 EDFA 的增益曲线对比如图 3-4 所示。

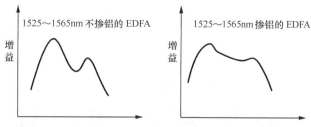

图 3-4　EDFA 增益曲线平坦性的改进

EDFA 增益不平坦和平坦性能的比较如图 3-5 所示。

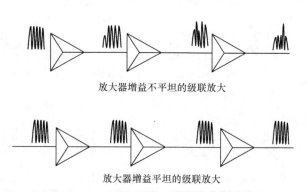

图 3-5　EDFA 增益平坦和不平坦性能的对比

3. EDFA 的增益锁定

WDM 系统是一个多波长的工作系统，当失去某些波长信号时，由于增益竞争，其能量会转移到那些未丢失的信号上，提高了其他波长的功率。在接收端，由于电平突然提高可能会引起误码，所以 EDFA 需要进行增益锁定。

EDFA 的增益锁定有多种技术，典型的技术为控制泵浦光源增益。EDFA 内部的监测电路通过监测输入功率和输出功率的比值来控制泵浦源的输出，当输入波长的某些信号丢失时，输入功率会减小，输出功率和输入功率的比值会增加，通过反馈电路，降低泵浦源的输出功率，保持 EDFA 增益（输出 / 输入）不变，从而使 EDFA 的总输出功率减少，保持输出信号电平的稳定，具体如图 3-6 所示。

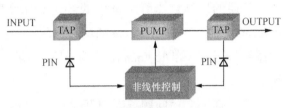

图 3-6 控制泵浦光源的增益锁定技术

另外，EDFA 的增益锁定还包括饱和波长技术。在发送端，除了工作波长外，系统还发送另一个波长作为饱和波长。在正常情况下，该波长的输出功率很小，当线路的某些信号丢失时，饱和波长的输出功率会自动增加，用于补偿丢失的波长信号的能量，从而保持 EDFA 输出功率和增益恒定，当线路的多波长信号恢复时，饱和波长的输出功率会相应减小。这种方法直接控制饱和波长激光器的输出，速度比控制泵浦源要快。

EDFA 增益不锁定和锁定性能的比较如图 3-7 所示。

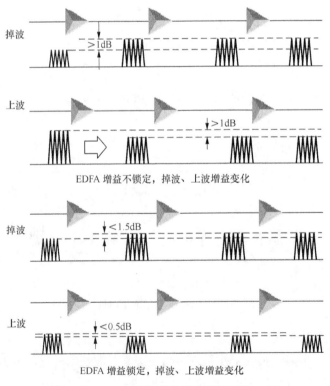

图 3-7 EDFA 增益锁定效果对比

4．EDFA 的优缺点

（1）EDFA 的主要优点

① 工作波长与单模光纤的最小衰减窗口一致。

② 耦合效率高。由于是光纤放大器，易与传输光纤耦合连接。

③ 能量转换效率高。掺铒光纤的纤芯比传输光纤细小，信号光和泵浦光同时在掺铒光纤中传播，光能量非常集中，使得光与增益介质 Er 离子的作用非常充分，加之适当长度的掺铒光纤，因而光能量的转换效率高。

④ 增益高、噪声指数较低、输出功率大。

⑤ 增益特性稳定。EDFA 对温度不敏感，增益与偏振无关。

⑥ 增益特性与系统比特率和数据格式无关。

（2）EDFA 的主要缺点

① 增益波长范围固定。Er 离子的能级差决定了 EDFA 的工作波长只能在 1550nm 窗口。这也是掺稀土离子光纤放大器的局限性，例如，掺镨光纤放大器只能工作在 1310nm 窗口。

② 增益带宽不平坦。EDFA 的增益带宽很宽，但 EFDA 本身的增益谱不平坦。其在 WDM 系统中应用时必须采取特殊的技术使其增益平坦。

③ 光浪涌问题。EDFA 可使输入光功率迅速增大，但 EDFA 的动态增益变化较慢，在输入信号能量跳变的瞬间将产生光浪涌，即输出光功率出现尖峰，尤其是当 EDFA 级联时，光浪涌现象更明显。峰值光功率达到几瓦时，有可能造成 O/E 变换器和光连接器端面的损坏。

5．拉曼光纤放大器

在常规光纤通信系统中，光功率不大，光纤呈线性传输特性。当注入光纤（非线性光学介质）中的光功率非常高时，高能量（波长较短）的泵浦光散射将一小部分入射功率转移到另一频率下移的光束，频率下移量由介质的振动模式决定，此过程被称为拉曼效应。普通的拉曼散射需要很高的激光功率。但是在光纤通信中，作为非线性介质的单模光纤，纤芯直径非常小（一般小于 $10\mu m$），因此单模光纤可将高强度的激光场与介质的相互作用限制在非常小的截面内，大大提高了入射光场的光功率密度。在低损耗光纤中，光场与介质的作用可以维持很长的时间，其间能量耦合得很充分，使得在光纤中利用受激拉曼散射成为可能。

石英光纤具有很宽的受激拉曼散射增益谱，并在泵浦光频率下移约 13THz 附近有一较宽的增益峰。如果一个弱信号与一束强泵浦光波同时在光纤中传输，使弱信号波长置于泵浦光的拉曼增益带宽内，则弱信号光即可得到放大，这种基于受激拉曼散射机制的光放大器被称为拉曼光纤放大器。拉曼光纤放大器的增益是开关增益，即放大器在打开与关闭状态下输出功率的差值。

拉曼光纤放大器有以下 3 个突出的特点。

① 其增益波长由泵浦光波长决定，只要泵浦源的波长适当，理论上可放大任意波长的信号，如图 3-8 所示，其中虚线为泵浦源产生的 3 个增益谱。拉曼光纤放大器的这一特点可以放大 EDFA 所不能放大的波段，使用多个泵浦源还可得到比 EDFA 宽得多的增益带宽（后者由于能级跃迁机制所限，增益带宽只有 80nm）。因此它对于光纤的整个低损耗区（1270 ～ 1670nm）具有不可替代的作用。

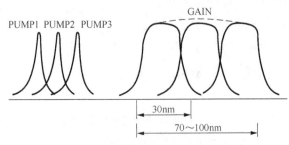

图 3-8　多泵浦时的 Raman 增益谱

② 其增益介质为传输光纤本身，这使拉曼光纤放大器可以对光信号进行在线放大，构成分布式放大，实现长距离的无中继传输和远程泵浦，尤其适用于海底光缆通信等不方便设立中继器的场合；因为放大是沿光纤分布而不是集中作用，光纤中各处的信号光功率都比较小，所以可降低非线性效应尤其是四波混频效应的干扰。

③ 噪声指数低，这使拉曼光纤放大器与常规 EDFA 混合使用时可大大降低系统的噪声指数，增加传输距离。

3.2.4　光复用器和光解复用器

波分复用系统的核心部件是波分复用器件，即光复用器和光解复用器（有时也称合波器和分波器），它们均为光学滤波器，其性能好坏在很大程度上决定了整个系统的性能，WDM 合分波器的工作原理如图 3-9 所示。合波器的主要作用是将多个信号波长合在一根光纤中传输；分波器的主要作用是将在一根光纤中传输的多个波长信号分离。

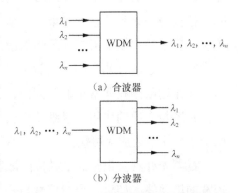

图 3-9　WDM 合分波器的工作原理

WDM 系统性能好坏的关键是 WDM 器件，其要求是复用信道数量足够、插入损耗小、串音衰耗大和通带范围宽等。从原理上讲，合波器与分波器是相同的，只需要改变输入、输出的方向。WDM 系统中使用的波分复用器件的性能满足 ITU-T G.671 及相关建议书的要求。

1. 光波分复用器的种类

（1）光栅型

光栅型波分复用器属于角色散型器件，是利用角色散元件来分离、合并不同波长的光信号的。入射光照射到光栅上后，由于光栅的角色散作用，不同波长的光信号以不同的角度反射，然后经透镜汇聚到不同的输出光纤上，从而完成波长选择功能，逆过程也成立。光栅型波分复用器的工作原理如图 3-10 所示。光栅的优点是高分辨的波长选择可以将特定波长的绝大部分能量与其他波长进行分离且方向集中。

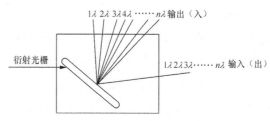

图 3-10　光栅型波分复用器的原理

光栅型滤波器具有优良的波长选择性，可以使波长的间隔缩小到 0.5nm 左右。另外，光栅型器件是并联工作的，插入损耗不会随复用通路波长数的增加而增加，因而可以获得较多的复用通路数，已能实现 131 个波长间距为 0.5nm 的波长复用，其隔离度也较好。当波长间隔为 1nm 时，隔离度可以高达 55dB。

光栅的缺点是插入损耗较大，通常有 3 ～ 8dB，对极化很敏感，光通路带宽 / 通路间隔比尚不理想，光谱利用率不够高，对光源和波分复用器的波长容错性要求较高。此外，其温度漂移随所用材料的热膨胀系数和折射率的变化而变化，典型器件的温度漂移大约为 0.012nm/℃，这是比较大的。若采用温度控制措施，则温度漂移可以减少至 0.0004nm/℃。

这类光栅在制造上要求较精密，不适合大批量生产，因此往往在实验室的科学研究中应用较多。

除上述传统的光纤器件外，布拉格光栅滤波器的制造技术也逐渐成熟，它的制造方法是利用高功率紫外光波束干涉，从而在光纤纤芯区形成周期性的折射率变化，精度可达每厘米 10000 线。光导纤维中布拉格光栅滤波器的工作原理如图 3-11 所示。布拉格光栅滤波器的设计和制造比较快捷方便，成本较低，插入损耗很小，温度特性稳定，滤波特性带内平坦，而带外十分陡峭（滚降斜率优于 150dB/nm，带外抑制比高达 50dB），整个器件可以直接与系统中的光纤熔为一体，因此可

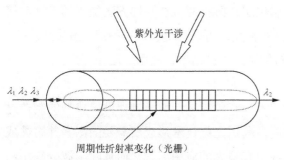

图 3-11　光导纤维中布拉格光栅滤波器的工作原理

以制作成信道间隔非常小的带通或带阻滤波器，目前在波分复用系统中得到了广泛的应用。

然而，这类光栅滤波器的波长适用范围较窄，只适用单个波长，带来的好处是可以随着使用的波长数不同而增减滤波器，应用比较灵活。

（2）介质薄膜型

介质薄膜型波分复用器是由介质薄膜（Dielectric Thin Film，DTF）构成的一类芯交互型波分复用器。DTF 干涉滤波器是由几十层不同材料、不同折射率和不同厚度的介质膜，按照设计要求组合起来的，每层的厚度为 1/4 波长，一层为高折射率，一层为低折射率，交替叠合而成。当光入射到高折射层时，反射光没有相移；当光入射到低折射层时，反射光经历 180° 相移。由于层厚 1/4 波长（90°），经低折射率层反射的光经历 360° 相移后与经高折射率层的反射光同相叠加。这样中心波长附近各层反射光叠加在滤波器前端面形成很强的反射光。在这高反向射区之外，反射光突然降低，大部分光成为透射光。据此薄膜干涉型滤波器对一定波长范围呈通带，而对另外波长范围呈阻带，形成所要求的滤波特性。薄膜干涉型滤波器的结构如图 3-12 所示。

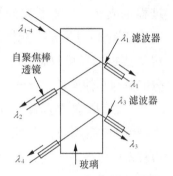

图 3-12　薄膜干涉型滤波器的结构

介质薄膜型波分复用器的主要特点是，设计上可以实现结构稳定的小型化器件，信号通带平坦且与极化无关，插入损耗低，通路间隔度好。缺点是通路数不会很多。其具体特点还与结构有关，例如，薄膜型波分复用器在采用软型材料时，由于滤波器容易吸潮，受环境的影响而改变波长；采用硬介质薄膜时材料的温度稳定性优于 0.0005nm/℃。另外，这种器件的设计和制造过程较长，产量较低，光路中使用环氧树脂时隔离度不宜很高，带宽不宜很窄。

（3）熔锥型

光纤耦合器有两类，应用较广泛的是熔拉双锥（熔锥）型光纤耦合器，即将多根光纤在热熔融条件下拉成锥形，并稍加扭曲，使其熔接在一起。不同光纤的纤芯十分靠近，因而可以通过锥形区的消失波耦合来获得需要的耦合功率；或者，采用研磨和抛光的方法去掉光纤的部分包层，只留下很薄的一层包层，再将两根经同样方法加工的光纤对接在一起，中间涂有一层折射率匹配液，于是两根光纤可以通过包层里的消失波发生耦合，得到所需要的耦合功率。熔锥式波分复用器件制造工艺简单，应用广泛。

（4）集成光波导型

集成光波导型波分复用器是以光集成技术为基础的平面波导型器件，典型的制造过程是在硅片上沉积一层薄薄的二氧化硅玻璃，利用光刻技术形成所需要的图案并腐蚀成型。该器件可以集成生产，在今后的接入网中有很大的应用前景，而且除了波分复用器之外，它可以做成矩阵结构，对光信道进行上 / 下分插，这也是今后光传输网中实现光交换的优选方案。

使用集成光波导型波分复用器较有代表性的是日本 NTT 公司制作的阵列波导光栅（Arrayed Waveguide Grating，AWG）光合波分复用器，它具有波长间隔小、通路数多、通带平坦等优点，适合超高速、大容量波分复用系统使用，其结构示意如图 3-13 所示。

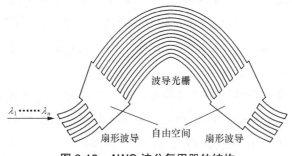

图 3-13　AWG 波分复用器的结构

2. 波分复用器件性能的比较

各种波分复用器件性能的比较见表 3-1。

表3-1　各种波分复用器件性能的比较

器件类型	机理	批量生产	通道间隔（nm）	通路数	串音（dB）	插入损耗（dB）	主要缺点
光栅型	角色散	一般	0.5～10	131	≤-30	3～6	温度敏感
介质薄膜型	干涉/吸收	一般	1～100	2～32	≤-25	2～6	通路数较少
熔锥型	波长依赖型	较容易	10～100	2～6	≤-45	0.2～1.5	通路数少
集成光波导型	平面波导	容易	1～5	4～32	≤-25	6～11	插入损耗大

3.2.5　光监控信道

在 SDH 系统中，网管可以通过 SDH 帧结构中的开销字节（如 E1、E2、D1 ～ D12 等）管理和监控网络中的设备。与 SDH 系统不同，DWDM 系统中线路放大设备只对业务信号进行光放大，业务信号只有光—光的过程，无业务信号的上下过程，让管理和监控信息依赖于业务是不行的，所以必须增加一个信号监控光放大器的运行状态。DWDM 系统可以增加一个波长信道专用于管理系统，这个信道就是所谓的光监控信道（Optical Supervising Channel，OSC）。对于采用 EDFA 技术的光线路放大器，EDFA 的增益区为 1530 ～ 1565nm，光监控信道必须位于 EDFA 有用增益带宽的外面（带外 OSC），为 1510nm。监控信道线路码型采用信号翻转码 CMI。

1. 光监控信道的要求

DWDM 对光监控信道有以下要求：

① 光监控信道不限制光放大器的泵浦波长；

② 光监控信道不限制两个光线路放大器之间的距离；

③ 光监控信道不限制未来在 1310nm 波长的业务；

④ 当线路放大器失效时，光监控信道仍然可用。

根据以上要求，可得出以下标准。

① 光监控信道的波长不能为 980nm 和 1480nm，因为 EDFA 使用以上波长的激光器作泵浦源，拉曼光纤放大器使用 1480nm 附近波长的激光器作泵浦源。

② 光监控信道的波长不能为 1310nm，因为这样会占用 1310 窗口的带宽资源，妨碍 1310nm 窗口的业务。

③光监控信道需要采用低速率的光信号，保证较高的接收灵敏度。光监控信道的接收灵敏度很高，不会因为 OSC 的功率问题而限制两个光放大器之间的距离。

④ 光监控信道的波长在光放大器的增益带宽以外，这样，光放大器失效时，光监控信道不会受影响。对于采用掺铒光纤放大器技术的光线路放大器，EDFA 的增益光谱区为 1528 ～ 1610nm，因此，光监控信道波长必须位于 EDFA 的增益带宽之外。通常，光监控信道的波长可以是 1510nm 或 1625nm。

ITU-T 建议书中指出：DWDM 系统的光监控信道应该与主信道完全独立，主信道与监控信道独立在信号流上。在 OTM 站点和发方向，监控信道是在合波、放大后才接入监控信道的；在收方向，监控信道先是被分离的，之后系统才对主信道预放和分波。同样，在 OLA 站点，发方向是最后才接入监控信道的；收方向是最先分离出监控信道的。在整个传送过程中，监控信道没有参与光功率的放大，但在每一个站点都被终结和再生。相反，主信道在整个过程中都参与光功率的放大，在整个线路上没有被终结和再生，波分设备只是为其提供了一个个透明的光通道。

2. 监控通路的接口参数

监控通路的接口参数见表 3-2。

表3-2　监控通路的接口参数

监控波长	1510nm
监控速率	2Mbit/s
信号码型	CMI
信号发送功率	-7～0dBm
光源类型	MLM LD（多纵模激光二极管）
最小接收灵敏度	-48dBm

3. 监控通路的帧结构

监控通路的 2Mbit/s 系统物理接口应符合 G.703 要求。其帧结构和比特率符合 G.704 的规定，如图 3-14 所示。

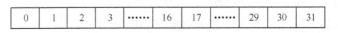

| 0 | 1 | 2 | 3 | ...... | 16 | 17 | ...... | 29 | 30 | 31 |

图 3-14　监控通路的帧结构

时隙 0 为帧同步字节。

帧结构中至少有两个时隙作为公务联络通路：一个作为光中继段公务联络，并可在光放大器中继站上接入；另一个作为光复用段之间的业务联络，可在 WDM 系统终端站接入。

帧结构中应至少有一个时隙供使用者（通常为网络提供者）使用，可以在光线路放大器中继站上接入。

帧结构中必须有 4 个字节作为光中继段的数据通信通道（Data Communication Channel，DCC），8 个字节作为光复用段的 DCC，以传送有关 WDM 系统的网络管理信息。终端设备有公务联络和使用者通路两个接口。

帧结构必须有空闲字节，以供扩容使用。

3.3　WDM 组网结构

WDM 设备按用途可分为光终端复用单元（Optical Terminal Multiplexer，OTM）、光线路放大单元（Optical Line Amplifier，OLA）、光分插复用单元（Optical Add-Drop Multiplexer，OADM）、电中继单元（Regenerator，REG）4 种。

1. OTM

在发送方向，OTM 把不同波长的信号经合波器复用成 WDM 主信道，然后对其进行光放大，并附加上光监控信道。

在接收方向，OTM 先把光监控信道取出，然后对 WDM 主信道进行光放大，经分波器解复用成不同波长的信号。

OTM 的信号流向如图 3-15 所示。

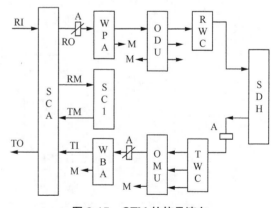

图 3-15　OTM 的信号流向

2. OLA

光中继设备在每个传输方向都配有一个 OLA。每个传输方向的 OLA 先取出光监控信道并处理，然后将主信道放大，再将主信道与光监控信道合路并送入光纤线路。OLA 的信号流向如图 3-16 所示，整个设备安装在一个子架内。图 3-16 中每个方向都采用一对 WPA+WBA 将光线路放大，也可用单一 WPA 或 WBA 的方式实现单向的光线路放大。

3. OADM

OADM 可采用两种方式：一种是一块单板采用静态上 / 下波长的 OADM；另一种是两个 OTM 采用背靠背的方式组成一个可上 / 下波长的 OADM 设备。

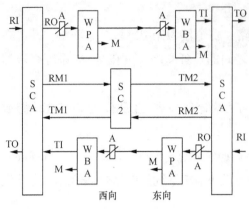

图 3-16　OLA 的信号流向

（1）静态光分插复用设备

光分插复用设备可采用一块单板实行静态上/下波长，每个 OADM 设备可进行 1～8 个波长的分插复用，以满足各种工程的实际需要。

OADM 设备接收线路的光信号后，先提取监控信道，再用 WPA 将主光信道预放大，通过 MR2 单元把接收的光信号按波长取得一定数量后送出设备，要插入的波长经 MR2 单元直接插入主信道，再经功率放大后插入

本地光监控信道向远端传输。在本站下业务的信道，需经 RWC 与 SDH 设备相连；在本站上业务的信道，需经 TWC 与 SDH 设备相连。

以 MR2 为例，静态 OADM 的信号流向如图 3-17 所示。

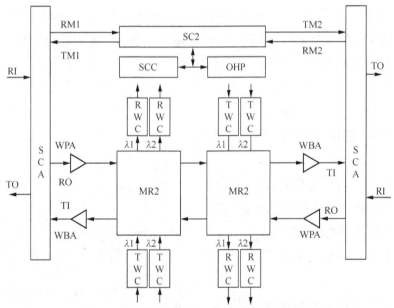

注：DCM 为色散补偿模块，MR2 为 ADD/DROP 单元。

图 3-17　静态 OADM 的信号流向

32×10Gbit/s 的组网，需要进行 STM-64 信号的上/下，此时图 3-17 所示的信号流向里面的 TWC 和 RWC 分别替换为 TWF 和 RWF。

（2）两个 OTM 背靠背组成的光分插复用设备

采用两个 OTM 背靠背方式可组成一个可上/下波长的 OADM 设备。这种方式相比于用一块单板进行波长转换的静态 OADM 而言更灵活，可任意上/下，更易于组网。如果某

一路信号不在本站上 / 下,可以从 ODU 的输出口直接接入同一波长的 TWC 再进入另一方向的 OMU 板。

两个 OTM 背靠背组成的 OADM 的信号流向如图 3-18 所示。

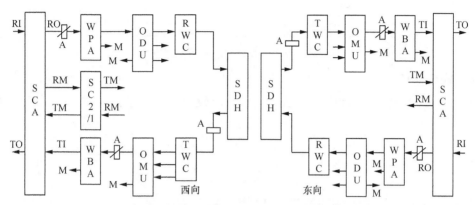

图 3-18 两个 OTM 背靠背组成的 OADM 的信号流向

4．REG

需要进行再生段级联的工程,要用到 REG。电中继设备无业务上下,只是为了延伸色散受限的传输距离。以 STM-16 信号的中继为例,电中继设备的信号流向如图 3-19 所示。

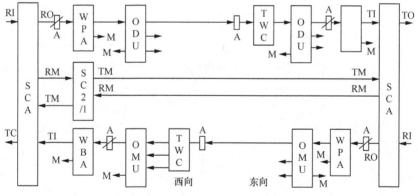

图 3-19 电中继设备的信号流向

3.4 WDM 网络保护

3.4.1 WDM 网络的一般组成

WDM 系统的基本组网方式有点到点方式、链形组网方式、环形组网方式,由这 3 种方式可组合出更多、更复杂的其他网络形式。

1. 点到点组网

点到点组网是 WDM 系统中最简单的组网方式，如图 3-20 所示，系统中仅存在一个复用段，是 WDM 组网中最基本的网络。

图 3-20　WDM 系统的点到点组网方式

2. 链形组网

如图 3-21 所示，链形组网对于光缆资源要求较低，但是对于网络中断等缺乏保护。

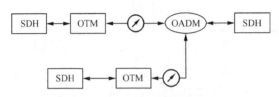

图 3-21　WDM 系统的链形组网方式

3. 环形组网

在本地网，特别是都市网的应用中，用户根据需要可以用 WDM 的光分插复用设备组成环形网。WDM 设备可进行通道环或复用段保护，环形组网方式如图 3-22 所示。

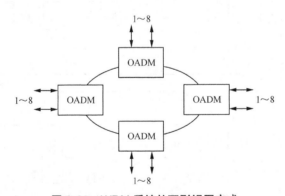

图 3-22　WDM 系统的环形组网方式

4. 网络管理信息通道备份和互联能力

在传输网中，网络管理信息是通过监控信道传送的，通常情况下，监控信道与主信道采用统一的物理通道，在主信道失效时，监控信道也同时失效，因此，光传输网必须提供网络管理信息的备份通道。

在环形组网中，当某段传输失效（如光缆损坏等）时，网络管理信息可以自动改由环形另一方向的监控信道传送，这不影响整个网络的管理，图 3-23 所示为环形组网时网络管理信息通道的自动备份方式（某段传输失效时）。

但是，当某光纤段中某站点两端都失效时，或者是在点对点组网和链形组网中某段传输失效时，网络管理信息通道也将失效。这时，网络管理者将不能获取失效站点的监控信息，也不能对失效站点进行操作。为防止出现上述情况，网络管理信息应该选择使用备份通道。网元可以通过数据通信网提供备份网络管理信息通道。

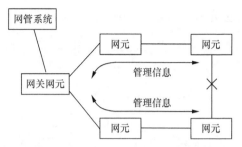

图 3-23　环形组网时网络管理信息通道的自动备份方式（某段传输失效时）

需要进行保护的两个网元之间，通过路由器接入数据通信网，建立网络管理信息备份通道。在网络正常时，网络管理信息通过主管理信道传送，网络管理信息备份通道（正常时）如图 3-24 所示。

当主信道发生故障时，网元自动切换到备份通道上传送管理信息，保证网络管理系统对整个网络的监控和操作。整个切换过程是不需要人工干预而自动进行的。网络管理信息备份通道（主信道失效时）如图 3-25 所示。

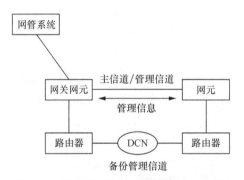

图 3-24　网络管理信息备份通道（正常时）

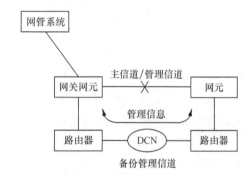

图 3-25　网络管理信息备份通道（主信道失效时）

3.4.2　WDM 网络的保护

因为 WDM 系统的负载很大，所以保障 WDM 系统的安全尤为重要。

点到点线路保护主要有两种保护方式：一种是基于单个波长、在 SDH 层实施的 1+1 或 1：N 的保护；另一种是基于光复用段上的保护，在光路上同时保护合路信号，这种保护也被称为光复用段保护（Optical Multiplex Section Protect，OMSP），此外，还有基于环网的保护。

1. 基于单个波长的保护

（1）基于单个波长，在客户侧实施的 1+1 保护

图 3-26 所示的是基于单个波长，在 SDH 层实施的 1+1 保护机制，这种系统保护机制与 SDH 系统的 1+1 MSP（复用段保护）类似，客户侧终端、复用器／解复用器、线路光放大器、光缆线路等所有的系统设备都需要有备份，客户侧信号在发送端被永久桥接在工作系统和保护系统。接收端监视从这两个 WDM 系统收到的客户侧信号状态，并选择

更合适的信号,这种方式的可靠性比较高,但是成本也比较高。

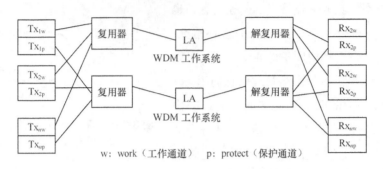

w: work(工作通道)　　p: protect(保护通道)

图 3-26　基于单个波长,在 SDH 层实施的 1+1 保护机制

在一个 WDM 系统内,每一个客户侧通道的倒换与其他通道的倒换没有关系,即 WDM 系统 1 的 Tx_1 出现故障倒换至 WDM 系统 2 时,Tx_2 可继续在 WDM 系统 1 上工作。一旦监测到启动倒换的条件,应在 50ms 内完成保护倒换的动作。

(2)基于单个波长,在客户侧实施的 1:N 保护

WDM 系统可实行基于单个波长,在 SDH 层实施的 1:N 保护,如图 3-27 所示。Tx_{11}、Tx_{21} ··· Tx_{n1} 共用一个保护段,与 Tx_{p1} 构成 1:N 的保护关系;Tx_{12}、Tx_{22} ··· Tx_{n2} 共用一个保持段,与 Tx_{p2} 构成 1:N 的保护关系;依此类推,Tx_{1m}、Tx_{2m} ··· Tx_{nm} 共用一个保护段,与 Tx_{pm} 构成 1:N 的保护关系。客户侧 MSP 监视和判断接收到的信号状态,并执行来自保护段合适的客户侧信号的桥接和选择。

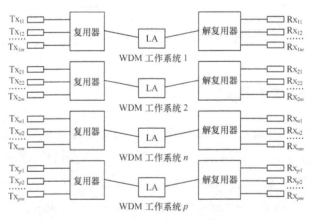

图 3-27　基于单个波长,在 SDH 层实施的 1:N 保护

在一个 WDM 系统内,每一个客户侧通道的倒换与其他通道的倒换没有关系,即 WDM 系统 1 里的 Tx_{11} 倒换到 WDM 保护系统 1 时,Tx_{12}、Tx_{13} ··· Tx_{1m} 可继续在 WDM 系统 1 上工作。一旦监测到启动倒换条件,应在 50ms 内完成保护倒换的动作。

(3)基于单个波长,同一 WDM 系统内 1:N 保护

考虑到一条 WDM 线路可以承载多条客户侧业务,因而也可以使用同一 WDM 系统内

的空闲波长作为保护通道。

图 3-28 所示为 $n+1$ 路的 WDM 系统，其中，n 个波长通道作为工作波长，一个波长通道作为保护系统。但是考虑到在实际系统中，光纤、光缆的可靠性比设备的可靠性要差，所以 WDM 系统只保护系统，而不保护线路，实际意义不大。

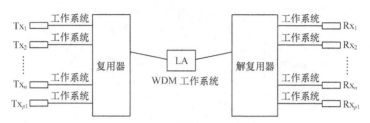

图 3-28　基于 SDH 层的同一 WDM 系统内实现 1∶N 保护

一旦监测到启动倒换条件，应在 50ms 内完成保护倒换的动作。

2. 光复用段保护（OMSP）

这种技术只在光路上进行 1+1 保护，而不保护终端线路。这种技术在发送端和接收端分别使用 1×2 光分路器和开关，或采用其他手段（如 glowing 状态，指光放大器处于一种低偏置电流，泵浦源工作在低输出情况下，输出信号很小，只能供监测得到，判断是否处于正常工作状态），在发送端对合路的光信号进行分离，在接收端对光信号进行选路。光开关的特点是插入损耗低，对光纤波长放大区域透明，并且速度快，可以实现高集成和小型化。

图 3-29 所示为采用光分路和光开关的光复用段保护方案。在这种保护系统中，只有光缆和 WDM 的线路系统是备份的，而 WDM 系统终端站的 SDH 终端和复用器没有备用。在实际系统中，我们可以用 N∶2 的耦合器来代替复用器和 1∶2 分路器。相对于 1+1 保护，该方案减少了成本，OMSP 只有在独立的两条光缆中实施才有实际意义。

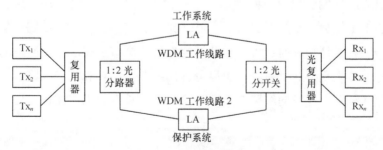

图 3-29　光复用段保护方案

3. 环网的应用

采用 WDM 系统同样可以组成环网，即将基于单个波的点到点 WDM 系统连成环。在 SDH 层实施 1∶N 保护，SDH 系统必须采用 ADM。

图 3-30 所示的保护系统可以实施 SDH 系统的通道保护环和 MSP 环，WDM 系统只

是提供"虚拟"的光纤，每个波长实施的 SDH 层保护与其他波长的保护方式无关，该环可以为 2 纤或 4 纤。

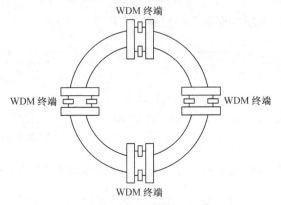

图 3-30 利用点到点 WDM 系统组成的环

采用有分插复用能力的 OADM 组环是 WDM 技术在环网中应用的另一种形式，如图 3-31 所示。

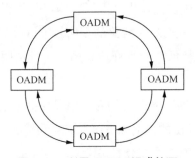

图 3-31 利用 OADM 组成的环

OADM 组成的环网可以分成两种形式：一种是基于单个波长保护的波长通道保护，即单个波长的 1+1 保护，类似于 SDH 系统中的通道保护；另一种是线路保护环，保护合路波长的信号，在光纤切断时，可以在断纤临近的两个节点完成"环回"功能，从而保护所有的业务。从表现形式上讲，其可以分双向线路 2 纤环和单向线路 2 纤环，也可以构成双向线路 4 纤环。在双向线路 2 纤环时，一半波长作为工作波长，另一半波长作为保护波长。

第4章
分组传输技术

随着通信网络服务类型的增多与服务量的高速增长，基于 TDM 的传统传输技术在带宽利用率方面的劣势被逐渐放大，分组传输技术应运而生。它利用数据分组化最大限度地提高带宽利用率，同时保证了服务质量。数据分组化技术推动了通信网络的 IP 化进程。

目前主流的分组传输技术有分组传输网（Packet Transport Network，PTN）和无线接入网 IP 化（IP RAN）两种：PTN 提供二层以太网业务和传统 TDM 业务，也可通过升级实现三层相关功能；IP RAN 拥有成熟和完善的三层功能。第 4 章将对这两种技术进行详细的介绍。

4.1 PTN 技术的基本原理

4.1.1 PTN 简介

PTN 支持多种基于分组交换业务的双向点对点的连接通道，具有适合各种粗细颗粒业务、端到端的组网能力，提供了更加适合于 IP 业务特性的"柔性"传输管道；点对点连接通道的保护倒换可以在 50ms 内完成，可以实现传输级别的业务保护和恢复；继承了SDH 技术的操作、管理和维护机制，具有点对点连接的完整 OAM，保证网络具备保护倒换、错误检测和通道监控能力；完成了与 IP/ 多协议标记交换（Multi-Protocol Label Switching，MPLS）多种方式的互连互通，无缝承载核心 IP 业务；网管系统可以控制连接信道的建立和设置，实现了业务 QoS 的区分和保证，灵活提供 SLA。

T-MPLS（Transport MPLS）是一种面向连接的分组传送技术，在传输网中，其将客户信号映射进 MPLS 帧并利用 MPLS 机制（例如标签交换、标签堆栈）转发，同时它增加传送层的基本功能，例如连接和性能监测、生存性（保护恢复）、管理和控制面（ASON/GMPLS）等功能。总体来说，T-MPLS 选择了 MPLS 体系中有利于数据业务传送的一些特征，抛弃了 IETF 为 MPLS 定义的繁复的控制协议族，简化了数据平面，省去了不必要的转发处理。

T-MPLS 继承了现有 SDH 传输网的特点和优势，同时又满足未来分组化业务传送的需求。T-MPLS 采用与 SDH 类似的运营方式，这一点对于大型运营商尤为重要，他们可以继续使用现有的网络运营和管理系统，还可以减少对员工的培训成本。T-MPLS 的目标是成为一种通用的分组传输网，而不涉及 IP 路由方面的功能，因此，T-MPLS 的实现要比 IP/MPLS 简单，这包括设备实现方面和网络运营方面。T-MPLS 最初主要定位于支持以太网业务，但事实上，它可以支持各种分组业务和电路业务，如 IP/MPLS、SDH 和 OTH 等。T-MPLS 是一种面向连接的网络技术，是 MPLS 的一个功能子集。

4.1.2　T-MPLS 的主要功能特征

T-MPLS 有以下 5 个功能特征。

① T-MPLS 的转发采用 MPLS 的一个子集：T-MPLS 的数据平面保留了 MPLS 的必要特征，以便实现与 MPLS 的互联互通。

② 传输网的生存性：T-MPLS 支持传输网所具有的保护恢复机制，包括 1+1、1：1、环网保护和共享网状网恢复等。MPLS 的 FRR 机制由于要使用 LSP 聚合功能而没有被采纳。

③ 传输网的 OAM 机制：T-MPLS 参考 Y.1711 定义的 MPLS OAM 机制，延用在其他传输网中广泛使用的 OAM 概念和机制，如连通性校验、告警抑制和远端缺陷指示等。

④ T-MPLS 控制平面：初期 T-MPLS 将使用管理平面进行配置，与现有的 SDH 网络配置方式相同。ITU-T 采用 ASON/GMPLS 作为 T-MPLS 的控制平面。

⑤ 不使用保留标签：任何特定标签的分配都由 IETF 负责，遵循 MPLS 相关标准，从而确保与 MPLS 的互通性。

T-MPLS 利用 MPLS 的一个功能子集提供面向连接的分组传送，并且使用传输网的 OAM 机制，因此，T-MPLS 取消了 MPLS 中一些与 IP 无连接业务相关的功能特性。T-MPLS 与 MPLS 的主要区别如下。

① MPLS 路由器是用于 IP 网络的，因此所有的节点都同时支持在 IP 层和 MPLS 层转发数据。而 T-MPLS 只工作在 L2 层，因此不需要 IP 层的转发功能。

② MPLS 网络中存在大量的短生存周期业务流，而在 T-MPLS 网络中，业务流的数量相对较少，持续时间相对更长。

在具体的功能实现方面，T-MPLS 和 MPLS 的主要区别如下。

① 使用双向标签交换路径（Label Switched Path，LSP）：MPLS LSP 都是单向的，而

传输网通常使用的都是双向连接。因此，T-MPLS 将两条路由相同但方向相反的单向 LSP 组合成一条双向 LSP。

② 不使用倒数第二跳弹出（Penultimate Hop Poppoing，PHP）选项：PHP 的目的是简化对出口节点的处理要求，但是它要求出口节点支持 IP 路由功能；另外，由于到出口节点的数据已经没有 MPLS 标签，因此将对端到端的 OAM 造成影响。

③ 不使用 LSP 聚合选项：LSP 聚合是指所有经过相同路由到同一目的节点的数据包可以使用相同的 MPLS 标签。虽然这样可以提高网络的扩展性，但是由于丢失了数据源的信息，OAM 和性能监测会变得很困难。

④ 不使用相同代价多路径（Equal-Cost Multipath Routing，ECMR）选项：ECMR 允许同一 LSP 的数据流经过网络中的多条不同路径。它增加了节点设备对 IP/MPLS 包头的处理要求，同时，由于性能监测数据流可能经过不同的路径，OAM 变得很困难。

⑤ T-MPLS 支持端到端的 OAM 机制。

⑥ T-MPLS 支持端到端的保护倒换机制，MPLS 支持本地保护技术。

⑦ T-MPLS 根据 RFC3443 中定义的管道模型和短管道模型处理生存时间（Time To Live，TTL）。

⑧ T-MPLS 支持 RFC3270 中的 E-LSP 和 L-LSP。

⑨ T-MPLS 支持管道模型和短管道模型中的 EXP 处理方式。

⑩ T-MPLS 支持全局唯一和接口唯一两种标签空间。

4.2　PTN 关键技术介绍

4.2.1　PTN 业务 QoS 介绍

1. QoS 的基本概念

QoS 是指在网络通信的过程中，允许用户业务在丢包率、时延、抖动和带宽等方面获得的可预期的服务水平。

任何能够对传输质量进行保证的技术我们都可以将其称为 QoS 技术。QoS 技术旨在针对各种应用的不同需求，为其提供不同的服务质量，如提供专用带宽、减少报文丢失率、降低报文传送时延及时延抖动等。为实现上述目的，QoS 技术提供了以下功能：

① 报文分类和着色；

② 网络拥塞管理；

③ 网络拥塞避免；

④ 流量监管和流量整形。

2. QoS 的 3 种模型

QoS 有 Best-Effort、IntServ 和 DiffServ 3 种模型。

（1）Best-Effort 模型

Best-Effort 模型是目前 Internet 的缺省服务模型，主要实现技术是先进先出（First Input First Output，FIFO）队列，其特点如下：

① Best-Effort 是单一的服务模型，也是最简单的服务模型；

② 应用程序可任意发送任意报文，不需要事先得到批准或通知网络；

③ 网络尽最大可能发送这些报文，但对时延、可靠性等性能不提供任何保障。

（2）IntServ 模型

业务通过信令向网络申请特定的 QoS，网络在流量参数描述的范围内，预留资源以承诺满足该请求，其特点如下：

① 为应用提供可控制的、端到端服务；

② 网络单元支持 QoS 的控制机制；

③ 应用程序向网络申请特定的 QoS 服务；

④ 信令协议在网络中部署 QoS 请求；

⑤ RSVP 是主要使用的信令协议。

（3）DiffServ 模型

该模型在网络出现拥塞时，根据业务的不同服务等级约定，有差别地进行流量控制和转发来解决拥塞问题，模型如图 4-1 所示。

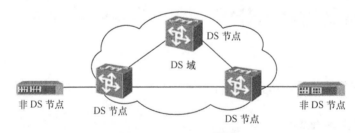

图 4-1　DiffServ 模型

DiffServ 域又称为 DS 域，由一组提供相同服务策略、实现相同每跳行为（Per-Hop Behavior，PHB）的网络节点（DS 节点）组成。

DS 节点可分为 DS 边缘节点和 DS 内部节点：DS 边缘节点需要对进入 DS 域的流量进行分类，对不同类型的业务流量标记不同的 PHB 服务等级；内部 DS 节点则基于 PHB 服务等级进行流量控制。

3. QoS 的主要技术

（1）报文分类及标记

① 报文分类及标记是 QoS 执行的基础，分为简单流分类和复杂流分类；

② 报文分类使用技术分为访问控制列表（Access Control List，ACL）和 IP 优先级，如图 4-2 所示；

③ 根据分类结果交给其他模块处理或打标记（着色）供核心网络分类使用。

图 4-2　报文分类使用技术

（2）流量监管

① 约定访问速率（Committed Access Rate，CAR）。

② 令牌桶算法。

③ 流分类和控制如图 4-3 所示，包括整形和丢弃两种形式。

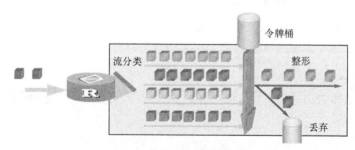

图 4-3　流分类和控制

a）整形使业务流输出的速率符合业务模型的规定。

b）丢弃根据特定规则丢弃分组。

（3）流量整形

流量整形示意如图 4-4 所示。

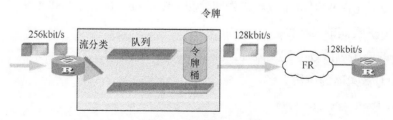

图 4-4　流量整形示意

① 通用流量整形（Generic Traffic Shaping，GTS）：解决链路两边的接口速率不匹配问题。

② 限制报文的流量，对超出流量约定的报文进行缓冲。

③ 流量整形可能会增加时延。

（4）拥塞管理

拥塞管理示意如图 4-5 所示。

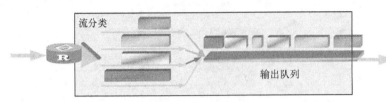

图 4-5　拥塞管理示意

① 当网络拥塞时，应保证不同优先级的报文得到不同的 QoS 待遇，包括时延、带宽等。

② 将不同优先级的报文入不同的队列，不同队列将得到不同的调度优先级、概率和带宽保证。

③ 算法如下：

a）FIFO；

b）优先级队列（Priority Queue，PQ）；

c）可定制义队列（Custom Queue，CQ）；

d）加权公平队列（Weighted Fair Queuing，WFQ）。

4. QoS 的应用

① PTN 设备作为边缘 DS 节点应用时，支持层次化的 QoS（Hierarchical QoS，HQoS）控制。

PTN 设备为边缘 DS 节点提供了多层次的 QoS 作用点，实现了 HQoS 控制功能。与传统的 QoS 相比，PTN 设备提供的 HQoS 具有以下优点：

a）多级的调度机制，实现了基于端口、业务、伪线（Pseudo Wire，PW）或 802.1Q-in-802.1Q（QinQ）的调度，更加细化了 QoS 的控制力度；

b）多级的流量控制机制，实现了基于端口、业务、PW 或 QinQ 链路的流量控制，更全面地控制业务的 QoS。

PTN 设备可配置 WFQ 和加权随机先期检测（Weighted Random Early Detection，WRED）策略，提高 QoS 控制的灵活性。

② QoS 的应用包括 QoS 配置流程，基于 Tunnel 的 QoS 控制，基于端口、业务、PW、QinQ 等多种 QoS 策略的应用。

a）基于 Tunnel 的 QoS 控制。

PTN 设备支持基于 Tunnel 的 QoS 控制，限制 Tunnel 的带宽。

PTN 设备在网络的入 / 出口处支持 PWE3 功能，将不同的业务分别适配到不同的 PW 上，再将 PW 承载到 Tunnel 中传送。一个 Tunnel 中可以承载多条去往同一目的地的

PW。PTN 设备支持对 Tunnel 的带宽进行控制。承载在 Tunnel 中的 PW 总带宽不能超过该 Tunnel 允许的带宽。

b）QoS 策略。

PTN 设备支持如下配置 QoS 策略：

- 业务优先级与 PHB 转发类型的映射关系；
- 端口 QoS 策略；
- ATM 策略；
- 虚拟用户网络接口入口 / 出口（V–UNI Ingress/Egress）策略；
- PW 策略；
- QinQ 策略；
- WFQ 调度策略；
- WRED 调度策略。

此外，PTN 设备提供 ATM 业务时，支持通过配置 ATM 策略实现对 ATM 流量的控制。

4.2.2　PTN 设备的保护特性

1. 电源 / 主控 / 交叉的保护

① 当单块电源板、主控板、交叉板出现故障时，业务可以正常工作；

② 当电源板、主控板发生主备倒换时，不影响业务；

③ 当交叉板主备倒换时，业务中断小于 50ms；

④ 不需要针对这 3 种板的主备做配置，即插即用。

2. TPS

（1）定义

TPS 意为 Tributary Protection Switching，即支路保护倒换。

（2）保护对象

① 低速业务处理板支持 TPS；

② 带光口的子卡不支持 TPS；

③ 以太处理板不支持 TPS。

（3）性能指标

物理链路恢复时间小于 50ms，如果在 E1 上配置 ATM 信元反向复用（Inverse Multiplexing for ATM；IMA）或多链路捆绑点到点协议（Multi–Link Point to Point Protocol，ML–PPP）时，业务恢复时间可能到 500ms。

3. LMSP

（1）定义

LMSP 意为 Linear Multiplex Section Protection，即线性复用段保护。

（2）保护对象

LMSP 的保护对象为 STM-1/4 的光口。

（3）标准

ITU-T G.841。

（4）性能指标

倒换时业务中断小于 50ms。

LMSP 倒换过程如图 4-6 所示。

图 4-6　LMSP 倒换过程

A 在主用通道上收到信号失效，在备用通道上向 B 发送倒换请求。

B 在备用通道上收到 A 的倒换请求，在备用通道上向 A 发送倒换响应。

A 收到 B 的响应后执行倒换和桥接，并在备用通道上向 B 发送倒换确认。

B 收到 A 的倒换确认后执行倒换和桥接，信令达到稳态，倒换完成。

4．LAG 保护

（1）定义

链路聚合（Link Aggregation，LAG）将多个以太口聚合起来组成一个逻辑上的端口。

链路聚合控制协议（Link Aggregation Control Protocol，LACP）用于动态控制物理端口是否加入聚合组中。

（2）保护对象

以太网端口（GE/FE）。

（3）标准

IEEE 802.3ad。

（4）性能指标

可以达到秒级的保护，LAG 保护—应用场景（是否启动 LACP）。

① 启动 LACP →静态模式。

② 不启动 LACP →手工模式。

（5）静态模式

静态模式与手工模式相比，存在以下优点：

① 可以检测端口错连；

② 可以检测端口环回；

③可以检测单纤的故障。

一般情况下，只有当对方站点不支持 LACP 时才采用手工模式。

5．MPLS APS

（1）定义

APS 意为 Automatic Protection Switching，即自动保护切换。

（2）保护对象

业务通道（MPLS Tunnel）。

（3）原理

通过 OAM 报文来检测业务通道的好坏；两个站点间通过 APS 报文交互，完成倒换。

（4）标准

ITU-T G.8031。

（5）性能指标

倒换时业务中断小于 50ms。

（6）原则

①针对单条 LSP 进行连通性检测，源端发送宿端检测。ingress 节点周期性发送 OAM 连通性检测报文快速缺陷检测（Fast Failure Detection，FFD），在 egress 节点周期性检测，transit 节点进行穿通处理。

② OAM 报文在 ingress 节点被封装为 MPLS 报文，即报文的外层标签为 LSP 在该节点的出标签，内层标签值为 14（OAM Route alert label），剩下为 OAM 协议报文净荷。

③发送频率种类：3.33ms、10ms、20ms、50ms、100ms、200ms、500ms、1s 等。

（7）缺陷类型

① dServer：物理层缺陷。

② dLOCV：连通性校验丢失缺陷。

③ dTTSI_Mismatch：TTSI 失配缺陷。

④ dTTSI_Mismerge：TTSI 错误合并缺陷。

⑤ dExcess：连通性检测报文超速缺陷。

⑥ dUnknown：检测类型、周期不匹配缺陷。

（8）APS 协议

① APS 协议帧只通过保护通道传送，在源端插入，在宿端提取。保护端点如果收到来自工作通道的 APS 信息，则认为两端工作、保护通道配置不一致，会上报告警。

②保护组状态改变后，前 3 个 APS 帧要尽可能快地发送，以便即使有一到两个 APS 帧丢失或损坏时也可以快速保护倒换。为了在 50ms 内完成保护倒换，前 3 个 APS 帧的间隔是 3.33ms，之后的其他 APS 帧应按 5s 的间隔周期性发送。

4.2.3　PTN OAM 特性介绍

1. ETH Link Layer OAM

ETH Link Layer OAM 实现了以太网链路（FE、GE）的故障发现和故障定位，其功能、作用及应用场景见表 4-1。

表4-1　ETH Link Layer OAM的功能、作用及应用场景

OAM功能	作用	告警和动作	应用场景
发现	检测对方设备是否支持802.3ah OAM功能	如果协商失败，上报告警说明失败的具体原因	故障检测、故障定位
链路监视	检测链路性能情况并通知对端	使能端口OAM功能后自动检测链路性能事件并上报告警，包括： Errored Symbol Period Event; Errored Frame Event; Errored Frame Period Event; Errored Frame Seconds Summary Event	故障检测
关键链路事件指示	检测关键链路事件并通知对端	使能端口OAM功能后自动检测并上报告警，包括Link fault	故障检测
远端环回	链路双向连通性检测，将远端端口的数据报文全部环回	手动发起，远端上报环回状态告警	故障定位

2. MPLS OAM

MPLS OAM 的主要功能是维护和管理 MPLS LSP，主要包含如下几方面：

① 连通性验证（Connectivity Verification，CV）/ 快速缺陷检测（Fast Failure Detection，FFD）用于检查预设的 LSP 连通性；

② 前向缺陷指示（Forward Defect Indication，FDI）和后向缺陷指示（Backward Defect Indication，BDI）用于上下游之间的告警指示；

③ LSP Ping 用于命令触发（On-demand）的 MPLS LSP 连通性检查；

④ LSP TraceRoute 用于命令触发（On-demand）的 MPLS LSP 路径追踪，用于故障定位；

⑤ 性能监测（Performance Monitoring，PM）主要是指 LSP 性能检测，包括时延、时延抖动、丢包率的检测。

MPLS OAM 协议的工作原理如下。

① ITU-T Y.1711 详细描述了 MPLS OAM 协议原理、连通性能检测机制以及协议状态机制。

② 原理即针对单条 LSP 的连通性检测，在源端发送宿端检测。Ingress 节点周期性发送 OAM 连通性检测报文（CV/FFD），Egress 节点周期性检测，Transit 节点进行穿通处理。

③ OAM 报文同样可以看作是 MPLS 数据报文，只不过其承载的是控制信息。OAM 报文在 Ingress 节点被封装为 MPLS 报文，即报文的外层标签为 LSP 在该节点的出标签，

内层标签值为 14（ OAM Route Alert Label ），剩下为 OAM 协议报文净荷。当 Egress 节点检测到缺陷时会通过反向通告报文通知 Ingress 节点，这样在 LSP 的源宿节点都可以获知当前 LSP 的状态，从而为 MPLS 用户层提供 LSP 的全程状态信息，并以此作为触发保护倒换的判断条件。

3. Ethernet Service OAM

Ethernet Service OAM 的主要功能是管理和维护端到端的以太网虚连接（ Ethernet Virtual Connection，EVC ），主要包括故障管理和性能监测。

（1）故障管理

① CC(Continuity Check)：用于预设的端到端连通性检查（ Proactive Continuity Check ）。

② LB(Loopback)：用于命令触发的连通性检查。

③ LT(Link Trace)：命令触发的以太网链路追踪，用于故障的定位。

④ Remote Defect Indication(RDI，远端故障指示功能)。

（2）性能监测

PM 用于测量点到点以太网虚连接的丢包、时延、时延抖动、吞吐量（吞吐量测试目前未实现 ）等性能。

OAM 报文通过特殊的 Ethernet Type 来区分，所走路径与业务报文一样。

基本概念如下。

① MD(Maintenance Domain，维护域)：单个操作者所控制的一部分网络。

② MA(Maintenance Association，维护协会)：MD 的一部分，用来实现 OAM 的一个实例（ Instance ），OAM 功能的实现是基于 MA 的。

③ MD Level(Maintenance Domain Level，维护域等级)：MD 的等级，用于区分嵌套的 MD，以太网 OAM 为网络分配了 8 个维护级别（数值越大，优先级越高）。为客户分配了 3 个级别：7、6 和 5。为服务提供商分配了两个级别：4 和 3。为运营商分配了 3 个级别：2、1 和 0。

④ MEP(MA End Point，维护端点)：MA 的端点，典型的、两个对等的 UNI 就是其所属 MA 的两个 MEP；MEP 可以发起连通性检测、环回、链路追踪、性能测量等维护管理动作。

⑤ MIP(MA Intermediate Point，维护中间点)：MA 中间点，典型的、两个运行商管理域之间的分解点即可作为 MIP；MIP 没有发起维护管理动作的能力，但可对环回和链路追踪进行响应。

4. ATM OAM

① ATM OAM 模块是 ATM 业务的重要组成部分，属于维护范畴，它提供了基于 VP/VC 的检测功能，如信元连通检测、信元环回测试、段 / 端级别的告警上报以及检测。它为连接的稳定性提供了有效的维护手段，方便开发和测试人员准确定位。

② ITU–T Y.1711 建议书描述的参考模型分为 5 个 OAM 层。每一层都有相对应的信

息流（OAM 流），按照功能分为：F1，再生段级（Regenerator Section Level）；F2，数字段级（Digital Section Level）；F3，传输路径级（Transmission Path Level）；F4，虚通道级（Virtual Path Level）；F5，虚通路级（Virtual Channel Level）。这是 5 个双向的 OAM 流。ATM OAM 的功能及应用见表4-2。

表4-2　ATM OAM的功能及应用

OAM 功能	主要应用
AIS	前向报告错误指示
RDI	后向报告远端错误指示
CC	连续性检测
Loopback	连通性监测 故障定位 预先分配的连通性确认
前向性能监测	性能估计
后向性能监测	后向报告性能估计
激活 / 去激活	激活 / 去激活性能监测和连续性检测
系统管理	仅被终端系统所使用

4.3 PTN 组网模式及应用介绍

PTN 产品网络定位——新城域传送设备，PTN 组网模式如图 4-7 所示。

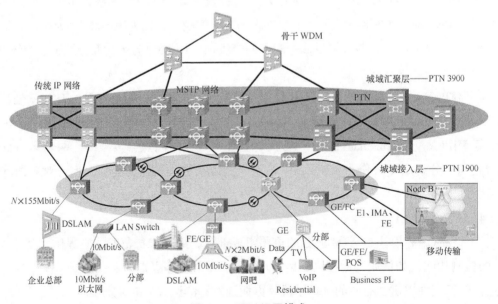

图 4-7　PTN 组网模式

PTN 产品的业务模型如图 4-8 所示。

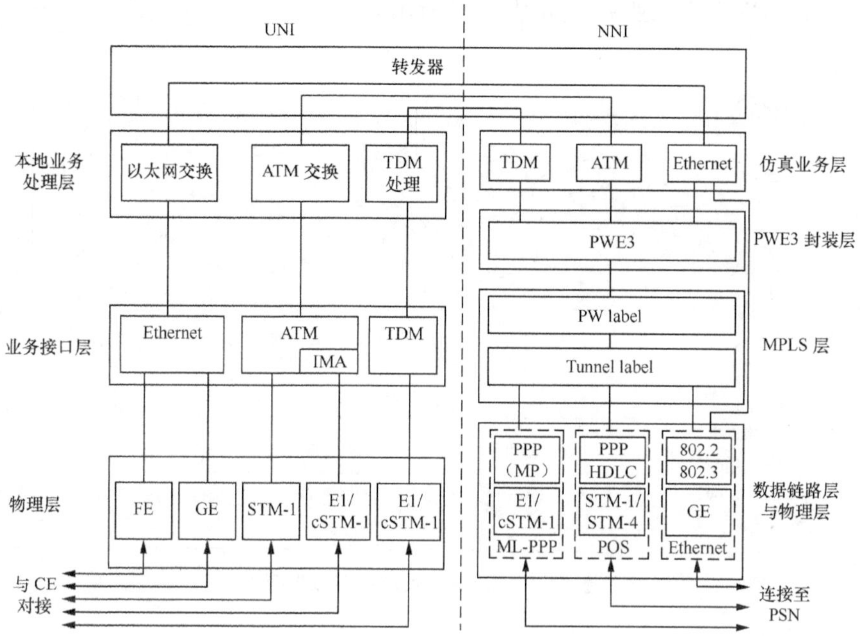

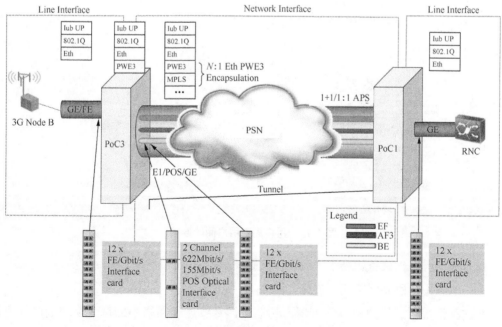

图 4-8　PTN 产品的业务模型

4.3.1　以太网业务

PSN 传送业务的类型如图 4-9 所示。

图 4-9　PSN 传送业务的类型

以太网业务分类如下。

①E-Line 点对点专线业务，如图 4-10 所示。

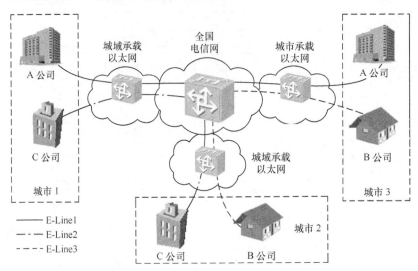

图 4-10　E-Line 点对点专线业务

②用户侧到用户侧的以太网业务是相同网元上下业务。

③端口承载的用户侧到网络侧的以太网业务使用端口号或者端口号 +VLAN 对业务进行区分和隔离。

④PW 承载的用户侧到网络侧的以太网业务通过不同的 PW 对业务进行区分和隔离。

⑤QinQ Link 承载的用户侧到网络侧的以太网业务通过 S-VLAN 标签对业务进行区分和隔离。

用户侧到用户侧的连接如图 4-11 所示。

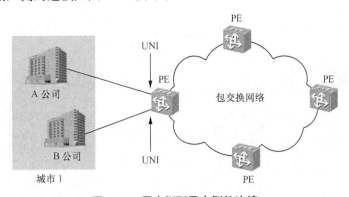

图 4-11　用户侧到用户侧的连接

在这种情况下，设备相当于一台二层交换机。

端口承载用户侧到网络侧的连接如图 4-12 所示。

在这种情况下，用户可以独占用户侧端口，专线途经网络中的每个物理端口都由该专线独占。也可以通过端口 +VLAN 的方式区分同一个 UNI 中的业务。

PW 承载用户侧到网络侧的连接如图 4–13 所示。

图 4-12　用户侧到网络侧的连接

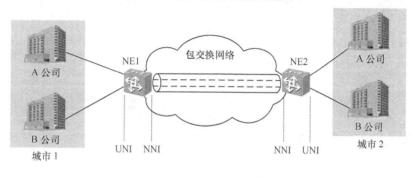

图 4-13　PW 承载用户侧到网络侧的连接

在这种情况下，用户侧接入的业务被封装到不同的 PW 中，然后由相同的通道承载。QinQ Link 承载的用户侧到网络侧的连接如图 4–14 所示。

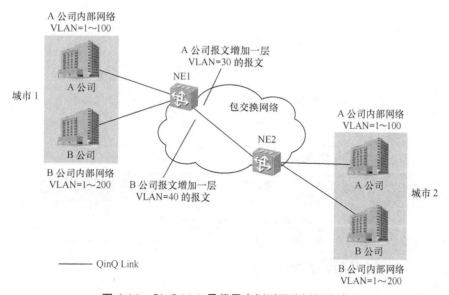

图 4-14　QinQ Link 承载用户侧到网络侧的连接

在这种情况下，用户侧接入的不同公司的报文被添加不同的 S-VLAN，然后由网络侧同一条链路承载。

E-LAN（专网业务）示例如图 4-15 所示。

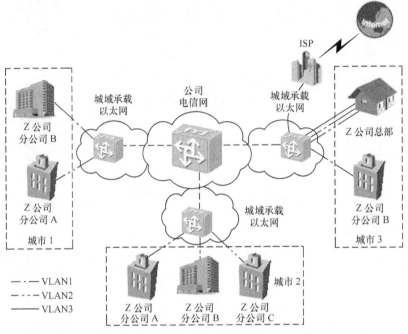

图 4-15 E-LAN 示例

总部的不同部门通过不同的 LAN 实现业务之间的通信和隔离。

E-Aggr 是一种多点到点的双向汇聚业务。E-Aggr 业务示例如图 4-16 所示。

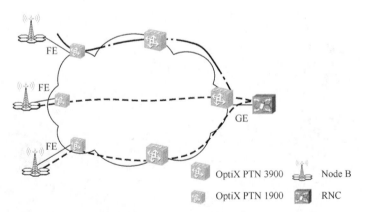

图 4-16 E-Aggr 业务示例

4.3.2 ATM/IMA 业务

ATM/IMA 业务解决方案如图 4-17 所示。

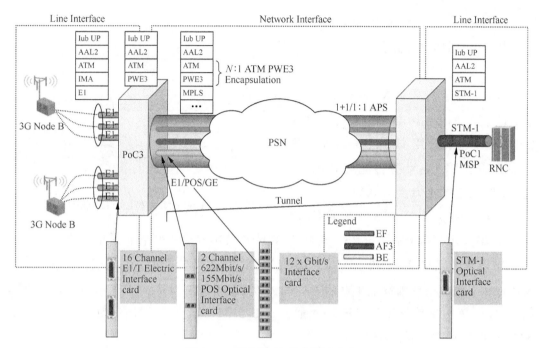

图 4-17 ATM/IMA 业务解决方案

ATM/IMA 业务实现方案如图 4–18 所示。

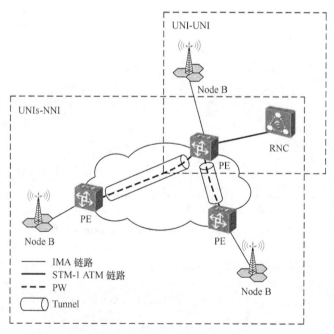

图 4-18 ATM/IMA 业务实现方案

图 4–18 体现了 UNIs–NNI 和 UNI–UNI 两种业务场景。

ATM/IMA 业务分类如下。

① UNI–UNI：用户侧到用户侧的 ATM 业务。

② UNIs-NNI：用户侧到网络侧的 ATM 业务。

③ IMA GROUP 业务。

UNI-UNI 类型的 ATM 业务组网示意
如图 4-19 所示，基站 Node B 与 RNC 间
有 ATM 业务的传输需求。连接 1 用来传送
R99 业务，连接 2 用来传送 HSDPA 业务。
Node B 通过 NE1 将业务传输至 RNC，并
通过 STM-1 把业务传至 RNC。

		UNI		UNI	
		VPI	VCI	VPI	VCI
连接 1	R99	1	100	70	32
连接 2	HSDPA	1	101	71	32

图 4-19 UNI-UNI 类型的 ATM 业务组网示意

UNIs-NNI 类型的 ATM 业务组网示意
如图 4-20 所示，两个基站与 RNC 间有 3G R99 及 HSDPA 业务的传输需求，通过 NE1 接
入 PTN 设备组成的 MPLS 网络。Node B1 通过 IMA1 与 NE1 连接，Node B2 通过 IMA2 与
NE1 连接。NE1 负责进行 VPI/VCI 的交换，NE2 负责进行 VPI/VCI 的透传。NE1 与 NE2
间用两条 PW 分别承载 R99 和 HSDPA 业务。在远端，NE2 通过 STM-1 与 RNC 相连完成
ATM 业务在 MPLS 网的透明传输。

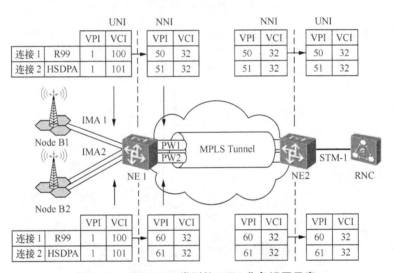

图 4-20 UNIs-NNI 类型的 ATM 业务组网示意

IMA GROUP 业务实现方案如图 4-21 所示。

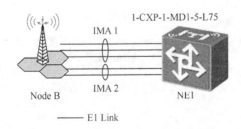

图 4-21 IMA GROUP 业务实现方案

4.3.3　支持 TDM 的 CES

电路仿真业务（Circuit Emulation Service，CES）是 ATM 网络提供的在质量上可同常规数字电路相比拟的数字电路业务。

TDM 业务解决方案如图 4-22 所示。

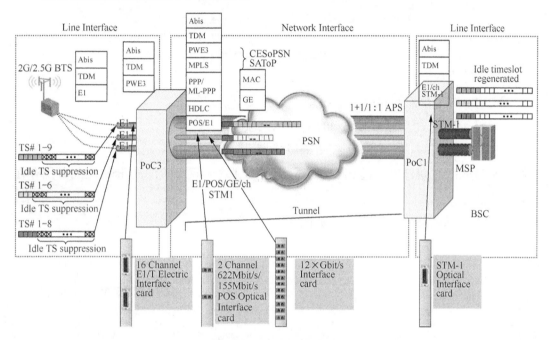

图 4-22　TDM 业务解决方案

CES 的组网示意如图 4-23 所示。

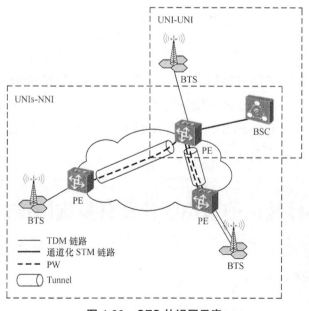

图 4-23　CES 的组网示意

CES 的时钟如图 4—24 所示。

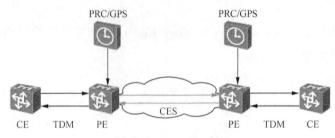

图 4-24　CES 的时钟

CES 的分类如下。

① UNI—UNI：用户侧到用户侧的 ATM 业务。

② UNIs—NNI：用户侧到网络侧的 ATM 业务。

UNI—UNI 类型的 CES 组网示意如图 4—25 所示。

BTS 与 BSC 之间可以通过 PTN 设备接入 CES 业务。两个 BTS 与 BSC 之间分别存在 1 条 CES 业务。

UNIs—NNI 类型的 CES 组网示意如图 4—26 所示。

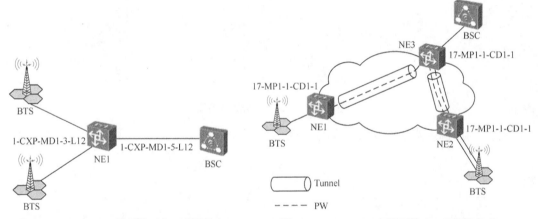

图 4-25　UNI-UNI 类型的 CES 组网示意　　　图 4-26　UNIs-NNI 类型的 CES 组网示意

BTS 与 BSC 之间可以通过 PTN 设备传送 CES。与 NE1 相连的 BTS 与 BSC 之间存在 1 条 CES 通道，与 NE2 相连的 BTS 和 BSC 之间存在两条 CES 通道。NE1 与 NE3 之间、NE2 与 NE3 之间应已配置 Tunnel。

4.4　IP RAN 技术的基本原理及其基础协议

4.4.1　IP RAN 简介

IP RAN 中的 IP 指的是互联协议，RAN 指的是无线接入网络。相对于传统的 SDH 传送网，IP RAN 的意思是"无线接入网 IP 化"，是基于 IP 的传输网。网络 IP 化趋势是近年来电信运营商网络发展中最主流的一种趋势，移动网络的 IP 化进程也在逐步展开，作为移动网络重要的组成部分，移动承载网络的 IP 化是一项非常重要的内容。

传统的移动通信运营商的基站回传网络是基于 TDM/SDH 建成的，但 SDH 传统的 TDM 独享信道的网络模式难以支撑庞大的数据业务，分组化的承载网建设已经成为一种不可逆转的趋势。

IP RAN 主要作为移动承载网络，承载 4G LTE 的业务流量以及部分大客户专线流量。IP RAN 相对于传统的 SDH 网络而言，带宽更大，可以轻松达到 10Gbit/s，且 100Gbit/s 的链路目前也已经投入使用；同时，其业务部署更方便，网络拓扑调整更方便。加之综合网管的介入，对 IP RAN 的管理及业务调整更便捷、融合性更好。

4.4.2　IP RAN 相关的常用名词

IP RAN：以 IP/MPLS 的关键技术为基础，主要面向移动业务承载，并兼顾提供二、三层通道类业务承载的业务承载网络。

EPC CE：EPC 网元接入的路由设备，一般作为 LTE 核心流量汇聚使用。

MCE：综合业务 CE，狭义上特指接入 C 网电路域、分组域、业务平台以及无线网网元的路由设备；广义上包括 BSC CE、EPC CE 等 CE 类设备。

BSC CE：接入 BSC/RNC 的路由设备，包括新建的 IP RAN 设备和旧的 MCE 设备，不包括 RAN CE，一般用于接入传统 3G 核心设备。

ER：IP RAN 核心层的路由器，在不同的网络层级包括三类 ER，即汇聚 ER、城域 ER 和省级 ER。

省级 ER：汇接 EPC CE、省会 MCE 流量的核心设备，简称 PER 或 XER，一般会设立在省会城市或省中继出口的城市。

城域 ER：汇接 IP RAN 城域内流量的 ER 设备，简称 MER。一般每个地市设立一对 MER，作为本地市的 IP RAN 流量出口。

汇聚 ER：汇接 IP RAN 城域内部分区域流量的 ER 设备，简称 DER。一般每个县局或区设置一对 DER，作为本县或区域的 IP RAN 流量出口。

B 设备：基站接入设备的汇聚路由器，一般作为接入层的汇聚设备成对部署。

A 设备：基站接入设备，一般在 IP RAN 的最末端，一般多个 A 设备组成环网部署。

RR：路由反射器，用于减少汇聚设备间的 BGP 连接数量，提高网络的可扩展性，一般省级 ER 和城域 ER 为 RR，作为一二级 RR 配合使用。

4.4.3　IP RAN 基础协议

IP RAN 作为传输承载网络，设备部署实际为数据设备，主要涉及的基础协议如下。

1. VLAN

虚拟局域网（Virtual Local Area Network，VLAN）是一组逻辑上的设备和用户，这些设备和用户并不受物理位置的限制，可以根据功能、部门及应用被组织起来，相互之间的通信就好像在同一个网段中一样，由此得名虚拟局域网。VLAN 是一种比较新的技术，工作在 OSI 参考模型的第二层和第三层，一个 VLAN 就是一个广播域，VLAN 之间的通信是通过第三层的路由器来完成的。与传统的局域网技术相比，VLAN 技术更加灵活，它具有的优点为：网络设备的移动、添加和修改的管理开销减少，可以控制广播活动，可提高网络的安全性。

在计算机网络中，一个二层网络可以被划分为多个不同的广播域，一个广播域对应一个特定的用户组，在默认情况下，这些不同的广播域是相互隔离的。不同的广播域之间想要通信，需要通过一个或多个路由器，这样的一个广播域就是 VLAN。

VLAN 在 IP RAN 中主要用于建立逻辑子接口，包括物理接口的子接口和虚拟接口的子接口。

2. OSPF

开放最短路径优先（Open Shortest Path First，OSPF）协议是 IETF 组织开发的一个基于链路状态的自治系统（Autonomous System，AS）内部路由协议，用于在单一 AS 内决策路由。在 IP 网络上，它通过收集和传递 AS 的链路状态来动态地发现并传播路由。当前，OSPF 协议使用的是第二版，最新版标准为 RFC2328。

路由器 ID：OSPF 协议使用一个被称为路由器 ID 的 32 位无符号整数来唯一标识一台路由器。基于这个目的，每一台运行 OSPF 协议的路由器都需要一个路由器 ID。这个路由器 ID 一般需要手工配置，一般将其配置为该路由器的某个接口的 IP 地址。因为 IP 地址是唯一的，所以路由器 ID 的唯一性很容易得到保证。在没有手工配置路由器 ID 的情况下，一些厂商的路由器支持自动从当前所有接口的 IP 地址自动选举一个 IP 地址作为路由器 ID。OSPF 协议用 IP 报文直接封装协议报文，协议号是 89。

接口（Interface）：路由器和具有唯一 IP 地址和子网掩码的网络之间的连接，也称为链路（Link）。

指定路由器（DR）和备份指定路由器（BDR）：在广播型多路访问环境中的路由器必须选举一个 DR 和 BDR 来代表这个网络。DR 和 BDR 的选举是为了减少局域网上的 OSPF 的流量。

邻接关系（Adjacency）：邻接在广播或 NBMA 网络的 DR 和非指定路由器之间形成的关系。

相邻路由器（Neighboring Routers）：带有到公共网络的接口的路由器。

邻居表（Neighbor Database）：所有建立联系的邻居路由器。

链接状态（Link State Datebase，LSDB）：包含网络中所有路由器的链接状态，它表示整个网络的拓扑结构同区域内的所有路由器的链接状态表是相同的。

路由表（Routing Table）：也称转发表，它是在链接状态表的基础之上，利用 SPF 算法计算而来的。

OSPF 在 IP RAN 的应用场景：OSPF 主要作为 IP RAN 接入层设备间 IGP，通常为 A 设备到 A 设备、A 设备到 B 设备以及 B 设备到 B 设备之间的链路协议。

3. IS-IS 协议

中间系统到中间系统（Intermediate System-to-Intermediate System，IS-IS）协议是链路状态路由协议中的一种，也属于内部网关路由协议。每一台运行 IS-IS 协议的路由器都会生成一个链路状态包（Link State Packet，LSP），用来描述本路由器中所有链路的状态信息。建立 IS-IS 邻接关系的路由器互相同步更新 LSDB，使得整个 IS-IS 网络的 LSDB 同步。

最短路径优先（Shortest Path First，SPF）算法：路由器根据 LSDB 的信息，运用 SPF 算法计算出最优的路由放入设备的路由表中。

链路类型：IS-IS 网络中有两种类型，一种是点到点（如 PPP、HDLC 等），另一种是广播链路（如 Ethernet、Token-Ring 等）。目前，IP RAN 主要为点对点链路。

区域层次：IS-IS 协议主要有以下 3 种区域。

（1）L1

Level-1 由本区域中的非骨干路由器组成，负责域内的路由；Level-1 区域路由器只负责维护 Level-1 的 LSDB，数据库中包含本区域的所有路由信息； 运行 Level-1 的路由器之间不能形成邻接关系；运行 Level-1 的路由器需要通过运行 Level-1-2 的路由器才能同其他区域连接。

（2）L1/L2

Level-1-2 参与域内和域间路由；Level-1 区域路由器必须通过 Level-1-2 路由器才能连接到其他区域；Level-1-2 区域路由器维护两个 LSDB，Level-1 的 LSDB 用于区域内路由，Level-2 的 LSDB 用于区域间路由。

（3）L2

Level-2 由骨干路由器组成，参与域间路由，IS-IS 网络中 Level-2 级别的路由器必须是物理上直连，以保证骨干网的连续性。Level-2 区域路由器只维护一个 LSDB，该数据库中包含域间路由信息。

System ID：用来在区域内唯一标识主机或路由器，它的长度固定为 48 比特（6 字节）。System ID 可以手工设定，也可以通过转变生成。

指定中间系统（Designated Intermediate System，DIS）类似于 OSPF 协议中的 DR。IS-IS 协议在广播链路类型的网络中需要选举出一台路由器作为 DIS，优先级数值最大的路由器被选为 DIS；当优先级数值一样时，则 MAC 地址最大的路由器成为 DIS。L1 和 L2

区域单独选举，DIS 的选举支持抢占模式。

IS-IS 协议在 IP RAN 的应用场景如下：IS-IS 协议主要作为 IP RAN 汇聚层间互联及汇聚层到其上行链路间的 IGP，通常为 B 设备到 B 设备，B 设备到 ER 设备之间的链路协议。

4. BGP

边界网关协议（Border Gateway Protocol，BGP）当前通用版本为 BGPv4，定义于 RFC1771，是现行因特网的实施标准。用于在 AS 间创建无环路域间路由的协议，连接不同的 AS，实现 AS 间的路由选路功能。

每一个 AS 对应一个 AS 号，由互联网数字分配机构（The Internet Assigned Numbers Authority，IANA）来授权分配。AS 号由一个16位的2进制数组成，范围是1～65535。其中，1～64511 为公有的 AS 号，用于互联网，并且全球唯一不可重复；64512～65535 为私有 AS 号，可以重复使用，类似于 IP 地址中的私有地址。BGP 属于增强型距离矢量路由协议，BGP 的路由信息中携带经过的 AS 号，指明了该路由通过的路径，有效地控制路由环路。

BGP 使用 TCP 作为传输协议，使用的 TCP 端口号为 179，保证 BGP 数据传输的可靠性。BGP 建立连接前先建立 TCP 会话，并且周期性地发送 KEEPALIVE 消息报文监视 TCP 会话的连接。可靠的传输协议使得 BGP 路由触发更新，而不是周期性地更新整张路由表。

BGP 对等体：两台交互 BGP 路由信息的路由器称为 BGP 对等体或 BGP 邻居，BGP 邻居分为 IBGP(Internal BGP) 和 EBGP(External BGP)。EBGP 用于在不同 AS 间建立 BGP 连接，两边的路由器一般是物理上直连的。IBGP 用于在同一个 AS 内部路由器间建立 BGP 连接，不需要物理上直连，但需要更新源地址间路由互通。

BGP 路由反射器：一台 BGP 路由器从 IBGP 邻居收到路由，不会发送给另外一台 IBGP 邻居路由器。要解决这一问题，一是使 IBGP 路由器都互相建立 BGP 连接，二是使用路由反射器。在一个 AS 内将一台路由器作为反射器，其他作为客户机（Client）。客户机与路由反射器之间建立 IBGP 连接，路由反射器会将所有的客户机路由器 BGP 路由信息互相传送，这种情况下客户机之间不需要建立 BGP 连接。

BGP 报文类型：有 OPEN 报文（用于建立 BGP 连接）、KEEPALIVE 报文（用于保持 BGP 会话连接）、UPDATE 报文（用于发送 BGP 路由更新的报文）和 NOTIFICATION 报文（用于 BGP 差错提示的报文）4 种报文类型。

BGP 在 IP RAN 的应用场景：BGP 在 IP RAN 中用于在 B 设备到 MER 设备之间建立 BGP 连接，互相传送业务及管理路由。

5. MPLS

运行 MPLS 的路由器为每条路由分配一个本地唯一的标签（Label），数据包进入 MPLS 网络后按标签转发表路径转发出去，相比 IP 路由转发的逐条匹配、递归查询规则，其速率更快。

MPLS 标签：一个标签由 32bit 组成，前 20bit 表示标签数值；21 ～ 23bit 为 EXP（优先级），用于 QoS；第 24bit 为栈底位（S 位），值为 1 就表示该标签为栈底标签；25 ～ 32bit 表示标签传送的 TTL。

标签交换路径（Label Switched Path，LSP）：表示打上标签的分组在 MPLS 网络中经过的路径。LSP 分为静态 LSP 和动态 LSP 两种，静态 LSP 需要手工配置，动态 LSP 由路由协议和标签发布协议动态产生。

标签交换路由器（Label Switching Router，LSR）：主要由两部分组成，一部分是控制单元，负责标签的分配、建立维护转发表、标签交换路径的建立和拆除等；另一部分负责对数据报文进行标签转发。

标签分发协议（Label Distribution Protocol，LDP）：MPLS 网络中标签分配和发送的协议。LDP 需要建立好连接关系才能正常分发标签，路由器会在启用 LDP 的接口上发送询问报文来发现和维护连接。

转发等价类（Forwarding Equivalence Class，FEC）：表示转发路径相同的数据流，同一 FEC 的所有标签都相同，例如，打开百度网页和打开百度新闻两条数据流都是发送给百度服务器，数据流走的 LSP 一样，属于同一个 FEC。

MPLS 在 IP RAN 的应用场景如下：MPLS 在 IP RAN 中一般与 VPN 结合使用，实现对路由的标签分配和快速转发功能。

6. MPLS VPN

虚拟专用网络（Virtual Private Network，VPN）是在公共的网络通信平台上提供用户私有数据网络的技术，属于远程访问技术。常用的 VPN 类型包括 PPTP、L2TP、IPSec 和 MPLS，其中，PPTP、L2TP 这两种 VPN 工作在 OSI 参考模型的第二层，属于二层隧道协议。

MPLS VPN 是指 VPN 结合 MPLS 协议，在公共网络上构建专网隧道的技术。MPLS VPN 可以实现多种业务数据跨地区的安全可靠传输。MPLS VPN 支持丰富的扩展功能，可以结合流量工程等相关技术，提升 IP 网络的安全可靠性、灵活高效性等。

MPLS VPN 中的设备可以分为三类：用户边缘（Customer Edge，CE）设备与 PE 直接相连；服务商边缘（Provider Edge，PE）路由器位于骨干网络，与 CE 直接相连，负责对 VPN 用户进行管理，以及在 PE 之间建立 LSP 连接；服务商设备，一般为运营商的骨干路由器，不与 CE 直接相连，只需要具备 MPLS 转发功能即可，且不需要维护 VPN 信息。

虚拟路由转发（Virtual Routing and Forwarding，VRF）表：类似于 IP 路由表，是路由器为用户创建的单独的路由表，不同的 VPN 实例创建、维护不同的虚拟路由转发表。

路由区分符（Route Distinguisher，RD）：是区分网络中哪条私有网段属于哪个用户的标识。由于私有地址可以重复使用，用户的私有网段进入 VPN 时需要附加额外不同的 RD 进行区分。IP 地址为 32 位，RD 标记为 64 位，当 IP 地址附加上 RD 后变成一个 96 位的地址，成为 VPN v4 地址。

路由对象：用于控制 VRF 表中可以发出和接收的路由信息。

MPLS VPN 在 IP RAN 的应用场景：MPLS VPN 在 IP RAN 中分为二层 VPN 和三层 VPN 两种。B 到 A 设备之间运行 L2 VPN，通过建立二层 VPN 隧道将基站路由信息传送给 B 设备，再由 B 设备做三层终结转发。B 到其上行设备运行 L3 VPN，实现业务数据和设备的管理路由通过三层 VPN 转发通信。

7．BFD

双向转发检测（Bidirectional Forwarding Detection，BFD）可以提供毫秒级的检测，实现对链路的快速检测，用于快速检测系统之间的通信故障，并在出现故障时通知上层应用，确保业务的永续性。

为了减小设备故障对业务的影响，提高网络的可用性，网络设备需能够尽快检测到与相邻设备间的通信故障，以便及时采取措施，保证业务继续进行。

现有的故障检测方法主要包括硬件检测、慢访问机制和其他检测机制，这些检测方式都有相应的局限性和不足之处，难以满足 IP RAN 的需求，BFD 在此背景下产生。

BFD 的目标如下：

① 对相邻转发引擎之间的通道提供轻负荷、快速故障检测，这些故障包括接口、数据链路，甚至有可能是转发引擎本身。

② 这一机制对所有类型的介质、协议层进行检测，以成为全网统一的检测机制。

BFD 机制：BFD 是两个系统建立会话，并沿它们之间的路径周期性发送 BFD 控制报文，如果一方在既定的时间内没有收到 BFD 控制报文，则认为路径上发生了故障。

BFD 提供以下两种检测模式。

① 异步模式：BFD 的主要操作模式称为异步模式。系统之间相互周期性地发送 BFD 控制报文，如果某个系统连续几个报文都没有接收到，就认为此 BFD 的会话状态是 Down。

② 查询模式：在查询模式下，一旦 BFD 会话建立，系统就不再周期性地发送 BFD 控制报文，而是通过其他与 BFD 无关的机制检测连通性，从而减少 BFD 会话带来的开销。

两种模式相同的辅助功能是回声功能。当回声功能激活时，一个 BFD 控制报文按照如下方式发送：本地发送一个 BFD 控制报文，远端系统通过它的转发通道将它们环回回来。如果没有接收到连续几个回声包，会话状态就被宣布为 Down。

BFD 的链路类型的：IP 链路、Eth-Trunk、VLANIF、MPLS LSP 和 PW。

BFD 会话有 Down、Init、Up 和 AdminDown 4 种状态。

① Down：会话处于 Down 状态或刚刚创建。

② Init：已经能够与对端系统通信，本端希望使会话进入 Up 状态。

③ Up：会话已经建立成功。

④ AdminDown：会话处于管理性 Down 状态。

BFD 在 IP RAN 的应用场景如下。

① BFD for IS-IS：BFD for IS-IS 是指 BFD 会话由 IS-IS 协议动态创建，不再依靠手工配置，BFD 机制检测到故障时，通过路由管理通知 IS-IS 协议，由协议进行相应邻居 Down 处理，快速更新 LSP 信息并进行增量路由计算，从而实现 IP RAN B 设备到 DR 设备、DR 设备到 ER 设备 IS-IS 路由的快速收敛。

② BFD for PW：BFD for PW 是一种对 L2VPN 进行故障检测的机制，并可以向 L2VPN 通告故障。BFD 报文通过 PW 封装后在 PW 链路上传输，在 IP RAN 中分别在 A 设备和 B 设备上配置 BFD 会话，检测 A 设备和 B 设备链路的 PW。

8．QoS

服务质量（Quality of Service，QoS）指一个网络能够利用各种基础技术，为指定的网络通信提供更好的服务能力，是网络的一种安全机制，是用来解决网络延迟和阻塞等问题的一种技术。

通常 QoS 提供 Best-Effort 服务模型、Int-Serv 服务模型、Diff-Serv 服务模型 3 种服务模型。

Best-Effort 服务模型是一个单一的服务模型，也是最简单的服务模型。对于 Best-Effort 服务模型，网络尽最大的可能性来发送报文。但对时延、可靠性等性能不提供任何保证。

Int-Serv 服务模型是一个综合服务模型，它可以满足多种 QoS 需求。这种体系能够明确区分并保证每一个业务流的服务质量，为网络提供最细粒度化的服务质量区分。

Diff-Serv 服务模型是一个多服务模型，它可以满足不同的 QoS 需求。与 Int-Serv 不同，它不需要通知网络为每个业务预留资源。区分服务实现简单，扩展性较好。

QoS 的关键指标主要包括可用性、吞吐量、时延、时延变化和丢失。

① 可用性：当用户需要时网络能工作的时间百分比。

② 吞吐量：在一定时间段内对网上流量（或带宽）的度量。

③ 时延：一项服务从网络入口到出口的平均经过时间。

④ 时延变化：同一业务流中不同分组所呈现的时延不同。

⑤ 丢失：比特丢失或者分组丢失对分组数据业务和实时业务的影响。

IP RAN QoS 的整体部署原则如下：

① 保持与核心的 QoS 部署规范一致；

②精简队列数量，降低部署难度；

③规范并信任无线业务优先级，透传无线业务优先级；

④政企客户业务按照接入端口/VLAN进行映射，透传政企业务优先级。

QoS在IP RAN的应用场景如下：IP RAN场景中主要有无线接入的QoS策略部署，二层点到点通道类业务接入、管理/动环接入的QoS策略部署等，基于各种接入接口设置不同的EXP，以及涉及A设备到B设备到ER设备到BSC CE设备IP RAN组网中各层设备的QoS策略部署。

9. L2 VPN

MPLS L2 VPN提供基于MPLS网络的二层VPN服务，使运营商可以在统一的MPLS网络上提供不同介质的二层VPN，包括ATM、FR、VLAN、Ethernet、PPP等。同时，MPLS网络仍可以提供传统IP、MPLS L3 VPN、流量工程和QoS等服务。

MPLS L2 VPN的优点有以下3个。

①可扩展性强：MPLS L2 VPN只建立二层连接关系，不引入和管理用户的路由信息。这大大减轻了PE和整个运营商网络的负担，使运营商能支持更多的VPN和接入更多的用户。

②可靠性和私网路由的安全性得到保证：由于不引入得到了用户的路由信息，MPLS L2 VPN不能获得和处理用户路由，用户VPN路由的安全保证。

③支持多种网络层协议：包括IP、IPX、SNA等。

MPLS L2 VPN通过标签栈实现用户报文在MPLS网络中的透明传送。

①外层标签（也称为Tunnel标签）用于将报文从一个PE传递到另一个PE。

②内层标签（在MPLS L2 VPN中称为VC标签）用于区分不同VPN中的不同连接，接收方PE根据VC标签决定将报文转发给哪个CE。

L2 VPN在IP RAN的应用场景：L2 VPN应用于A设备和B设备之间，在A设备基站接入子接口和B设备二层终结子接口上配置，且涉及PW冗余保护、回切时间、双发双收的应用。

10. NTP

网络时间协议（Network Time Protocol，NTP）是用来同步网络中各个计算机的时间的协议。

NTP实现网络设备时间同步功能，与时间有关的应用，例如Log信息、基于时间限制带宽等，都需要基于正确的时间。

配置系统时区为GMT+8（北京时区）。使用NTP同步网络上所有设备的时间，保证网络设备得到正确的时间。

NTP在IP RAN的应用场景：IP RAN全网设备上使用Loopback作为NTP源，优选其中一台出口为NTP SERVER配置NTP。

11. SNMP

简单网络管理协议（Simple Network Management Protocol，SNMP）由一组网络管理的标准组成，包含一个应用层协议、数据库模型和一组资源对象。

SNMP 的结构分为 NMS（Network Management System，网络管理系统）和代理（Agent）两部分。SNMP 是用来规定 NMS 和代理之间如何传递管理信息的应用层协议。

SNMP 管理的网络主要由被管理的设备、SNMP 代理 NMS 3 部分组成。

NMS 管理网络设备发送的各种查询报文，接收来自被管理设备的响应报文及 Trap 报文，并将结果显示出来。

代理是驻留在被管理设备上的一个进程，负责接受、处理来自网管站的请求报文，根据报文类型对管理变量进行读或写操作，并生成响应报文，发送给 NMS。另外，代理在设备发生冷 / 热启动等异常情况时，也会主动向 NMS 发送 Trap 报文报告所发生的事件。

SNMP 在 IP RAN 的应用场景：IP RAN A 设备、B 设备、ER 设备、BSC CE 设备上都配置 SNMP，网络管理系统通过 SNMP 可以管理 IP RAN 全网设备。

12. VRRP

虚拟路由冗余协议（Virtual Router Redundancy Protocol，VRRP）是一种容错协议，把几台路由设备联合组成一台虚拟的路由设备，使用一定的机制保证主机的下一跳设备出现故障时，业务可及时被切换到其他设备，从而保持通信的连续性和可靠性。

与 VRRP 相关的基本概念包括 VRRP 路由器（VRRP Router）、虚拟路由器（Virtual Router）、虚拟 IP 地址（Virtual IP Address）、IP 地址拥有者（IP Address Owner）、虚拟 MAC 地址、主 IP 地址（Primary IP Address）、Master 路由器、Backup 路由器。

VRRP 的推出旨在解决局域网主机访问外部网络的可靠性问题，包括主备份、VRRP 负载分担、VRRP 监视接口状态、VRRP 监视 NQA 检测实例、虚拟 IP 地址 Ping 开关、VRRP 的安全功能、VRRP 平滑倒换、VRRP 快速切换等应用特性。

VRRP 将局域网的一组路由设备组成一个 VRRP 备份组，相当于一台虚拟路由器。局域网内的主机只需要知道这个虚拟路由器的 IP 地址，并不需知道具体某台设备的 IP 地址，通过将网络内主机的缺省网关设置为该虚拟路由器的 IP 地址，主机就可以利用该虚拟网关与外部网络进行通信。

VRRP 将虚拟路由器动态关联到承载传输业务的物理设备上，当设备出现故障时，其再次选择新设备来接替业务传输工作，整个过程对用户完全透明，实现了内部网络和外部网络的不间断通信。

VRRP 在 IP RAN 的应用场景：VRRP 主要用于 IP RAN 组网的 BSC CE 和无线 3G 核心设备对接的场景。

4.5 IP RAN 关键技术介绍

实际应用中，IP RAN 使用了很多加快倒换、降低触发时延的技术。

4.5.1 BFD for PW 技术

BFD for PW 主要用于在 A 设备到 B 设备链路出现故障时，对业务进行保护。用户业务从 A 设备下行用户口接入，通过 PW 经过 A 设备上行干线口传输至 B 设备二层终结虚拟口，转化为三层数据。在这个过程中，BFD for PW 用于降低 PW 倒换的时延，在 A 设备链路出现故障时能迅速切换，切换时延满足业务的要求。通常在部署基站、政企专线或动环业务时，会配置主备两条 PW，在 BFD for PW 配合下，实现 A 设备到 B 设备业务 PW 端到端故障快速检测，触发主备 PW 倒换，倒换时延一般能控制在 150ms 以内。

4.5.2 BFD for OSPF/IS-IS 技术

BFD for OSPF 主要用于 A 设备接入环保护，以加速接入环 OSPF 协议快速收敛；BFD for IS-IS 主要用于 B 设备到 ER 设备汇聚环保护，以加速汇聚环 IS-IS 协议快速收敛。OSPF 协议和 IS-IS 协议自身收敛时间为秒级，无法满足无线业务倒换时延的要求，因此，使用 BFD 配合 OSPF、IS-IS 协议可以使倒换时延降低到毫秒级。

4.6 IP RAN 组网模式及应用介绍

4.6.1 IP RAN 组网原则

IP RAN 组网总体要求：满足移动业务高品质大带宽承载需求，具备可持续带宽容量扩展能力，具备差异化 QoS 承载能力，满足移动业务的端到端可管理要求。具体要求如下：

①组网遵循以太化、层次化、VPN 化、宽带化以及综合承载化的基本原则；

②满足移动业务高品质、大带宽承载需求，网络具备带宽扩展、差异化承载以及端到端质量保障的能力，满足基站灵活互联、基站多归属及组播通信需求；

③满足移动承载业务的端到端质量要求，在单点故障场景下，城域内路由收敛控制在 300ms 以内，全网端到端收敛控制在 1s 以内；

④ 网络具备业务综合承载的能力，首先实现移动业务以及二层点到点通道业务的承载，逐步实现自营业务三层 VPN、政企业务三层 VPN、组播类业务以及其他二层业务的承载；

⑤ 网络定位于多厂商设备的混合组网，通过第三方网管实现混合组网场景下的业务承载和网络的端到端管理，实现接入设备的即插即管理能力；

⑥ 承载业务通过 VPN 有效隔离，考虑后续 IPsec 能力的实现；

⑦ 满足移动业务 IPv6 的开放需求，网络逐步具备 6VPE 的能力；

⑧ 网络设计上应具备路由层面的自愈能力，传输层面只需要提供基本通道，不需要提供通道的自动保护功能。

4.6.2　IP RAN 组网的整体架构

IP RAN 是由城域的 A、B、ER、BSC CE、EPC CE、MCE 等设备组成的端到端的业务承载网络。IP RAN 由接入层、汇聚层、城域核心层、省核心层及 MCE 层组成。IP RAN 组网整体架构如图 4-27 所示。

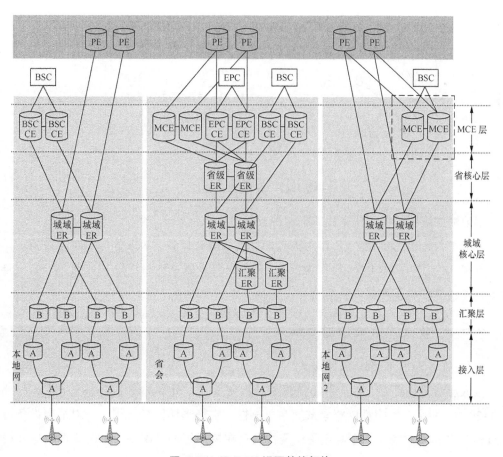

图 4-27　IP RAN 组网整体架构

省核心层由省级 ER 构成，地市 IP RAN 汇聚 ER 直接通过传输链路连接省级 ER。如果地市 IP RAN 的汇聚 ER 通过 CN2 网络连接到省会，则可以不设置省级 ER。组网初期，省级 ER 可以和省会城市的汇聚 ER 聚合设置，条件具备时再单独设置省级 ER。

城域核心层由城域 ER 和汇聚 ER 构成。汇聚 ER 通过局部汇聚，减少了整网对传输链路的需求。是否存在汇聚 ER 与组网规模息息相关。如果网络规模小，B 设备可以直连城域 ER，则网络中可以不存在汇聚 ER。

汇聚层由 B 设备（IP RAN 汇聚路由器）组成，用于接入汇聚 A 设备，汇聚对以口字形上联 RAN-ER；一般汇聚层以上链路采用 10GE 以上链路组成。

接入层由连接基站的 A 设备（IP RAN 接入路由器）组成，推荐环形互联到汇聚上；一般接入层以下链路采用 GE 链路组成。IP RAN 的结构如图 4-28 所示。

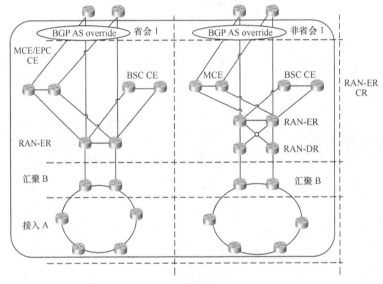

图 4-28　IPRAN 的结构

本地网的组网结构主要采用如下两种方案。

方案 1：新建一对城域 ER 作为核心，直接汇聚 B 设备，B 设备再下连 A 设备。

方案 2：新建一对城域 ER 作为核心，在城域 ER 以下建设汇聚 ER，汇聚 ER 下连 B 设备，再由 B 设备汇聚接入 A 设备。

4.6.3　IP RAN 的互连方式

1. A 设备和 B 设备的互连方式

接入层可采用环形、双上行、链形三种组网方式，分别如图 4-29（a）、图 4-29（b）、图 4-29（c）所示，以提高网络承载冗余可靠性。在环形组网情况下，一对汇聚设备可以挂接多个接入环，接入环应避免跨汇聚挂接；在树形组网情况下，A 设备直接与 B 设备进行互联。

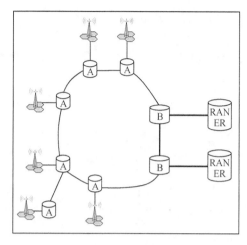

（a）环形

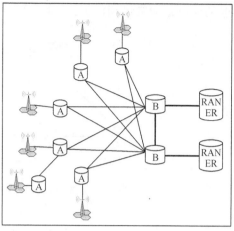

（b）双上行

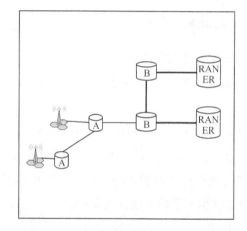

（c）链形

图 4-29　互联方式

2．B 设备与 B 设备的互连方式

B 设备一般成对进行组网，每对 B 设备一般接入 3 ～ 10 个接入环，20 ～ 60 台 A 设备。为实现故障冗余和保障业务快速恢复，每对 B 设备间一般进行互连。对于机房只设置一台 B 设备的情况，需要综合考虑接入环覆盖范围、光纤组网等实际情况，就近选择附近机房的一台 B 设备，组成一对 B 设备对。同时，为防止不同 B 设备对之间的策略相互影响，B 设备对之间不能直接互联，应通过 ER 汇聚 B 设备对的方式实现互通。B 设备和 B 设备互连的方式如图 4-30 所示。

图 4-30　B 设备和 B 设备互连的方式

3．B 设备与 RAN ER 的互连方式

B 设备一般以口字形拓扑和 RAN ER 进行双点互连，B 设备与 MER 之间一般采用 10Gbit/s 链路互联。如果一对 B 设备分布在不同机房，应尽可能避免汇聚设备 NNI 侧光纤同缆。在光纤资源欠缺的地区，B 设备可能没有光纤资源直接连接到 ER 设备，此时，

可通过 OTN 设备汇聚到 ER 的方式实现互连，互连的方式如图 4-31 所示。

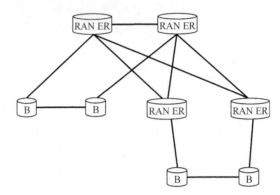

图 4-31　B 设备与 RAN ER 互连的方式

4.6.4　IP RAN 的业务种类

在应用方面，IP RAN 主要承载以下业务。

① 基站业务：对于 2G/3G 业务，基站经 IP 化改造后，IP RAN 承载从 BTS 到 BSC 的回传流量。

② 核心网业务：在配置了 EPC CE 的城市，还需要考虑核心网的承载需求。EPC CE 既是 IP RAN 的一部分，也是 IP CORE 的一部分，需要满足核心网的承载需求。

③ 二层点到点通道类业务：通过创建静态伪线，IP RAN 除了承载无线业务之外，还可以提供二层点到点通道，用于承载其他高价值业务。

④ 动环监控业务：IP RAN 通过创建多个 VPN，可以用于承载动力和环境监控点到核心控制点的流量。

4.6.5　IP RAN 的倒换路径

拓扑 1：接入环网链路中断故障，冗余路径示意如图 4-32 所示。

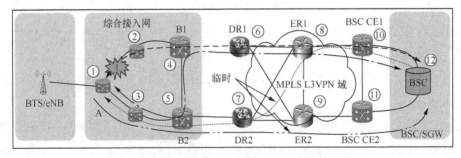

图 4-32　接入环网链路中断故障，冗余路径示意 1

故障点、保护方式、触发方式、路径等见表 4-3，①②④⑥⑧⑩⑫为正常转发路径。

当 1 发生链路故障时，PW–BFD 超时，PW FRR 切换至 B2，B2 上到达 BSC 的业务地址存在两条等价的 VPNV4 路由，因此，上行路径选择①③⑤⑦⑨⑪⑫或①③⑤⑦⑧⑩⑫；下行由于 BSC 并未感知到接入层的故障，流量将继续沿着⑫⑩的方向转发。当 1 发生链路故障时，B1 上 PW BFD Down，B1 通知 BSC CE1 基站路由撤销。此时，BSC CE1 上基站路由是由 B2 宣告的，因而下行转发路径为⑫⑩⑧⑦⑤③①。

表4-3　拓扑1保护倒换路径

故障点	保护方式	触发方式	业务路径说明	性能
1	PW-FRR+双网关+OAM联动+BGP快速收敛	PW-BFD+ L3VE Track PW-BFD	中间态：上行：①③⑤⑦⑨⑪⑫	上行150ms
			下行：⑫⑩⑧⑥④⑤③①	下行300ms
			最终态：①③⑤④⑥⑧⑩⑫	

B1 至 B2 存在 OSPF 链路。当接入层 OSPF 收敛后，A 到 B1 的工作 PW 和 PW–BFD 会再次 Up。经过一个 WTR 时间后，A 的上行流量会经过①③⑤④到达 B1；下行流量由于 B1 上 PW BFD Up，B1 向 BSC CE1 再次宣告基站路由，下行流量会沿着路径⑫⑩⑧⑥④⑤③①。

拓扑 2：接入环网链路中断故障，冗余路径示意 2 如图 4–33 所示。

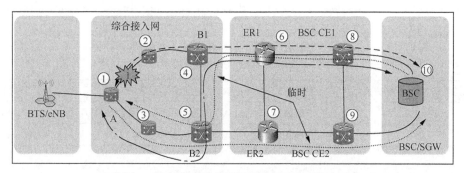

图 4-33　接入环网链路中断故障，冗余路径示意 2

故障点、保护方式、触发方式、路径等见表 4-4，①②④⑥⑧⑩为正常转发路径。当故障点 1 发生链路故障时，PW–BFD 超时，PW FRR 切换至 B2，B2 上到达 BSC 的业务地址存在两条等价的 VPN v4 路由，因此，上行路径选择①③⑤⑦⑨⑩或①③⑤④⑥⑧⑩；下行由于 BSC 并未感知到接入层的故障，流量将继续沿着⑩⑧的方向转发。然后 B1 上 PW BFD Down，B1 通知 BSC CE1 基站路由撤销。此时 BSC CE1 上基站路由是由 B2 宣告的，因而下行转发路径为⑩⑧⑥④⑤③①。

表4-4　拓扑2保护倒换路径

故障点	保护方式	触发方式	业务路径说明	性能
1	PW-FRR+双网关+OAM联动+BGP快速收敛	PW-BFD+ L3VE Track PW-BFD	临态：上行：①③⑤⑦⑨⑩	上行150ms
			下行：⑩⑧⑥④⑤③①	下行300ms
			终态：①③⑤④⑥⑧⑩	

B1 至 B2 存在 OSPF 链路，当接入层 OSPF 收敛后，A 到 B1 的工作 PW 和 PW–BFD 会再次 Up。经过一个 WTR 时间后，A 的上行流量会经过①③⑤④到达 B1；下行流量会由于 B1 上 PW BFD UP，B1 向 BSC CE1 再次宣告基站路由，下行流量会沿着路径⑩⑧⑥④⑤③①。

拓扑 3：汇聚设备单点故障，冗余路径示意 1 如图 4-34 所示。

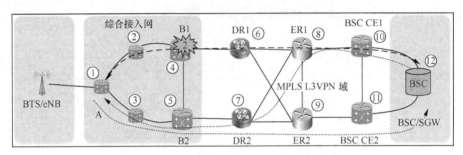

图 4-34　汇聚设备单点故障，冗余路径示意 1

故障点、保护方式、触发方式、路径等见表 4-5，①②④⑥⑧⑩⑫为正常转发路径。当汇聚设备 Down 时，A 设备上工作 PW–BFD 超时，PW FRR 切换至 B2，B2 上到达 BSC 的业务地址存在两条等价的 VPN v4 路由，为①③⑤⑦⑧⑩⑫或①③⑤⑦⑨⑪⑫；下行由于 B1 和 BSC CE1 之间的 Peer BFD 超时，BSC CE1 发生 MP–BGP 快速收敛，下行路径走⑫⑩⑧⑦⑤③①。

表4-5　拓扑3保护倒换路径

故障点	保护方式	触发方式	业务路径说明	性能
2	PW-FRR+VPN-ECMP	PW-BFD	上行：①③⑤⑦⑧⑩⑫或①③⑤⑦⑨⑪⑫	上行150ms
		Peer-BFD	下行：⑫⑩⑧⑦⑤③①	下行 300ms

拓扑 4：汇聚设备单点故障，冗余路径示意 2 如图 4-35 所示。

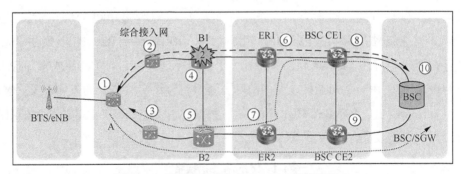

图 4-35　汇聚设备单点故障，冗余路径示意 2

故障点、保护方式、触发方式、路径等见表 4-6，①②④⑥⑧⑩为正常转发路径。当故障点 2 发生链路故障时，PW–BFD 超时，PW FRR 切换至 B2，B2 上到达 BSC 的业务地址存在两条等价的 VPN V4 路由，①③⑤⑦⑨⑩或①③⑤④⑥⑧⑩，但是路径①③

⑤④⑥⑧⑩经过了故障点，B2 到 BSC CE1 的 Peer BFD 超时，因此 B2 上撤销下一跳为 BSC CE1 的 VPN 路由，上行走路径①③⑤⑦⑨⑩；下行由于 BSC 并未感知到接入层的故障，流量将继续沿着⑩⑧的方向转发。当故障点 2 发生故障时，BSC CE1 上到 B1 和 B2 的 Peer BFD Down，BSC CE1 到 B1 和 B2 基站路由全部撤销，此时下行流量依赖 IS–IS 的快速收敛恢复，下行转发路径为⑩⑧⑥⑦⑤③①。

表4-6　拓扑4保护倒换路径

故障点	保护方式	触发方式	业务路径说明	性能
2	PW-FRR+VPN-ECMP	PW-BFD	上行：①③⑤⑦⑨⑩	上行 150ms
		Peer-BFD	下行：⑩⑧⑥⑦⑤③①	下行 300ms

拓扑 5：汇聚设备上行链路故障，冗余路径示意如图 4–36 所示。

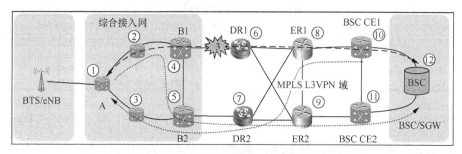

图 4-36　汇聚设备上行链路故障，冗余路径示意 1

故障点、保护方式、触发方式、路径等见表 4–7，当故障点 3 发生链路故障时，B1 到 BSC CE1 以及 B1 到 BSC CE2 之间 Peer BFD 都会 Down。根据 IS–IS 协议的 Metric 设计，B1 到 BSC CE1 和 B1 到 BSC CE2 的转发路径在 B 到 DR1 之间重合。当 B 到 DR1 之间的链路中断时，B1 到 BSC CE1 和 B1 到 BSC CE2 的转发路径全部中断。上行流量的恢复依赖 IS–IS 收敛恢复，上行路径走①②④⑤⑦⑨⑪⑫。

表4-7　拓扑5保护倒换路径

故障点	保护方式	触发方式	业务路径说明	性能
3	VPN-ECMP	PW-BFD	上行：①②④⑤⑦⑨⑪⑫	300ms
		Peer-BFD	下行：⑫⑩⑧⑦⑤③①	

下行 BSC CE1 到 B1 方向 Peer BFD 会 Down。下行 BSC CE1 到 B2 方向不受故障点影响，当 BSC CE1 到 B1 的 Peer BFD Down 后，BSC CE1 上下一跳为 B1 的 VPN 路由被撤销，保留下一跳为 B2 的 VPN 路由，因此下行路径走⑫⑩⑧⑦⑤③①。

拓扑 6：汇聚设备上行链路故障，冗余路径示意 2 如图 4–37 所示。

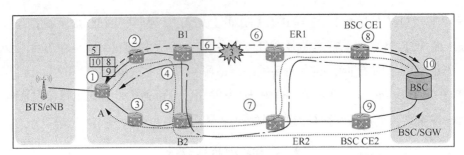

图 4-37 汇聚设备上行链路故障，冗余路径示意 2

故障点、保护方式、触发方式、路径等见表 4-8。当 3 发生链路故障时，B1 到 BSC CE1 之间 Peer BFD Down。而 B1 到 BSC CE1 的 Peer BFD Down，B1 到 BSC CE2 的 Peer BFD 走④⑤⑦不受故障点影响，此时在 B1 上会撤销下一跳为 BSC CE1 的 VPN 路由，保留下一跳为 BSC CE2 的 VPN 路由，因此上行路径走①②④⑤⑦⑨⑩。

表4-8　拓扑6保护倒换路径

故障点	保护方式	触发方式	业务路径说明		性能
3	VPN-ECMP	Peer-BFD、IGP BFD	上行：①②④⑤⑦⑨⑩		300ms
			下行：⑩⑧⑥⑦⑤③①		

当故障点 3 发生链路故障时，下行 BSC CE1 到 B1 方向在 ER1 处先发生 FRR 切换，此时下行流量得以暂时恢复。但是随后 B1 到 BSC CE1 方向的 Peer BFD 由于链路中断，不能传递到 BSC CE1。Peer BFD 是双向检测的，BSC CE1 到 B1 的 Peer BFD 会 Down。因此在 BSC CE1 上会撤销到 B1 的 VPN 路由。此时下行依赖 IS-IS 快速收敛恢复，下行走⑩⑧⑥⑦⑤③①或⑩⑧⑥⑦⑤④②①。

拓扑 7：汇聚设备上行链路故障，冗余路径示意 3 如图 4-38 所示。

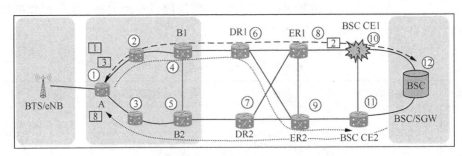

图 4-38 汇聚设备上行链路故障，冗余路径示意 3

故障点、保护方式、触发方式、路径等见表 4-9。当 BSC CE1 Down 时，B1 和 BSC CE1 之间的 Peer BFD 超时，MP-BGP 快速收敛，上行路由下一跳为 BSC CE1 的 MP-BGP 路由迅速撤销，因此 B1 上行走下一跳为 BSC CE2 的 VPN 路由，即①②④⑥⑨⑪⑫；下行 BSC CE1 和 BSC 之间的静态路由 BFD 超时，BSC 下行流量转发到 BSC CE2。BSC

CE2 和 B1/B2 之间的 Peer BFD 不受故障点影响，仍然保持 Up 状态，因此下行路径走⑫
⑪⑨⑦⑤③①或⑫⑪⑨⑥④②①。

表4-9　拓扑7保护倒换路径

故障点	保护方式	触发方式	业务路径说明	性能
8	VPN v4-ECMP、RNC ECMP 收敛	Peer BFD	上行：①②④⑥⑨⑪⑫	300ms
		静态路由 BFD	下行：⑫⑪⑨⑦⑤③①或⑫⑪⑨⑥④②①	

拓扑 8：CE 单点故障，冗余路径示意如图 4-39 所示。

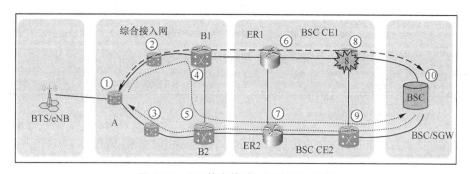

图 4-39　CE 单点故障，冗余路径示意

故障点、保护方式、触发方式、路径等见表 4-10，当 BSC CE1 Down 时，B1 和 BSC
CE1 之间的 Peer BFD 超时，MP-BGP 快速收敛，上行路由下一跳为 BSC CE1 的 MP-BGP
路由迅速撤销，因此 B1 上行走下一跳为 BSC CE2 的 VPN 路由，即①②④⑤⑦⑨⑩；下
行 BSC CE1 和 BSC 之间的静态路由 BFD 超时，BSC 下行流量转发到 BSC CE2。BSC CE2
和 B1/B2 之间的 Peer BFD 不受故障点影响，仍然保持 Up 状态，因此下行路径走⑩⑨⑦
⑤③①或⑩⑨⑦⑤④②①。

表4-10　拓扑8保护倒换路径

故障点	保护方式	触发方式	业务路径说明	性能
8	VPNv4-ECMP、RNC ECMP 收敛	Peer BFD	上行：①②④⑤⑦⑨⑩	300ms
		静态路由 BFD	下行：⑩⑨⑦⑤③①或⑩⑨⑦⑤④②①	

拓扑 9：CE 上行链路故障，冗余路径示意 1 如图 4-40 所示。

故障点、保护方式、触发方式、路径等见表 4-11，BSC CE1 和 BSC CE2 形成指向
BSC 业务地址的静态路由，BSC CE1 和 BSC CE2 都和 RR 建立 IBGP 邻居关系，可以通过
MPBGP 学习对方的指向 BSC 的路由作为备用路径。当故障点 9 发生链路故障时，BSC CE1

和 BSC 之间的静态路由 BFD 中断，BSC CE1 撤销指向 BSC 业务地址的静态路由，此时选择 MPBGP 路由转发上行流量，上行路径为①②④⑥⑧⑩⑪⑫；BSC CE1 向 B1 通告撤销重分布的静态路由后，上行路径为①②④⑥⑨⑪⑫。当故障点 9 发生链路故障时，静态路由 BFD Down，BSC 上 ECMP 快速收敛，下行路径沿着⑫⑪⑨⑦⑤③①或⑫⑪⑨⑥④②①转发。

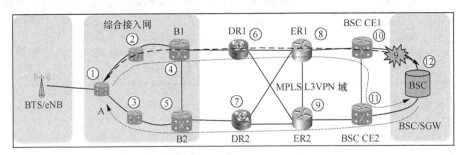

图 4-40　CE 上行链路故障，冗余路径示意 1

表4-11　拓扑9保护倒换路径

故障点	保护方式	触发方式	业务路径说明		性能
9	MPBGP 收敛、RNC 收敛、静态路由 BFD	静态路由 BFD	上行：①②④⑥⑧⑩⑪⑫		150ms
			下行：⑫⑪⑨⑦⑤③①或⑫⑪⑨⑦⑥④②①		

拓扑 10：CE 上行链路故障，冗余路径示意 2 如图 4-41 所示。

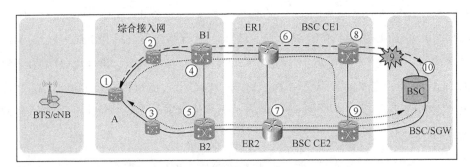

图 4-41　CE 上行链路故障，冗余路径示意 2

故障点、保护方式、触发方式、路径等见表 4-12，当故障点 9 发生链路故障时，BSC CE1 向 B1 通告撤销重分布的静态路由后，上行路径为①②④⑤⑦⑨⑩。

表4-12　拓扑10保护倒换路径

故障点	保护方式	触发方式	业务路径说明		性能
9	MPBGP 收敛、RNC 收敛、静态路由 BFD	静态路由 BFD	上行：临时①②④⑥⑧⑨⑩ 终态①②④⑤⑦⑨⑩		150ms
			下行：⑩⑨⑦⑤③①或⑩⑨⑦⑤④②①		

第 5 章
OTN 技术

5.1 OTN 技术原理

5.1.1 OTN 的产生

传统的 SDH 光传输网，由于受电信号处理速率的限制，传输带宽不会超过 40Gbit/s，与早期的 WDM 光传输网结合后，虽然信道的传输带宽得到扩展，但早期 WDM 光传输网只能提供点对点的光传输，组网和对光业务传输的维护监测能力仍不足。

ITU-T 于 1998 年开始提出了基于大颗粒业务带宽进行组网、调度和传送的新型技术——光传输网（Optical Transport Network，OTN）的概念。

OTN 不是采用全光网的方式来实现，ITU-T 提出的光传输网在与用户业务连接的边界处仍采用光—电—光方式完成对业务的 3R（再放大、再整形、再定时）处再生，这是由于全光下的 3R 处理很困难。放大、整形、存储时钟提取、波长变换等在电域很容易实现，但在光域却十分困难，有些要经过复杂的技术才能够实现，效果并不理想，且成本很高，不具备实用价值。

因此，OTN 借鉴与综合 SDH 和 WDM 的优势并考虑了大颗粒传送和端到端维护等新的需求，将业务信号的处理和传送分别在电域和光域内完成。

在 OTN 的边界，业务接口处采用光—电—光转换，将各种通过单波白光连接到 OTN 的用户业务转换到电域内，在电域内完成对业务信号的 3R 再生，映射 / 去映射到 OTN（G.709）定义的大颗粒业务单元（ODU$_k$，k=1，2，3）内，完成低阶 ODU$_k$ 到高阶 ODU$_k$ 之间的复用、分解、业务单元开销的终接处理等，之后再将业务单元适配到光信道上，送入光域传输。

光域内仍利用 DWDM 技术，解决 OTN 传输信道的带宽问题。

OTN 光域内的带宽颗粒为单个的光波长，在扩展的 C 波段内，可以复用多达 192 个光波长信号到一根光纤中传输，并在光域内实现业务光波长信号的复用、路由选择、监控，并保证其性能要求和生存性。

对于 OTN 的构成和管理，ITU-T 借鉴 SDH 光传输网的思路，为 OTN 制定了一系列的标准，其中：G.872 建议书定义 OTN 分层结构；G.709 建议书定义 OTN 节点接口的大颗粒业务信号帧格式；G.798 建议书定义 OTN 节点设备内的各原子功能块；G.8251 建议书定义 OT 节点上 NNI 的抖动和漂移要求（UNI 接口上的 SDH 信号符合 G.825 的定义）；G.959.1 建议书定义各 OTN 管理域之间 NNI 物理接口和要求；G.8741 建议书定义 OTN 网元的管理信息模型；G.gps 建议书定义 OTN 通用保护倒换，适用于 SDH/OTN 的保护倒换（与 SDH 线性和环保护相似），目前 G.gps 被分为 G.gps.1 和 G.gps.2 两个建议书，其中，G.gps.1 为线性路径和子网连接保护，G.gps.2 为环形网保护。

5.1.2　OTN 的特点

1. OTN 的透明传送能力

符合 G.709/G.798 建议书要求的 OTN 可以做到以下两方面的业务透明传输。

（1）比特透明

用户信号如 SDH/SONET 通过 OTN 传输的时候，除用户信号负荷以外，其开销字节保持不变，用户信号的完整性得到保证。

（2）定时透明

当恒定速率的用户信号以比特同步映射入 OTN 帧时，产生的 OTN 线路信号与用户信号具有相同的定时特性，定时特性被向下游传送并在解映射时提取出原来的定时信息。即使恒定速率用户信号以异步映射模式被映射入 OTN 帧，其定时特性通过 OTN 帧内的码速调整控制字节而得以保留，远端用户信号在解映射时，通过参考 OTN 帧内调整控制字节，可以将定时信息恢复。

2. 支持多种客户信号的传送

符合 G.709 建议书要求的 OTN 节点提供的用户侧网络接口可以支持多种用户信号向大颗粒传送单元 ODU_k 的映射，如 SDH/SONET、以太网业务、ODU_k 复用信号，或以这些信号为载体的更高层次的客户信号如 IP、MPLS、光纤通道、HDLC/PPP、PRP、FICON、ESCON 及 DVB ASI 视频信号等，这些不同应用的用户业务都可统一映射到 OTN 的数据传输单元 ODU_k（k=1、2、3）这个光传输平台上。

目前，G.709 建议定义了基于 SDH 业务的信号速率，或相同固定速率 CBR 向 ODU_k 的映射，其余业务信号向 ODU_k 中的映射由各厂商自定义，另外，OTN 中的 ODU_k 传送模块具有跟 SDH 类似的虚级联功能，并能支持链路容量调整机制（Link Capacity Adjustment Scheme，LCAS）。

3. 交叉连接的颗粒大

OTN 目前定义电域的带宽颗粒为光通路数据单元（ODU_k，k=1、2、3），即 ODU_1（2.5Gbit/s）、ODU_2（10Gbit/s）以及 ODU_3（40Gbit/s），光域的带宽颗粒为波长，在 OTN 光域内，一个波长上可以承载的业务颗粒为 ODU_k。相对于 SDH 的 VC-12/VC-4 的处理颗粒，OTN 设备基于 ODU_k 的交叉功能使得交换粒度由 SDH 的 155Mbit/s 提高到 2.5Gbit/s/10GB/40Gbit/s，对这些大颗粒业务信号的交换调度可在电域或光域内实现（对应电域内的 ODU_k 交叉连接或光域内的波长交叉连接），因此，高带宽客户业务的适配和传送效率显著提升。

4. 强大的带外前向纠错功能（FEC）

OTN 具有很强的前向纠错（Forward Error Correction，FEC）功能。G.709 建议书在完全标准化的 OTU_k 中，使用了 RS（255，239）的 FEC，并在每个 OTU_k 帧中使用 4×256 个字节的空间来存放 FEC 计算信息。RS（255，239）在 G.975 建议书中得到定义，能在误码率为 10^{-12} 的水平上提供超过 6dB 的光信噪比（Optical Signal Noise Ratio，OSNR）净编码增益。

FEC 已经被证明在信噪比受限及色散受限的系统中对提高传输性能非常有效，FEC 降低了信号接收端对入射信号的信噪比的要求。因为在光传输中，OSNR 是个比较容易测量的指标，所以我们经常以 OSNR 要求的改善来衡量 FEC 的效果。FEC 带来的好处是：增加最大单跨距距离或是中继跨距的数目，从而延长信号的总传输距离。

在一个光放大器输出总功率有限的情况下，我们可以通过降低每通道光功率来增加光通道数。在线性条件下，降低单通道光功率的同时也会降低信号到达通道接收端的 OSNR，而 FEC 抵消这个 OSNR 的降低，使业务仍然以无误码的方式传输。

FEC 的出现降低了对器件指标和系统配置的要求。FEC 在一定程度上也弥补了信号在传输过程中因经历损伤所带来的代价。例如，当信号经过 ROADM 或 OXC 节点时，信号经历了比较大的衰减，并增加了一些色散；或当信号的路由在动态变化时，不同的路径所带来的信号损伤会不同，FEC 的使用也提高了信号对路径变化的容忍度。

G.709 建议书在功能标准化的光传输单元中也支持专有的 FEC 编码。专有 FEC 编码有可能使用更多的开销字节存放它们，因而使线路速率增加。这种专有的 FEC 编码方式通常叫增强型 FEC（简称 E-FEC）。E-FEC 的使用，可以使原高达 10^{-3} 的误码在小于 10dB 的 OSNR 情况下，误码率降至 10^{-12} 以下，并用来传送电信级业务。考虑到系统的老化和处于恶劣工作环境下传输性能的劣化，在铺设系统时可以考虑加上合理的 OSNR 余量，比如在使用 E-FEC 时，可以增加 7～8dB 的 OSNR 余量（即 OSNR 为 17dB～18dB），以保证系统在整个生命周期内的误码率维持在 10^{-12} 以下。

5. 串联监控

为了便于监测 OTN 信号跨越多个光网络时的传输性能，ODU_k 的开销提供了多达 6 级的串联监控 TCM1-6。TCM1-6 有类似于 PM 开销字节的内容，可监测每一级的踪迹字节（TTI）、负荷误码（BIP-8）、远端误码指示（BEI）、反向缺陷指示（BDI）并可判断当前信号是否为维护信号（ODU_k–LCK、ODU_k–OCI、ODU_k–AIS）等，这几个串联监控功能可以以堆叠或嵌套的方式实现，从而允许 ODU_k 连接在跨越多个光网络或管理域时实现对任意段的监控。

6. 丰富的维护信号

G.709 建议书为 OTN 的业务传送平台 ODU_k/OTU_k 定义了丰富的维护开销信号用以进行故障监测、隔离和告警抑制，极大地减轻了系统维护的负担。

7. 增强了组网和保护能力

OTN 参照 SDH 提供了灵活的基于电层和光层的业务保护功能，如基于 ODU_k 层的光子网连接保护（Subnetkwork Connection Protection，SNCP）和共享环网保护，基于光层的光通道或复用段保护等。

目前，OTN 设备的实现是电域支持 SNCP 和专有的环网共享保护，而光域主要支持光通道 1+1 保护（含基于子波长的 1+1 保护）、光通道共享保护等。随着 OTN 技术的发展与逐步规模应用，以光通道和 ODU_k 为调度颗粒基于控制平面的保护恢复技术将会逐渐得到完善和应用。

8. OTN 与现有光传输网的关系

国内运营商的现网部署有大量的 SDH 网络，包括线性系统、环网系统、1+1MSP 系统和基于 ASON 的网状网等。OTN 与 SDH 网络可以有以下两种共存关系。

① 相互独立关系：OTN 与 SDH 网络独立运行，承载不同类型的业务，原则上，SDH 网络仅用于承载小颗粒业务（小于 Gbit/s 的业务），大颗粒业务（Gbit/s 及以上的业务）直接用 OTN 承载。

② 用户（SDH）—服务（OTN）关系：适用于 OTN 线路速率高于 SDH 线路速率的情况，可以提高链路资源的利用率；同时利用 OTN 的调度和保护能力，可以提高 SDH 系统的生存性。

OTN 与现有 WDM 网络的关系描述为：由于早期技术限制，已经部署的传统 WDM 的 UNI 通常不符合 G.709 建议书的要求，因此，OTN 与 WDM 网络间互连只能通过用户业务层的连接（UNI 之间的单白光波连接），OTN 具有的强大 OAM 功能在 WDM 上得不到应用。

但在光域内，传统 WDM 网络所用的光波信号与 OTN 一致，因此对传统 WDM 进行扩容或改造中，我们可利用 WDM 网络所用的光波信号，加上符合 G.709 建议书标准的 OTN 接口，即可在不同系统之间实现以 OUT_k 方式的互通。

在 WDM 系统中引入 OTN 接口，可以实现对波长通道端到端的全程传输，因此，标准 OTN 域间互通接口是波分系统进行互通的主要接口形式。

ASON 的发展使 OTN 标准化进程向智能化 ASTN 方向发展，G.8080（G.ason）建议书定义了 ASON 的结构。该建议书提出并描述了 ASON 的结构特征和要求，ASON 的自动控制协议不仅适合于 G.803 建议书定义的 SDH 传输网，也适用于 G.872 建议书定义的 OTN。

此外，基于 ASON 控制平面的保护与恢复也同样适用于 OTN。在 OTN 大容量交叉的基础上，通过引入 ASON 智能控制平面，光传输网的保护恢复能力可以提高，网络调度能力会得到改善。

基于 SDH 的 ASON 与 OTN 在传送平面的关系与传统 SDH 网络一致，当 OTN 具备智能控制平面时（称为基于 OTN 的 ASON），两者的智能控制平面应该支持互通，用户—服务模型中还应具备跨层次的保护恢复功能协调机制。

随着 ASON 标准的进一步完善，OTN 向智能化 ASTN 的发展是未来光网络演进的理想基础。全球范围内越来越多的运营商开始构造基于 OTN 的新一代传输网，系统制造商们也推出具有更多具有 OTN 功能的产品来支持下一代智能光传输网的构建。

5.2　OTN 设备的分类

OTN 设备根据自身在光传输网中的应用方式被分为以下几类。

1. OTN 终端复用设备

OTN 终端复用设备的接口包括线路接口和支路接口（有 UNI、NNI）：UNI 业务接口连接 SDH 或以太网等用户业务信号；NNI（白光 OTU_k 接口）用于不同 OTN 域间互连（OTN-IrDI）（或用于不同厂商传送设备的互连），对 NNI 采用的 FEC 应符合 G.709 建议书定义的标准 FEC，或者关闭 FEC 方式。采用 NNI 对接的方式，可以实现对 ODU_k 通道跨 OTN域端到端的性能和故障监测。图 5-1 所示是 OTN 终端复用设备功能模型。

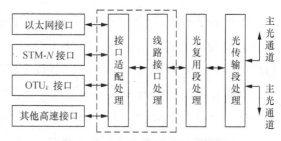

图 5-1　OTN 终端复用设备功能模型

2. OTN 电交叉设备

OTN 电交叉设备类似于 SDH 交叉设备，OTN 电交叉设备完成 ODU_k 级别的电路交叉功能，为 OTN 提供灵活的电路调度和保护能力。OTN 电交叉设备可以独立存在，类似于 SDH-DCC 设备，对外提供各种业务接口和 OTU_k 接口（包括 IrDI）；也可以与 OTN 终端复用功能集成在一起，同时提供光复用段和光传输段功能，支持 WDM传输。图 5-2 所示是 OTN 电交叉设备功能模型。

3. OTN 光电混合交叉设备

OTN 电交叉设备可以与 OCh 交叉设备相结合，同时提供 ODU_k 电层和 OCh 光层调度能力。波长级别的业务可以直接通过 OCh 交叉，其他需要调度的业务经过 ODU_k 交叉。两者配合可以优势互补，又同时规避各自的劣势。这种大容量的调度设备就是 OTN 光电混合交叉设备。图 5-3 所示是 OTN 光电混合交叉调度设备功能模型。

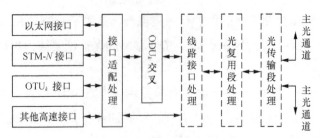

图 5-2　OTN 电交叉设备功能模型

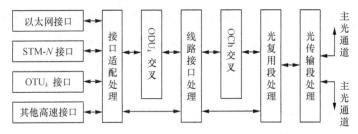

图 5-3　OTN 光电混合交叉调度设备功能模型

利用上述 3 种 OTN 节点设备类型，OTN 可构成不同类型的拓扑结构，如链形网、星形网、环形网或网状网等。

5.3 OTN 保护

OTN 传送的业务量大而且多用于通信网的干线传输，因此 OTN 保护显得尤为重要。在参照了 SDH 的保护方式下，对 OTN 提出了不同的保护模型，有些保护模型涉及保护协议和保护倒换操作程序，ITU-T 已制订了相关的标准与规范。

下面介绍的 OTN 保护模型中，有些保护方式是直接从 DWDM 系统中引用过来的，有些是针对 OTN 制订的。这些 OTN 保护模型中，不要求设备都支持。

OTN 的保护可分为通道层保护和光复用段层保护。

5.3.1　对 OTN 的通道层保护

对于 OTN 的通道层保护，可分为电域内的通道保护和光域内的通道保护。

当 OTN 在电域内时，G.798 建议书提出了基于 ODU_k 的子网连接保护，其模式有 SNCP/I、SNCP/N、SNCP/S，其保护协议和保护倒换操作程序符合 G.873.1 建议书的定义，具体如图 5-4 所示。

此外，在电域中，ITU-T 还提出了基于 ODU_k 的环网共享保护，其保护协议和保护倒换操作程序符合 G.873.2 建议书的定义。

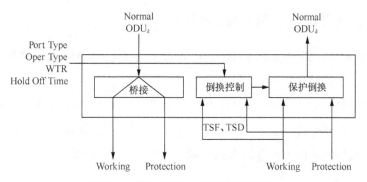

图 5-4　基于 ODU$_k$ 的子网连接保护

在光域内，OTN 支持光通道 1+1 保护（O–SNCP）。对于光通道的 1+1 保护，可以是 1+1 的 OCh 保护，即对 OCh 的 SNCP 与 G.841 中定义的 SDH 通道层的 SNCP 一致。就是将 OCh 分配调制到两路彩光上。

G.798 建议书中定义 OTN 设备 1+1 的 OCh 保护连接支持 SNCP/N 方式，具体如图 5-5 所示。

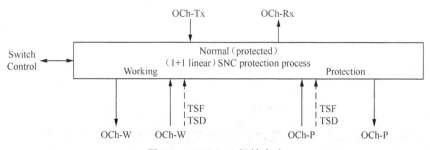

图 5-5　SNCP/N 保护方式

OTN 的光通道保护也可以采用 DWDM 系统中的 1+1 的光用户层业务信号保护方式。分光器将输入的光用户业务信号分成两路，分别送入不同方向上的 OTU，再经 OTN 环网的两个方向送到对端，对端对此两路彩光信号进行质量监测（LOS），择优接收。OSNCP 通道保护方式如图 5–6 所示。

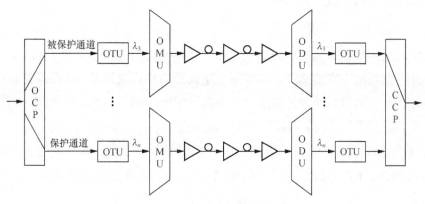

图 5-6　OSNCP 通道保护方式

5.3.2　对 OTN 的光复用段层保护

1+1 的线形光复用段（Optical Muliplex Section，OMS）保护交换方案如下。

OTN 的 1+1 的光复用段层保护结构与 SDH 极其相似，符合 G.841 建议书定义的 1+1 复用段层保护模型。对于 OTN 点对点的线形系统，1+1 线形 OMS 保护交换方案是将复用段光信号用分光器分成两路，分别送入不同的光传输段（Optical Transmission Section，OTS）子层，再经不同的光物理层送到对端，在对端 OMS 的接收侧进行监测（LOS–P），择优接收，如图 5-7 所示。

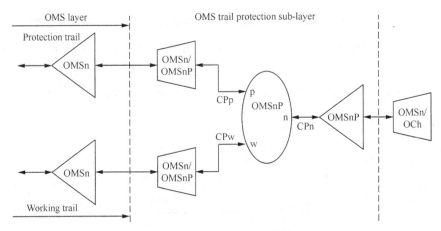

图 5-7　1+1 的 OMS 层保护

对 1+1 线形 OMS 保护倒换功能块，G.798 建议书有详细的描述。

对于 OTN 光复用段的共享环保护，光复用段共享保护环。在 OTN 中，光复用段共享保护环结构具有抗毁性生存能力。尤其对于要求逻辑网状结构的网络，较复杂的光层保护交换模型能提供高效率的带宽管理能力。

5.4　OTN 的关键技术

超长距离光传输技术是指不采用电再生中继的全光传输技术。由于减少光 / 电转换次数，并且可以利用丰富的光纤带宽资源，超长距离光传输技术的长距离传输成本大大降低，同时，系统的可靠性和传输质量也得到了保证。正是由于这些优点，超长距离光传输技术受到运营商和设备制造商的关注，成为近年来电信业的热点技术之一。

在大容量超长距离光传输解决方案中，40Gbit/s 光传输技术、拉曼放大器、色散补偿、前向纠错、RZ 调制方式等已经成为被众多运营商、设备供应商广泛认可的关键技术。

传统的 WDM 系统，每传输 200km 左右的距离就需要对光信号进行 OEO 再生，因此 OEO 再生的成本在 WDM 系统的建设成本中所占的比重越来越大。大容量超长距离光传输不但可以极大地增加传输容量，而且可以减少电中继站的数量，节约网络成本。

虽然 10Gbit/s WDM 系统的传输容量已超过 1.6Tbit/s，但是业务量（尤其是 IP 业务量）也在迅速增长，这给带宽带来了更高的要求。

为提高 WDM 光传输网的传输容量，实现大容量传输，OTN 可采取的措施是增加波长通道数或提高单波长信道的传输速率。

增加波长通道数的途径有缩小通道间隔、拓宽波长范围。10Gbit/s 系统的通道数目已超过 160 个，DWDM 的通道间隔已实现 50GHz，并向 25GHz 发展，但波长间隔的进一步减小将使光纤非线性效应（相邻波之间的交调干扰增加）的抑制变得困难。目前，波长频谱已用到了 C 波段和 L 波段，但拓宽波长范围的方式受到光放大器带宽的限制。

除增加通道数外，另一个扩大带宽的可行途径是提高单波长信道的传输速率，将单波长信道的传输速率从 10Gbit/s 提高至 40Gbit/s 甚至更高。

OTN 支持 ODU_3（40Gbit/s）的颗粒，满足 40Gbit/s 的单波长信道传输速率的要求。

在同样的传输容量下，40Gbit/s 系统所需的波长数少，如组成一个传输容量 1.6Tbit/s 的 WDM 系统，10Gbit/s 系统需要 160 波，并采用 C 波段和 L 波段；40Gbit/s 系统只需 40 波，并只采用一个波段，且所用的光转换单元（Optical Transform Unit，OTU）的数量比 10Gbit/s 系统减少 3/4，这将简化网络管理，比 4 个 10Gbit/s 系统更节省空间和功耗。

降低网络费用一直是运营商努力的目标之一，如果 40Gbit/s 的 OTU 在费用上比 4 个 10Gbit/s 的 OTU 的费用低，那么 40Gbit/s 的 WDM 系统就会得到运营商的认可。

对一个 100GHz 间隔的 10Gbit/s WDM 系统，在不影响其他 10Gbit/s 信道的条件下，只需升级两端的 OTU（40Gbit/s）设备，信道的容量即可被提升至原来的 4 倍。与 10Gbit/s WDM 系统相比，40Gbit/s WDM 系统对光传输网性能的要求更高。

40Gbit/s 光传输技术主要涉及光放大技术、色散补偿技术、非线性效应抑制、RZ 信号调制格式和 PMD 补偿。

5.4.1　FEC 技术

前向纠错码属于信道编码技术，信道编码的本质是增加通信的可靠性，但信道编码会减少有用信息数据的传输。信道编码的过程是在源数据码流中加插一些码元，从而达到在接收端进行判错和纠错的目的。在 OTN 中，为每一路通道进行 FEC，在不降低传送有用信息码率的情况下，由于信道编码数据量增加了，因此，每路信道的传送码率带宽增大了。

对 FEC，信息码和监督码之间的关系分为分组码和卷积码两类，但特性不同。

分组码：码形排列 (n, k)；n 为码元，k 为信息码，$r=n-k$ 为监督码。在分组码中，监督码只与本组内的信息码有关。

卷积码：监督码不但与本组内的信息码有关，而且还与前面各组的信息码有关。

FEC 的码字具有一定的纠错能力，纠错码利用码字与码字之间有规律的数学相关性来发现并纠正错误。它在接收端解码后，不仅可以发现错误，而且能够判断错误码元所在的位置，并自动纠错。单向传输系统中大都采用这种信道编码方式。

第一种附加纠错码的 FEC 一般采用分组码，且通常采用带外码，ITU-T G.709 建议书规范的 FEC 采用 RS（255，239）分组码，RS（255，239）分组码属于循环线性分组码，在 239 字节后，加 16 个码监督字节，这 16 个字节监督这 239 个字节（利用码多项式和预设的生成多项式，计算得到余数，将余数加到信息位后作为监督位），可检测 16 个错误，纠正 8 个错误。

ITU-T G.709 建议书支持的 RS（255，239）码为带外 FEC，关于 RS（255，239）码的计算原理请参见相关的信道编码。

FEC 技术通过在传输码列中加入冗余纠错码，在一定条件下，通过解码自动纠正传输误码，降低接收信号的误码率。在 WDM 系统中，衡量 FEC 纠错能力的指标被称为 FEC 增益，其纠错能力强，编码增益也较高，一般 RS（255，239）的编码增益可达 5 ~ 6dB。

FEC 降低了光传输系统对信噪比的要求。

运用 G.692 中所提到的经验公式，假定单通道入纤光功率（Pch）为 3dBm，每个光放的噪音指数（N_F）为 6dB，每个跨距光纤损耗（Lspan）为 24dB，传输是线性的，并且传输中色散得到最佳分布补偿，忽略通道间的相互干扰以及通道内的噪音积累，下式为计算得到的传输距离。

$$OSNR = 58 + P\text{ch} - N_F - L\text{span} - 10\log N$$

上式中 OSNR 是光传输系统末端要求的 OSNR 值。

对普通的无 FEC 功能的 10Gbit/s-SDH 信号来说，假定接收端需要的 OSNR 为 22dB，则计算得到的最远传输距离如下。

$$7.94\text{span} \times 80\text{km} \approx 640\text{km}$$

对具有 FEC 功能的 10Gbit/s 信号来说，假定接收端需要的 OSNR 为 17dB（对 E-FEC，可使 OSNR 下降 9dB），则计算得到的最大传输距离如下。

$$25.11\text{span} \times 80\text{km} \approx 2000\text{km}$$

上式中的非整数跨距数只是为了给出一个参考性的结果。由此可以看出：接收端 OSNR 要求的不同，导致了系统全光传输距离的不同。

其他条件不变，传输系统的 OSNR 容限越低，系统性能越优异。第二种附加纠错码的 FEC 一般采用分组 + 卷积组合编码（卷积码是带内编码）的方式，被称为级联编码（也被称为增强型 E-FEC），其特点是引入信道级联编码技术，适用于时延要求不高、编码增益要求特别高的系统，涉及的码型主要还是 RS 级联码。在 40Gbit/s WDM 系统中，增强型 FEC（E-FEC）得到了广泛的应用。

注：在无 FEC 下，各种速率的数字信号为在 WDM 系统中末端接收侧所要求的最低 OSNR [2.5Gbit/s（14～15dB），10Gbit/s（21～23dB），40Gbit/s（14～16dB）]。

5.4.2　RZ（归零）码调制码型

在光信道中，调制到光载波上的 10Gbit/s 以内的数字比特信号码型普遍采用非归零（Non Return to Zero，NRZ）码的调制格式。NRZ 码以码型简单、电路成本低等优势成为了传统 WDM 系统采用的标准调制码型。但是在长距离和大容量（40Gbit/s）系统中，NRZ 码逐渐暴露出非线性容限差、抗色散能力不足、末端接收侧对 OSNR 要求高等缺点，因此在长距离传输时，已逐渐采用了归零（Return to Zero，RZ）码（占空比 50%）。RZ 码型可以获得更高的灵敏度、更低的接收 OSNR、更高的色散或非线性容限等。

高速光通信系统 RZ 码具有如下优点。

1. RZ 码抗 PMD 的能力比 NRZ 码强

RZ 码降低了系统对 OSNR 的要求，有利于现在的 10Gbit/s 的光纤通信系统速率升级到 40Gbit/s。与 NRZ 码相比，RZ 码的占空比小，在平均功率下的峰值功率高，因此，RZ 码的灵敏度、接收侧对 OSNR 的要求比 NRZ 码低。

2. 相同 OSNR 下 RZ 码的接收眼图比 NRZ 码张得更开

RZ 码可降低非线性效应的影响，在长距离传输中，为了增加中继传输间距而提高发送光功率，由于入纤功率的提升会增加非线性效应的影响，RZ 码输出的光功率能量集中，信号峰值功率高，但平均光功率降低，因此入纤平均光功率降低。对于 40Gbit/s 系统而言，采用 RZ 编码调制技术，降低输出的平均光功率，因此会使非线性效应降低。

3. 采用大有效面积的光纤来减少非线性效应的影响

在相同速率下，RZ 码比 NRZ 码有更宽的频谱范围，频谱的展宽也可抑制光纤非线性效应中布里渊后向散射以及非线性串扰的影响，但 RZ 码展宽了信号的频谱，限制了信道的间隔。信道间隔大的系统更多采用 RZ 码。

信道间隔小的系统采用频谱宽度小的 NRZ 码，因为能减小非线性串扰的影响，从而表现出比 RZ 码好的性能。

在高比特率系统中，尤其是大容量和无再生长距离系统中，光纤的非线性特性是影响系统性能的重要因素。一般光纤非线性效应影响主要表现为散射、自相位调制（Self-Phase Modulation，SPM）、交叉相位调制（Cross-Phase Modulation，CPM）和四波混频（Four Ware Mixing，FWM）。

散射主要为受激布里渊后向散射和受激拉曼散射。受激布里渊后向散射会产生后向的光功率，并与前向传输的光信号叠加，造成光信号发生畸变。但 RZ 码展宽了信号的频谱，有利于抑制布里渊后向散射的影响。受激拉曼散射引起短波信号光功率向长波信号转移，造成不同波信号功率的不一样。

与折射率密切相关的非线性效应主要有 SPM、CPM，这两种效应主要影响信号的相位，使信号光谱展宽，带来新的色散损耗。

光纤非线性中的 FWM 会在原有的波长之外产生新的波长，使信号波长的 OSNR 降低，信号频谱展宽，也会带来新的色散损耗。

FWM 和 CPM 会随着波导间隔的减小而增大，光纤的色散可以抑制 FWM 和 CPM。

FWM：当不同频率的光波在光纤中同时传输时（如 f_1、f_2、f_3），多个光波之间会互调，会出现额外的频谱，因此原有光波的能量会转移到这些新出现的额外频谱波长上（$f_1 \pm f_2 \pm f_3$）。这种能量的转移会导致原有光波道的光信号功率下降，而新出现的额外频谱如果与原有光波道的频谱接近，那么会对原有光波道造成干扰。

色散受限的传输距离可用该经验公式表述：$L = 71400 / \alpha D (B\lambda) \times (B\lambda)$

式中：α 为光源的啁啾系数；D 为光纤的色散系数；B 为信号的比特率；λ 为波长。

从上式可看出，光信道信号比特率增加，则色散容忍度减小；光源啁啾系数增加，则色散容忍度减小。

注：啁啾即激光器输出光波长的跳变，是直接调制造成的，使输出光源频谱展宽。对光源采用间接调制，可降低光源的啁啾系数，从而降低光源的输出谱宽。

在长距离光传输中，为提高光中继传输距离，一般采用大功率光放大器，但注入光纤的有效面积上的光强度过大会使光纤产生非线性效应，而采用增大光纤有效面积的方法开发的大有效面积光纤（Large Effective Area Fiber，LEAF）可增加光纤的有效面积，大大减小光纤中单位面积上的光功率强度，使 LEAF 允许更大的光功率入射。光信号在更远的距离传输时才需要被放大，这样既增大了光中继段的传输距离，也降低了光纤的非线性效应对传输的影响。

5.4.3 偏振模色散补偿

在单模光纤传输中，光波的基模含有两个相互垂直的偏振态。理想光纤的几何尺寸是均匀的，且没有应力，因而光波在这两个相互垂直偏振态以完全相同的速率传播，在光纤的另一端没有任何时延。然而在实际的光纤中，由于光纤内部结构不对称或波导管外部压力等，两个相互垂直的偏振模以不同的速率传播，因而到达光纤另一端的时间也不同。这两个相互垂直的偏振模在单位长度中的时间差，就是偏振模色散（Polarization-Mode Dispersion，PMD），其单位为 ps/km。

PMD 和色度色散对系统性能具有相同的影响：引起脉冲展宽，从而限制传输速率。PMD 比色度色散小几个数量级，仅在高速数字系统的光传输中（40Gbit/s）才能起作用。

在数字系统中，当数据传输的速率较低或距离相对较短时，PMD 对单模光纤系统的影响微不足道。随着对带宽需求的增加，特别是在 40Gbit/s 的高速率系统中，PMD 开始成为限制系统性能的因素，因为它会引起脉冲展宽。40Gbit/s 信号的 PMD 容限同样被大大降低，因此对系统的 PMD 性能提出了更高的要求。但是 PMD 是一种动态效应，其补偿技术复杂，而且每个波长信道必须单独补偿，对 10Gbit/s 系统的色散限制距离约为 60km，和 10Gbit/s 系统相比，40Gbit/s 色散容限提高了 16 倍，约为 50ps/nm，这相当于 3km SMF 所引起的色散，随着光通道速率的提高，色散受限距离已经取代了功率受限距离，并成为主要限制因素之一，因此，40Gbit/s 传输采取合理的色散补偿是必要的。如基于光纤的色散补偿技术，可采用色散补偿光纤（Dispersion Compensating Fiber，DCF），而另一种简单直接的色散补偿方案是在线路放大器中插入无源的固定色散补偿模块（Dispersion Compensation Modul，DCM）。

PMD 容忍度与比特率成反比，也就是说，40Gbit/s 信号的 PMD 容忍度比 10Gbit/s 信号低。由于 PMD 产生的色散值较小，比色度色散小几个数量级，在合适的传输距离内，PMD 还不是限制 40Gbit/s 传输的主要因素。借助当今高水平的光纤技术和 RZ 调制技术，对于大部分光纤链路，PMD 影响对 40Gbit/s 传输距离的上限可达 2000km。

5.4.4　拉曼（Raman）放大器（低噪声放大器）

光信噪比（OSNR）即光信号功率与光噪声功率之比，对于 WDM 系统而言，低噪声放大器的采用是使传输距离变得更长的重要因素，因为单纯地提高发送光功率会引起光纤的非线性效应，使光信号频谱展宽，引起色散，难以达到传输目标距离的要求。

对于 EDFA，在对光信号放大时，由于较大的 ASE 背景光噪声的产生，在多级 EDFA 级联时，OSNR 下降幅度较大，限制了光放大中继段的数量。图 5-8 所示为 OSNR、ASE 和光放大的关系。

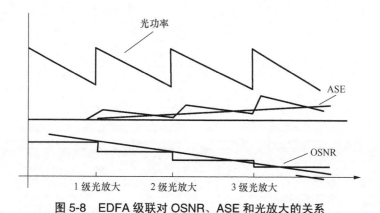

图 5-8　EDFA 级联对 OSNR、ASE 和光放大的关系

从图 5-8 中可看出，EDFA 在放大光信号的过程中，ASE 也被放大了。图 5-8 反映出光信号每经过一个光放大器，ASE 逐级增加，OSNR 逐级下降。

　　EDFA 产生的 ASE 背景光噪声会随光增益的增加而增加，因此 EDFA 光放大器的输出光功率不能太大。

　　拉曼放大器是一种低噪声放大器，在长距离的光传输中是一种很好的应用选择。

　　光纤拉曼放大器的优点有：增益介质为普通传输光纤，与光纤系统具有良好的兼容性；增益波长由泵浦光波长决定，不受其他因素的限制，理论上只要泵浦源的波长适当，就可以放大任意波长的信号光；增益高、串扰小、噪声指数低、频谱范围宽、温度稳定性好。

　　拉曼放大器工作的基本原理是受激拉曼散射（Stimulated Ramarr Scattering，SRS）效应，当波长较短（与信号波长相比）的泵浦光馈入光纤时，此类效应发生。拉曼增益取决于泵浦光功率、泵浦光波长和信号光波长之间的波长差值。泵浦光光子释放自身的能量，释放出基于信号光波长的光子，将其能量叠加在波长较长的信号光上，从而完成对信号光的放大。

　　SRS 是光纤中的一种非线性现象，它将一小部分入射光功率转移到频率比其低的斯托克斯波上；如果一个弱信号与一组强泵浦光波同时在光纤中传输，且弱信号波长置于泵浦光的拉曼增益带宽内，弱信号光波即可以得到放大。

　　采用拉曼放大器后，较低的信号光功率就可得到较高的 OSNR，减少光纤非线性效应的影响，从而保证在没有电再生设备的条件下，信号可以被传输至更远的距离。

第6章
PON 接入技术

6.1 PON 技术的概念

　　为了满足网络的灵活性，英国电信公司于 1987 年提出无源光纤网络（Passive Optical Network，PON），其属于一点到多点的传输网接入技术。它在接入段不包含任何有源器件，采用信号在光纤内全反射的模式传播信号，在用户接入端安装光电转换模块，将光信号转换为电信号进行接收。PON 技术经历了 APON 到 EPON、GPON 及 WDM PON 的发展历程。ITU-T 相继出台了 G.982 系列（窄带 PON）、G.983 系列（APON）及 G.984 系列（GPON）建议书，对 PON 技术的标准化起到了重要作用；IEEE 也在 PON 技术方面推出了 IEEE 802.3ah EPON 标准。

　　PON 系统由光分配网（Optical Distribution Network，ODN）、光线路终端（Optical Line Terminal，OLT）和光网络单元（Optical Network Unit，ONU）三部分组成。PON 系统的组成如图 6-1 所示。PON 技术上行用 TDMA 传播、下行用 TDM 传播，可根据实际情况选取拓扑，例如树形、星形或常见的总线形结构。在 ODN 部分，光纤及光分路器为无源器件，光分配网层包含的耦合器和分路器也是无源设备，这大大降低了运营及建设成本。

　　ONU 通过匹配信元头的地址来接收相对应的数据，这种广播模式可大量传输 IP 视频业务；对于数据的上行传播，由于 ODN 具有媒介共享特质，其可以通过 OLT 来控制和协调上行数据。ONU 设备若要共同分享传输通道的信息，需要采用 TDMA 的协议标准。ONU 设备可以通过向 OLT 汇报分组的缓冲长度，来获得相应规格的通信带宽。

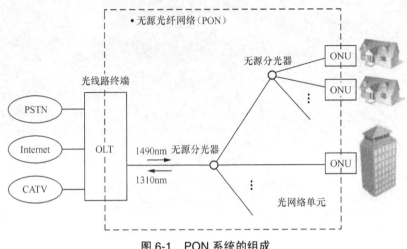

图 6-1　PON 系统的组成

6.2　PON 的网络组成

6.2.1　光线路终端

OLT 是 PON 系统中负责汇聚、收敛业务的核心设备,支持传统的 TDM 技术和 IP 业务。上行与传输数据网相连,下行则通过 ODN 与 ONU 设备相连。OLT 设备将信号按照相应的格式,通过传输线路向终端用户进行传输。同时,OLT 设备还将用户端接收到的信号按照业务类型进行分类,将信号分别送入相应的业务网中。OLT 具有对业务的控制功能及网管功能,可以实现针对设备的网元管理及业务的安全管理。同时它还可以对用户进行监测,并根据用户需求调整宽带。

6.2.2　光网络单元

在 PON 系统中,ONU 和 OLT 均为有源设备。ONU 是一个通过光纤将接收到的光信号转换为电信号的光电转换器,它可以为用户提供语音、宽带网络、流媒体或高清视频等多种业务。

6.2.3　无源光纤分路器

无源光纤分路器(Passive Optical Splitter, POS)简称分光器,是集中上行数据、分配下行数据的无源设备。分光器是无源设备,因此部署方案非常灵活,具有非常强的适应环境能力。为了节约光缆资源和 OLT 设备的端口资源,PON 系统通过光分路器对上行光缆按照一定的比例进行分配,工程中最常见的光分路器为 1:4、1:8、1:16、1:32 和 1:64。由于 OLT 光功率等限制,1:128 并不常见。运营商合理地利用光分路器可以极大地降低光缆投资和提高管道资源的利用率。

6.2.4　光分配网

ODN 是连接 OLT、分光器、ONU 的光纤网络。光缆连接的方式决定了网络上可以开通更多的业务，尤其是对网络要求高的业务或者是针对高端用户设计的高带宽业务。网络传输中的损耗降至最低，用户可以获得最佳的网络体验。

6.3　PON 的结构分类

PON 技术按照发展的历程与容量可以被分为 APON、EPON、GPON、10G EPON 4 个阶段，下面针对这 4 种分类做出具体介绍。

6.3.1　APON 技术原理及特点

APON 技术是基于 ATM 技术发展起来的。G.983 规定：APON 采用 TDM/TDMA 方式传输复用和多址接入，上行速率为 155Mbit/s，下行速率为 622Mbit/s。APON 总被误认为仅支持 ATM 业务，因此改名为 BPON。APON/BPON 系统光窗口上行 1310nm，下行 1550nm，常见分光比例为 1 : 32。

APON 传输数据时，长度固定，频率分为对称和非对称两种。其速率对称结构为 155Mbit/s，非对称结构上行速率为 155Mbit/s，下行速率为 622Mbit/s。因此光分路后最终能分配到用户的带宽是有限的。若按照 1 : 16 的分光比计算，单路分配的带宽仅为 39Mbit/s，若考虑 10 个用户来分享带宽，单用户可分配到的带宽还不到 4Mbit/s。由于 APON 的模式无法适应用户数量的迅猛增长，因此大规模商用受到制约。APON 在整个发展过程中并未实现大规模商用，因此国内各大运营商常部署的 PON 均基于 EPON 或 GPON。

6.3.2　EPON 技术原理及特点

随着网络技术的不断发展，科学技术的不断进步，以太网以其成熟的技术和较低的投资成本迅速发展壮大，成为了一个被广泛接受并认可的标准。以太网技术发展很快，传输速率从 10Mbit/s、100Mbit/s 发展到 1000Mbit/s、10Gbit/s、40Gbit/s 乃至 100Gbit/s，应用环境也从 LAN 向城域网（Metropolitan Area Network，MAN）、核心网发展。如果将以太网的优势与 PON 技术相结合，会带来新一轮的通信技术革命。因此，将以太网和 PON 传输模式相结合的 EPON 技术，成为通信技术机构的研究重点。

2000 年 11 月，IEEE 成立了"最后一公里"研究小组，其主要目的是深入研究

EPON 技术，制订 EPON 的技术标准。EPON 技术利用无源光纤、点到多点结构传输，提供了强大的 OAM 功能，将以太网与 PON 结合，用简单的方式实现以太网光纤接入。

在传统以太网基础上，EPON 增加了仿真子层和多点控制。EPON 具有良好的兼容性，实现了带宽平滑升级。以太网在 QoS 技术的支持下，具有语音及数据传输功能。

EPON 具有简单、经济的网络结构，摒弃了昂贵的 ATM 部件，极大地降低了建设成本，受到了运营商的广泛关注。EPON 可以通过光纤采集用户数据，也可以准确地发送信号给终端。EPON 在不同的层面上使用不同的核心技术，在物理层使用 PON 技术，在协议的第二层使用以太网技术。EPON 采用单纤双传，下行中心波长为 1510nm，上行中心波长为 1310nm，可以承载数据、语音和视频业务，还可以增加一个下行中心波长为 1550nm 用来承载 IP 视频。

OLT 利用光分路器，将以太网帧传送给每个 ONU。常见的光分路器为 1∶2、1∶4、1∶8、1∶16、1∶32 和 1∶64。每个以太网帧传送长度为 1518 字节。每个数据包带有一个独立的 EPON 包头，当数据包到达 ONU 时，ONU 通过独立的 MAC 地址收集与自己相关的数据来进行地址匹配。

EPON 采用时分多址，将上行传输分割成数个时隙，每个时隙具有特定的 ONU 信息，并以分组的方式向 OLT 发送信息，最后各个 ONU 按 OLT 规定的顺序依次发送信息。

EPON 由负责收敛、汇聚业务的 OLT 以及为用户传输业务的 ONU 及 ODN 组成。整个 ODN 结构中没有任何器件需要外接电源，所以它被称为"以太网无源光网络"。

EPON 具有如下优点：

① 减少了协议和封装成本，节省投资；

② 可根据需求动态分配带宽，上行传播用时分多址，下行传播用广播形式；

③ 传输距离可达 20km；

④ 减少主干光缆纤芯；

⑤ ODN 器件为无源器件，适应能力强，可大量节省建设和运营成本；

⑥ 一个 PON 口最多可以对接 64 个用户，具有较好的网络可扩展性和强大的网络覆盖能力。

6.3.3　GPON 技术原理及特点

为了规范 PON，全业务接入网（Full Service Access Network，FSAN）于 2001 年启用了 GPON 标准制定工作，ITU 于 2003 年批准了 GPON FSAN 标准 G.984。GPON 具有更高速率，并提供丰富的 OAM 功能和后期扩展功能。GPON 技术是一种由运营商驱动、按消费者需求设计的解决方案。

GPON 技术采用无源光器件连接 OLT 和远端 ONU，以实现透明传输和语音、视频业务传输。GPON 的优势在于低成本、易维护和易扩展，以较低价格实现高速接入，GPON

被广泛用于各种宽带接入系统中，具有高速率、全业务、高效率的特点，因此成为众人关注的焦点技术。

GPON 继承了 G.983 的优势，可以涵盖未来的电子商务、网络存储等业务类型，具有丰富的业务管理能力和很强的适应性。对于未来更高传输容量的升级，GPON 也可以进行平滑升级而不需要替换现网的设备。

GPON 技术具有高速、可远距离传输、伸缩性强、易于升级和具有强大的 OAM 等特点，因此成为 FTTx 的热点技术之一。

GPON 具有如下优点：

① 对称速率可达 2.448Gbit/s，可以更好地适应市场，可以灵活地配置上 / 下行速率；

② 传输距离可达 20km，可以适应大多数环境；

③ 通过 ATM 和 GFP 两种协议，可以承载不同类型的用户数据；

④ 为了便于运营商运行、维护、管理以及满足消费者的需求，GPON 通过嵌入式 OAM、物理层操作管理和维护（Physical Layer Operation Administration and Maintenance，PLOAM）、光网络终端（Optical Network Terminal，ONT）和控制接口来进行维护、管理和控制。GPON 实现了强大的 OAM 功能，增加了光网络单元管理控制接口（ONU Management and Control Interface，OMCI），增强了 OLT 对 ONU 的监控，实现了通过故障检测触发自动倒换或由管理者激活实现强制倒换的功能，为网络安全提供了保障。

6.3.4　10G EPON 技术原理及特点

10G EPON 技术具备大带宽、大分光比、与 EPON 兼容组网、网管统一、平滑升级等优势。10G EPON 与 EPON 一脉相承。

10G EPON 技术采用的系统组成与 GPON 是基本相同的，但需采用 10Gbit/s 速率的 OLT、ONU 和 ODN。

目前，10G EPON 有非对称 10G EPON 和对称 10G EPON 两种形式。非对称系统的下行速率达 10Gbit/s，而上行速率仍然是 1Gbit/s，这个主要是考虑了技术上的困难、用户的需求以及成本等方面，非对称被作为一个过渡阶段，将逐步转变为上 / 下行速率均为 10Gbit/s 的对称结构。

10G EPON 在系统结构上仍然延续 GPON 的典型拓扑结构。10G EPON 是 EPON 的平滑升级，10G EPON 不但能与 EPON 完全共用 ODN 系统，其 OLT 还能够直接与 EPON 的 ONU 互通。

6.3.5　10G EPON 参考结构和基本指标

1. EPON 参考结构和基本指标

10G EPON 是在 EPON 基础上发展而来的，因为之前的 EPON 设备已经实现大规模部署，所以 10G EPON 需要兼容 EPON 系统。EPON 系统基于点到多点的传输架构，参考结构如图 6-2 所示。

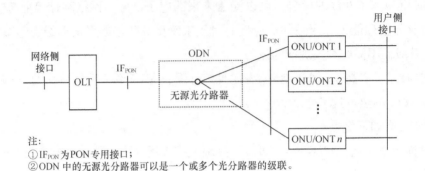

注：
①IF$_{PON}$ 为 PON 专用接口；
②ODN 中的无源光分路器可以是一个或多个光分路器的级联。

图 6-2　EPON 参考结构

点到多点的光纤传输具有如下特征：

① 在单模光纤上，速率为 1000Mbit/s，分路比为 1∶32，传输距离达 10km；

② 在单模光纤上，速率为 1000Mbit/s，分路比为 1∶16，传输距离达 20km；

③ 符合 ITU–T G.652 要求的单模光纤；

④ 上行应使用 1260 ～ 1360nm 波长；

⑤ 下行应使用 1480 ～ 1500nm 波长；

⑥ 使用 1540 ～ 1560nm 波长实现 CATV 业务（可选）。

2. EPON 协议栈结构及用途

EPON 协议栈的结构如图 6-3 所示。

① OAM 层：使用 OAM 协议数据单元，管理、测试和诊断已激活 OAM 功能的链路，并定义了 EPON 各种告警事件和控制处理。

② 多点 MAC 控制：使用多点控制协议（Multi–Point Control Protocol，MPCP）实现点对多点的 MAC 控制，在不同的 ONU 中分配上行资源，在网络中发现和注册 ONU，允许数据库管理员调度。

③ MAC：实现对媒体网关的控制。

④ 调和子层（Reconciliation Sublayer，RS）：为 EPON 扩展了字节定义，调和多种数据链路层能够使用统一的物理层接口。

⑤ 物理编码子层（Physical Coding Sublayer，PCS）：支持在点对多点物理介质中的突发模式并支持 FEC 算法。

⑥ FEC：使用二进制运算（例如 Galois 算法），附加一定的纠错码用于在接收端进行数据校验和纠错。

⑦ 物理媒质附加（Physical Medium Attachment，PMA）子层支持点对多点话占（Point to Multiple Point，P2MP）功能，实现 PMD 的扩展。

⑧ 物理媒质相关（Physical Medium Dependent，PMD）子层（使用 1000BASE-PX 接口），定义了 EPON 兼容器件的指标，实现 PMD 服务接口和 MDI 接口之间的数据收发功能。

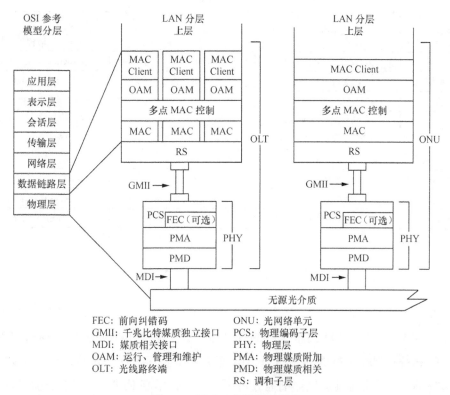

FEC：前向纠错码　　　　　　ONU：光网络单元
GMII：千兆比特媒质独立接口　PCS：物理编码子层
MDI：媒质相关接口　　　　　PHY：物理层
OAM：运行、管理和维护　　　PMA：物理媒质附加
OLT：光线路终端　　　　　　PMD：物理媒质相关
　　　　　　　　　　　　　　RS：调和子层

图 6-3　EPON 协议栈的结构

3. 10G EPON 标准

10G EPON 标准小组定义了以下两种 10G EPON 技术。

① 非对称：下行传输速率为 10Gbit/s，上行传输速率为 1Gbit/s；下行中心波长为 1577nm，上行中心波长为 1310nm。

② 对称：下行传输速率为 10Gbit/s，上行传输速率为 10Gbit/s；下行中心波长为 1577nm，上行中心波长为 1270nm。

10G EPON 波长选择下行中心波长为 1577nm 和上行中心波长为 1270nm，主要是因为 10G EPON 系统必须向下兼容现行 EPON 系统，因此 10G EPON 系统的传输波长必须与 EPON 系统的传输波长进行区分。

IEEE 802.3av 标准的核心点如下：

① 扩大 802.3ah（EPON）标准的上、下行带宽，速率达 10Gbit/s；

② 10G EPON 的兼容性，即 10G EPON 的 ONU 可以与 EPON 的 ONU 共存在一个 ODN 下。

4. 10G EPON 与 EPON 的技术对比

10G EPON 与 EPON 的技术对比见表 6-1。

表6-1　10G EPON与EPON的技术对比

项目	EPON	10G EPON	
		非对称	对称
速率	下行为1Gbit/s，上行为1Gbit/s	下行为10Gbit/s，上行为1Gbit/s	下行为10Gbit/s，上行为10Gbit/s
上行线路编码	8bit/10bit	8bit/10bit	64bit/66bit
分光比	1：16/32	1：16/32	1：16/32
波长	下行为1480～1500nm，上行为1260～1360nm	下行1575～1580nm，上行1260～1360nm	下行1575～1580nm，上行1260～1280nm
最大传输距离	20km	20km	20km
光功率预算	PX 10/20	PRX 10/20/30	PRX 10/20/30
技术难点	1G突发发送/接收	1G突发发送/接收	10G突发发送/接收
标准	IEEE 802.3ah	IEEE 802.3av	IEEE 802.3av

6.3.6　EPON、GPON、10G EPON 的应用场景

EPON 和 GPON 技术主要应用于光纤到户（Fiber To The Hoom，FTTH）场景，10G EPON 技术主要应用于光纤到楼（Fiber To The Building，FTTB）场景，通过升级原有 EPON 主控和替换 EPON PON 板，提升 OLT 覆盖用户容量及用户带宽，进一步做到"大容量、少局所"，下文通过案例详细地分析了 GPON 技术在 FTTH 应用中的优势以及 10G EPON 技术在 FTTB 应用中的优势。

假设 FTTH 具有以下场景：每 PON 口用户满覆盖，收敛比为 25%。

EPON 每 PON 口可覆盖用户 64 户，每 PON 口带宽 1250Mbit/s×0.72=900Mbit/s，户均带宽 =900Mbit/s/25%/64=56.25Mbit/s。

GPON 每 PON 口覆盖用户 128 户，每 PON 口带宽 2500Mbit/s×0.92=2300Mbit/s，户均带宽 =2300Mbit/s/25%/128=71.875Mbit/s；

通过以上对比可知，GPON 每 PON 口覆盖用户数大于 EPON 每 PON 口覆盖用户数，且户均带宽高于 EPON。

收敛比可按实际情况调整计算。

假设 FTTB 具有以下场景：采用 24 口 MDU 型设备进行 FTTB 建设，收敛比为 25%，分光比为 1：32。

起始计算如下。

① 用户带宽需求为 5Mbit/s，则每台 ONU 上行带宽 =5Mbit/s×24×25%=30Mbit/s，每 PON 口下行带宽 =30Mbit/s×32=960Mbit/s。5Mbit/s 带宽需求下，各技术对带宽、分光比

及覆盖用户的对比见表 6–2。

表6-2　5Mbit/s带宽需求下，各技术对带宽、分光比及覆盖用户的对比

	EPON	GPON	10G EPON
是否满足PON口下行带宽的要求	满足	满足	满足
满足带宽的最大分光比	1：32	1：64	1：256
每PON口覆盖用户	768户	1536户	6144户

② 用户带宽需求为 10Mbit/s，则每台 ONU 上行带宽 =10Mbit/s×24×25%=60Mbit/s，每 PON 口下行带宽 =60Mbit/s×32=1920Mbit/s。10Mbit/s 带宽需求下，各技术对带宽、分光比及覆盖用户的对比见表 6–3。

表6-3　10Mbit/s带宽需求下，各技术对带宽、分光比及覆盖用户的对比

	EPON	GPON	10G EPON
是否满足PON口下行带宽的要求	不满足	满足	满足
满足带宽的最大分光比		1：32	1：128
每PON口覆盖用户		768户	3072户

③ 用户带宽需求为 20Mbit/s，则每台 ONU 上行带宽 =20Mbit/s×24×25%=120Mbit/s，每 PON 口下行带宽 =120Mbit/s×32=3840Mbit/s。20Mbit/s 带宽需求下，各技术对带宽、分光比及覆盖用户的对比见表 6–4。

表6-4　20Mbit/s带宽需求下，各技术对带宽、分光比及覆盖用户的对比

	EPON	GPON	10G EPON
是否满足PON口下行带宽的要求	不满足	不满足	满足
满足带宽的最大分光比			1：64
每PON口覆盖用户			1536户

④ 用户带宽需求为 50Mbit/s，则每台 ONU 上行带宽 =50Mbit/s×24×25%=300Mbit/s，每 PON 口下行带宽 =300Mbit/s×32=9600Mbit/s。50Mbit/s 带宽需求下，各技术对带宽、分光比及覆盖用户的对比见表 6–5。

表6-5　50Mbit/s带宽需求下，各技术对带宽、分光比及覆盖用户的对比

	EPON	GPON	10G EPON
是否满足PON口下行带宽的要求	不满足	不满足	满足
满足带宽的最大分光比			1：32
每PON口覆盖用户			768户

由此可见，带宽速率从 10Mbit/s、20Mbit/s 提升到 100Mbit/s、200Mbit/s 甚至 500Mbit/s 的今天，EPON 与 GPON 已经不能够满足用户的需求。

6.4 OLT 设备及特点

6.4.1 OLT 设备定义

OLT 设备属于接入网的业务节点侧设备，通过业务节点接口（Service Node Interface，SNI）与相应的业务节点设备相连，完成接入网的业务接入。OLT 设备样本如图 6-4 所示。

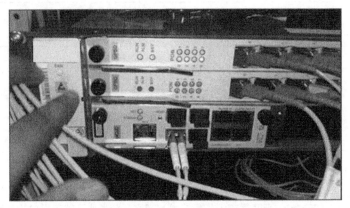

图 6-4　OLT 设备样本

OLT 设备主要完成 PON 的上行接入和经由 PON 口通过 ODN（光纤和无源分光器组成）和 ONU 设备相连，一般采用 1:32 或 1:64 组成整个 PON。一般 PON 口通过单根光纤和 ODN 相连，分光器采用 1:n(n=2、4、8、16、32、64……)，ONU 下行采用广播方式，ONU 设备选择性接收，ONU 上行采用共享方式。

OLT 实现以下功能：

① 与前端（汇聚层）交换机用网线相连，将电信号转化成光信号，用单根光纤与用户端的分光器互连；

② 实现对用户端设备 ONU 的控制、管理、测距等功能；

③ OLT 设备和 ONU 设备一样，也是光电一体的设备。

OLT 上连局端设备，如果光信号过强（有时因为距离短、光信号损耗小）需要加上衰减器；下连 ONU，并在两者之间接分光器。PON 承载语音、上网、IPTV 和数据专线等业务。OLT 连接示意如图 6-5 所示。

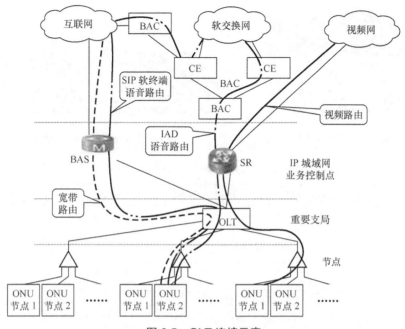

图 6-5　OLT 连接示意

6.4.2　OLT 设备分类

1. 华为 MA5680T 系列

SmartAX MA5680T/MA5683T/MA5608T 设备是华为推出的 GPON/EPON 一体化光接入产品。该设备如图 6-6、图 6-7、图 6-8 所示，主要参数见表 6-6。这一系列产品具有超高汇聚交换能力，3.2Tbit/s 背板容量、960Gbit/s 交换容量、512K MAC 地址容量，最大支持 44 路 10 GE 或 768 个 GE 接入。

图 6-6　SmartAX MA5680T 设备

图 6-7　SmartAX MA5683T 设备　　　　图 6-8　SmartAX MA5608T 设备

表6-6　华为MA5680T系列设备的主参数

参数	MA5680T(ETSI)	MA5680T(IEC)	MA5683T	MA5608T
背板总线交换容量	3.2Tbit/s		1.5Tbit/s (H801MABO) 2Tbit/s (H802MABO)	720Gbit/s
接入容量	128×10G EPON	112×10G EPON	48×10G EPON	16×10G EPON
	128×10G EPON	112×10G GPON	48×10G GPON	16×10G GPON
	256×EPON	224×EPON	96×EPON	32×EPON
	256×GPON	224×GPON	96×GPON	32×GPON
	768×P2P FE	672×P2P FE	288×P2P FE	96×P2P FE
	768×P2P GE	672×P2P GE	288×P2P GE	96×P2P GE
尺寸（毫米）（高×宽×深）不带挂耳	490×275.8×447.2	442×275.8×441.7	442×283.2×263.9	442×244.5×88.1
运行环境	-25℃～+55℃ 5%RH～95%RH		-40℃～+65℃ 5%RH～95%RH	
供电方式	直流供电-38.4V～-72V: 支持双电源保护			直流供电: -38.4V～-72V 交流供电: 100～240～ 支持双电源保护
GPON特性	8/16端口高性能GPON单板，支持Class B+/Class C+/Class C++SFP光模块			
EPON特性	8/16端口高密度EPON单板，支持PX20+/PX20+SFP光模块，支持Type B、Type D以及Type D双归属等PON线路保护			
P2P接入特性	业界最高密度的48端口P2P接入板，CSFP可插拔光模块支持基于端口和基于队列的流量整形，支持Ethernct OAM			
10G EPON	8端口高密度单板支持PRX30 XFP光模块与EPON共存，支持Type B、Type D以及Type D双归属等PON线路保护			
10G GPON	8端口高密度单板及SFP+可插拨光模块（N1）支持与GPON共存，支持Type B、Type C等PON线路保护			
系统特性	支持三层功能，支持MPLS，支持BITS/E1/STM-1/同步以太/IEEE 1588v2/1PPS+ToD等多种时钟/时间同步方式，5级QoS保证，满足多样化商业客户的SLA要求			

2. 中兴 ZXA10 C300

ZXA10 C300 是一款大容量、高密度的 *x*PON 汇聚接入平台，支持面向下一代网络的 HSI、VoIP、TDM、IPTV、CATV、移动 2G/3G、Wi-Fi 等全业务的接入汇聚和管理控制，并提供电信级的 QoS 和安全可靠性保障。ZXA10 C300 的硬件特性如图 6-9 所示，产品结构如图 6-10 所示。

产品架构	说明
机框结构	300mm 深 /10U 高（9U 板卡 +1U 风扇）
机框类型	ETSI：21 英寸 IEC：19 英寸
槽位数	23 个（21 英寸） 21 个（19 英寸）
机框配置	21 英寸：2 块主控交换板 +16 块 9U 线卡 +2 块 4.5U 上联卡 +2 块电源卡 +1 块时钟/环境监控通用接口板 19 英寸：2 块主控交换板 +14 块 9U 线卡 +2 块 4.5U 上联卡 +2 块电源卡 +1 块时钟/环境监控通用接口板
PON口密度和容量	8 EPON/GPON 线卡；2×10G EPON 线卡；整机支持 16×8=128 PON口 (21 英寸) 14×8=112 PON口 (19 英寸)

注：1英寸=2.54厘米。

图 6-9　ZXA10 C300 的硬件特性

■ 风扇插箱：高度 1U，3 组风扇

■ 主控交换板：高度 9U，2 块主备冗余

■ 上联卡：高度 4.5U，共 2 个槽位
-4 口 10GE 以太网板
-4 口千兆以太网光口板
-4 口千兆光电混合接口板
-4 口千兆 / 百兆以太网电口板
-4 口 10GE/GE 混合接口板

■ 线卡：高度 9U，最多 16 个槽位（21 英寸机框）
-8 口 EPON 板（PX20/PX20+/PX20++）
-8 口 GPON 板（CLASS B+/CLASS C+）
-16 口 P2P 板
-8 口 GE 光口板
-2 口非对称 10GEPON 板（PRX30）
-2 口对称 10GEPON 板（PR30）
- 光线路 CES 接口板（2 口 STM-1 或 1 口 STM-4）
-32 路 E1 平衡电路仿真板
-32 路 T1 平衡电路仿真板

■ 通用公共接口板：时钟、环境监控接口
- 时钟输入、1588、1PPS+TOD
- 环境监控
■ 电源板：高度 4.5U，2 块主备冗余
--48V
注：1英寸=2.54厘米。

图 6-10　ZXA10 C300 的产品结构

ZXA10 C300 的主要指标见表 6-7。

3. 华为 MA5800-X15

华为 OLT 系列产品融合了接入和汇聚功能，支持作为大容量汇聚设备实现对 ONT、

MDU 和园区交换机的统一汇聚，帮助简化网络架构，降低 OPEX。MA5800-X15 的连接示意如图 6-11 所示。

表6-7　ZXA10 C300的主要指标

指标	参考值
背板容量	6.4Tbit/s
交换性能	800Gbit/s
交换容量MAC	最大256k
槽位带宽	双向40Gbit/s，可平滑升级至双向160Gbit/s
GE上联能力	单板：4×GE GE光/电+GE光/电组合
10GE上联能力	单板：4×10GE、4×10GE/GE混合
TDM上联能力	单板：32×E1 或 2×STM-1 或 1×STM-4
PON容量	单板：8×PON或2×10G EPON/ 单框：128×PON或32×10G EPON
其他用户侧接口	单板：16×P2P或8×GE

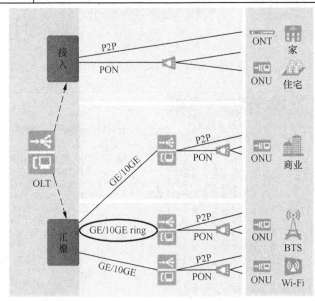

图 6-11　MA5800-X15 的连接示意

　　MA5800 是业界首个分布式架构的智能汇聚 OLT 平台，定位为面向 NG-PON 的下一代 OLT，支持 GPON、XG-PON、XGS-PON、EPON、10G EPON、P2P GE 和 10GE 的接入。MA5800 系列与传统系列的对比如图 6-12 所示。MA5800-X15 与 MA5800-X17 的相关参数如图 6-13 所示。

　　MA5800-X15 设备的主要特点如下。

　　① 多介质千兆汇聚：通过 PON/P2P 实现对光纤、铜线和电缆任意媒介的统一接入汇

聚,将多介质独立的接入网络演变为统一架构的接入网络,实现统一的接入、汇聚和管理,简化网络架构和运维。

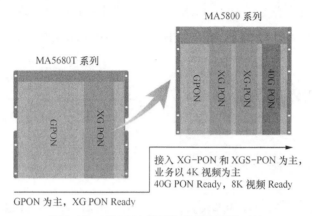

图 6-12　MA5800 系列与传统系列的对比

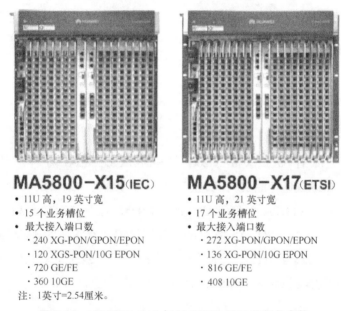

图 6-13　MA5800-X15 与 MA5800-X17 的相关参数

② 最佳 4K/8K 视频体验:单框 MA5800 可以满足 1.6 万户家庭同时在线畅享超高清 4K 视频的需要,并具备支持 8K 视频业务的能力;采用分布式缓存,具备更大的缓存和视频突发吸收能力,从而帮助 4K/8K 视频快速启动或频道切换;VMOS 视频监控可实现对 4K/8K 视频体验的智能感知和排障,带来最佳的网络运维体验和用户业务体验。

③ 多业务虚拟化平台:MA5800 具备智能化和虚拟化能力,能够对设备和网络资源进行逻辑分片,将一台 OLT 虚拟成多台 OLT,并将不同的虚拟 OLT 分配给不同的业务,如对家庭、企业、物联网等进行多业务的智能运营,从而帮助收编老旧 OLT、缩减局端机房(Central Office, CO)的数量、降低运营费用;虚拟化可以支持网络开放和批发,

实现多 ISP 共享接入网络，保证快速敏捷部署新业务，并提供更好的业务体验。

④ 分布式架构：MA5800 是业界首个分布式架构 OLT，单槽位可以支持 16 口 10G PON 无阻塞接入，可平滑演进支持 100G PON，无须更换主控板即可实现 MAC 和 IP 地址等转发能力的线性平滑扩容，充分保护客户已有的投资，并根据业务发展需要实现分步投资。

6.5 ONU 设备介绍

6.5.1 ONU 的基本概念

ONU 分为有源光网络单元和无源光网络单元。一般而言，装有包括光接收机、上行光发射机、多个桥接放大器网络监控的设备被称为 ONU。ONU 是 EPON 系统的用户侧设备，通过 PON 用于终结从 OLT 传送来的业务。与 OLT 配合，ONU 可向相连的用户提供各种宽带业务，如上网、VoIP、HDTV 等业务。ONU 作为 FTTx 应用的用户侧设备，是"铜缆时代"过渡到"光纤时代"所必备的高带宽、高性价比的终端设备。

6.5.2 ONU 设备简介

1. 华为 ONU 设备介绍

华为 ONU 设备有 SmartAX MA5620G 和 SmartAX MA5626G 两种，均属于 SmartAX MA562XG 系列。MA5620G 产品支持 FE 接口和 POTS 接口，MA5620G-24 带 24FE+24POTS、MA5620G-16 带 16FE+16POTS、MA5620G-8 带 8FE+8POTS。MA5626G 产品只支持 FE 接口，MA5626G-24 带 24FE、MA5626G-16 带 16FE、MA5626G-8 带 8FE。MA562XG 系列产品的大小有 442mm×245mm×43.6mm（不带挂耳）、482.6mm×245mm×43.6mm（带约 46.55 厘米挂耳）两种，实物如图 6-14、图 6-15 所示。

图 6-14　MA5620G-24 设备实物

图 6-15　MA5626G-24 设备实物

如图 6-16 所示，MA5620G 系列产品的语音和宽带信号在 ONU 处实现分离。ONU 内置 IAD 功能，该功能可以将用户侧的模拟语音信号转换成数字信号传输。ONU、家庭网关系列的工作原理如图 6-17 所示。

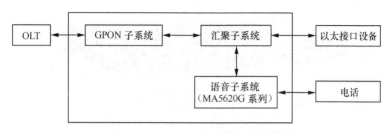

图 6-16　MA5620G 系列工作原理

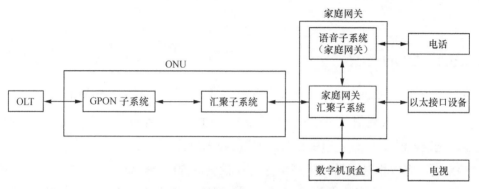

图 6-17　ONU、家庭网关系列的工作原理

从图 6-17 中可以看出，宽带、语音和 IPTV 数据在家庭网关处分离，家庭网关内置 IAD 功能，可以将用户侧的模拟语音信号转换成数字信号传输。ONU 在这只起到透传的作用，不分离、转换数据。

2. 中兴 ONU 设备介绍

中兴 ONU 设备有 ZXA10 F820 和 ZXA10 F822 两种。F820 支持 FE 接口和 POTS 接口，提供 2 个业务板卡插槽（槽位 1～2）、2 个上联板插槽（槽位 4～5）、1 个主控板（槽位 3），设备面板示意如图 6-18 所示。

业务板 1、2 可安装 8 路 FE 板卡或 8/16 路两种线卡；3 为主控板槽位，主控板可带 8 路 FE 口；4、5 为上联板，一般只需要用 1 个 F820，最多支

1	2	
3	4	5

图 6-18　ZXA10 F820 设备面板示意

持 24FE 或 8FE+32POTS。F820 可配置为 16FE+16POTS。F820 实物如图 6-19 所示。

F822 支持 FE 接口和 POTS 接口。F822/24-G 带 24FE+24POTS、F822/16-G 带 16FE+16POTS、F822/8-G 带 8FE+8POTS。F822 系列产品为固定配置，不能选配板卡，F822 实物如图 6-20 所示。

图 6-19 ZXA10 F820 实物

图 6-20 ZXA10 F822 实物

6.6 ODN 介绍

6.6.1 ODN 定义

ODN 是基于 PON 设备的 FTTH 光缆网络。ODN 的主要功能是为 OLT 与 ONU 之间提供光传输通道，完成光信号功率的分配。ODN 是由无源光器件（如光纤、光连接器、光衰减器、光耦合器和光波分复用器等）组成的纯无源的光分配网。

ODN 建设成本相对高昂，最高可达总体投资的 50% ～ 70%，是 FTTx 投资的重点，同时也是 FTTx 管理的难点。ODN 多采用 P2MP 拓扑，网络中的接续节点多，网络管理复杂。光纤比铜线敏感，更容易受损，因此高效地建设、运营和维护 ODN 是至关重要的，需要一套智能的、准确的管理解决方案，确保 ODN 得到充分利用。

6.6.2 ODN 的相关术语介绍

① 无源光纤网络：由光纤、光分路器、光连接器等无源光器件组成的点对多点的网络。

② 无源光纤网络系统：由 OLT、PON（或 ODN）、ONU 组成的信号传输系统，简称 PON 系统。根据采用的信号传输格式可被简称为 xPON，如 APON、BPON、EPON 和 GPON 等。

③ 光分配网：无源光纤网络的另一种称呼，由馈线光缆、光分路器、支线光缆组成的点对多点的光分配网络，简称 ODN。

④ 馈线：光分配网中从 OLT 侧紧靠 S/R 接口外侧到第一个分光器主光口入口连接器前的光纤链路。

⑤ 支线：光分配网中从第一级光分路器的支路口到光网络单元线路侧 R/S 接口间的光纤链路。采用多级分光时，其也包含除一级光分路器以外的其他光分路器。

⑥ 冷接子：一种通过机械方式快速实现裸光纤对接的光纤接续器件。

⑦ 光分路器：一种可以将一路光信号分成多路光信号以及完成相反过程的无源器件，简称 OBD（Optical Branching Device）。

⑧ 光分路箱（框）：专门为安装光分路器设计制作的箱体或机框，内部包含光纤熔接盘和光纤活动连接器等配件，具有一定的防尘功能。箱式可分成落地安装式和挂墙安装式，机框式可安装在 19 英寸（1 英寸 =2.54 厘米）的机架上。

⑨ A86 接线盒 /A86 面板：一种长和宽均为 86mm 的通用墙式出线装置，由接线盒和面板组成。

⑩ 综合信息箱：安装在最终用户处，具有电话、数据、有线电视等网络综合接线功能的有源信息分配箱。

⑪ 用户光缆终端盒：提供光缆到户用作终端的光纤保护盒，通常装有光接插件。

⑫ 入户光缆：引入用户建筑物内的光缆。

⑬ 皮线光缆：一种采用小弯曲半径的光纤，具有低烟、无卤、阻燃特性外护套的非金属光缆，适用于室内暗管、线槽、钉固等敷设方式。

⑭ 自承式皮线光缆：由皮线光缆和一根平行金属加强吊线组成的"8"字形自承光缆，适用于通过架空、挂墙方式引入室内的光缆。

⑮ L 形机械快接式光纤插座：具有快速光纤机械接续功能，适合安装在 A86 接线盒内的插座。

6.6.3　ODN 的基本结构

FTTH 系统由 OLT、ONU 和 ODN 3 个部分组成。ODN 是 OLT 和 ONU 之间提供光传输的物理通道，通常由光交接 / 配线设备、光纤光缆、光连接器、光分路器以及连接这些器件的配套设备组成。FTTH 场景下 ODN 的网络基本结构示意如图 6-21、图 6-22 所示。

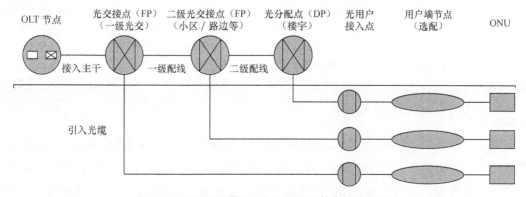

图 6-21　FTTH 场景下 ODN 的网络基本结构示意 1

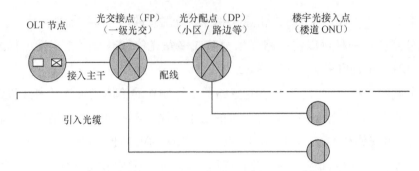

图 6-22　FTTH 场景下 ODN 的网络基本结构示意 2

6.6.4　FTT*x* 的结构模式

根据用户数量和带宽需求、管道资源、设备配置以及节点操作、维护、费用等，用户可以选择点对点（Peer to Peer，P2P）的方式，或基于 PON 技术采用点对多点（Point to Multi-Point，P2MP）的方式，也可以适当地采用 DSL+ 以太网接入技术在节点进行不同配置。FTTH 结构模式主要采用基于 PON 的 P2MP 技术，FTT*x* 的几种结构如图 6-23 所示。

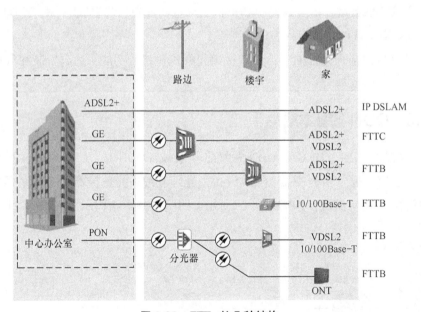

图 6-23　FTT*x* 的几种结构

6.6.5　ODN 的规划原则

从 ODN 的网络建设需求来看，网络的规划需遵循以下原则：经济性、灵活性、可靠性、易实施性、易管理性。而分光器也存在着相应的部署原则，如分光器的安装位置要求等。原则上，光交接点（FP、fp）均应设置分光器；分光器根据其不同型号、不同分光比可灵活设置在 FP［室内光纤配线架（Optical Distribution Frame，ODF）/室外光交］、fp（二级光交）、光分配点（Distribution Point，DP）楼道壁挂箱等处。

对于新建和现有一、二类地区，ODN 组网应尽量采用一级分光方式，集中放置并尽可能靠近用户。

① 对于 FTTB，分光器可集中设于光交接点。

② 对于新增的集中 FTTH 用户，建议新建二级光交接点，并新设置分光器。

③ 对于采用 FTTH 改造现有区域，当 FTTH 用户数超过规划用户数，且原配线光缆不能满足需求时，应优先考虑将分光器下移至光分配点。

对于三类地区，PON 的 ODN 组网可根据光缆路由、管道、村落的分布等实际情况，主要通过一级分光器，被设置在乡镇局端或重要的主干光缆节点。当现有主干光缆纤芯紧张时，可采用逐级分光（不超过三级），分光器放在接头盒、机柜或机房内，分路器与光缆应采用直熔方式以减少损耗。

在 FTTB 向 FTTH 过渡的时期，各 ONU 的带宽应得到合理计算和配置，同时我们应控制该分光器对应 PON 口的用户数量，以保证用户带宽。

在设计时，我们应根据用户的分布密度及分布形式，选择最优化的光分路器组合方式和合适的安装位置；当采用 EPON 时，一级和二级光分路器的分路比乘积不应大于系统允许的总分路比。

1. 分光器容量（按需配给）

① 在 FTTH 建设初期，光交接区内的光纤到户的需求主要来自分散的政企用户，可采用一级分光结构，分光器集中安装在 FP 的光分配网络，光分路器可按照所在光节点覆盖范围内全部用户数的 20% ~ 30% 配置，并预留至少一个分光器的安装位置，便于今后扩容。

② 在 FTTH 建设中后期，光纤到户的需求来自集中的家庭用户，对于有明确需求的住宅小区、高层建筑、别墅区等，如对光纤到户的需求达系统容量的 60% 以上的区域，分光器可以一次性配足。

③ 对于高档宾馆、学生公寓等，应根据用户需要，可采用光纤到客房、光纤到桌面的方式，光分路器应一次配足。

2. 光分配点（DP）的部署原则

（1）DP 的作用

DP 位于配线层，作为配线光缆和引入光缆之间的调度衔接点的光节点。

（2）DP 的设置

① 原则上应考虑周边管线资源、地理位置、安全保障能力等因素，紧密结合当地城市建设规划，使其尽量靠近用户。

② DP 应采取就近覆盖原则，可设置在接入网机房、住宅小区电信间、高层楼宇进线间和室外二级光交接箱内。

③ 在人口与房屋密集的市区，办公写字楼、商业楼、宾馆和高层住宅等均应单独设

置 DP。

（3）DP 的网络结构

① DP 可采用环形、星／树形的网络结构组网。

② DP 可灵活采用多个 DP 与单 FP/fp 组网，或多个 DP 通过双 FP/fp 组网的拓扑结构。

（4）DP 的覆盖范围

① DP 的覆盖半径：在一类区域，建议 DP 的覆盖半径为 50～150m；在二类区域，建议 DP 的覆盖半径为 100～300m；在三类区域，以自然村划定 DP 的覆盖面积。

② DP 覆盖大客户的用户数：在一类区域，DP 的覆盖用户在 12 户以内；在二类区域，DP 的覆盖用户为 12～32 户；在三类区域，DP 的覆盖用户为自然村住户数。

（5）DP 容量

① 上行光缆芯数（配线光缆）+ 下行光缆芯数（引入光缆）+30% 冗余 = DP 的容量。

② 下行光缆芯数应重点考虑小区 FTTH、大用户、视频监控、WLAN 热点等业务的用户数。各业务的纤芯需求 $=(A \times \alpha \times \gamma +$ 现有用户$) \times$ 单用户纤芯占用数。其中，A 为市场调查的潜在用户数，α 为渗透率，γ 为用户数量调整。

③ 上行光缆芯数 =（下行光缆 × 收敛比）并向上取整为 12 的整数倍。

④ 收敛比：对 PON、DP 不设分光器时，配线光缆与用户的收敛比为 1：1；设置分光器时，收敛比为分光器的分光比；租纤用户收敛比为 1：1。

3. 引入光缆的部署原则

引入光缆是指从 DP 出发，末端终结于一个或多个用户终端设施（如光终端盒、用户接入点、ONU 等）的通信光缆线路。

引入光缆的建设包括以下内容。

① 引入光缆的建设可分为垂直布线光缆建设和水平布线光缆建设。

② 垂直布线光缆在弱电竖井内采用电缆桥架或走线槽的方式敷设，没有竖井可采用预埋暗管或明管方式敷设。

③ 水平布线光缆可采用预埋暗管或明管方式敷设。

④ 水平布线光缆按用户的实装情况布放，原则上同一楼层用户数少于 12 户的，可多个楼层共用 DP，并由 DP 布放皮线光缆至用户处；同一楼层用户数大于 12 户的，如光纤到桌面（Fiber To The Desktop，FTTD），应考虑在楼层内增设 DP 分纤盒收敛皮线光缆。

对于酒店、政府和大型商业楼宇及办公楼等有光纤到桌面用户需求的，应考虑采用直配方式布放垂直系统部分的引入光缆，直接从 fp 布放较大容量光缆至该楼层或部门的 DP，然后由皮线光缆布放到各用户处。引入光缆的结构可采用星形、树形或不递减光缆结构。

引入光缆的容量包括以下内容。

① 垂直布线光缆根据楼内用户数确定配纤芯数，采用24～96芯光缆一次性配置到位。

② 水平布线光缆按用户的实装情况布放，原则上对于住宅用户和一般企业用户，一

户配一芯光纤；对于学校、医院和政府大型商业楼宇用户，应考虑提供保护，并根据不同情况选择不同的保护方式。

4. 活动连接器部署原则

① 由于受系统光功率预算的限制，设计中应尽量减少活动连接器的使用数量。

② 在光纤链路中插入光分路器后，查找故障点比较困难。为了便于光缆线路的维护和测试，光分路器引出纤与光缆的连接宜采用光活动连接器。

③ 活动连接器的型号应一致。当采用单纤两波方式时，可采用 LC-PC 或 UPC 型，原则上不采用 APC 型的活动连接器。

④ 在用户光缆终端盒中，光适配器宜采用 SC 型，光适配器应向下倾斜 45°，并带保护盖。面板应有警示标志提醒操作人员和用户保护眼睛。

6.7　PON 设备调试

PON 设备的调试需要用到的工具有光源、光功率计、红光笔、网线、串口线、计算机、设备端线等。

PON 设备的升级一般分为本地升级和远程升级：本地升级就是将自己的笔记本电脑或计算机作为服务器，与设备连接，对设备进行升级的过程；远程升级就是与远程服务器建立联系，下载服务器上的版本，对设备进行升级的过程。

首先建立笔记本电脑或计算机与设备之间的通信联系，利用网线连接计算机与被调试设备。设置计算机的 IP 地址，必须保证计算机与设备在同一网段。

打开本地升级相关软件的 wftp 登录界面如图 6-24 所示。

图 6-24　wftp 登录界面

设置本地文件所在的目录，新建本地服务器，设置用户名和密码，具体如图 6-25 所示。

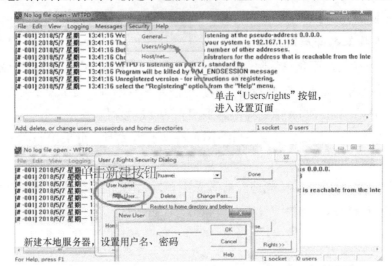

图 6-25　设置用户名和密码

指定版本文件所在的根目录，最后单击执行"Done"按钮即可，用户名、密码设置完成，如图 6-26 所示。

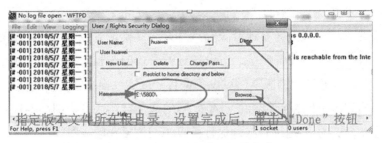

图 6-26　用户名、密码设置完成

打开本地 SecureCRT 软件，单击"连接"按钮，协议选 Telnet，主机名为设备登录本地 IP，界面如图 6-27 所示。

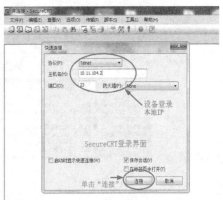

图 6-27　配置 SecureCRT 软件

单击"连接"按钮，输入用户名和密码，最终进入被调测设备，如图 6-28 所示。

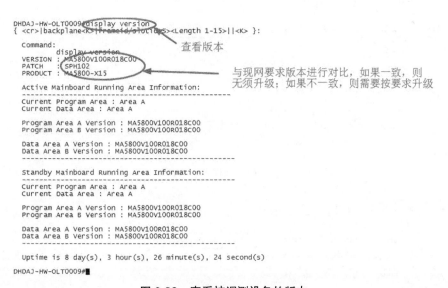

```
Warning: Telnet is not a secure protocol, and it is recommended to use Stelnet.
>User name:root
>User password:
Huawei Integrated Access Software (MA5800).
Copyright(C) Huawei Technologies Co., Ltd. 2002-2017. All rights reserved.
-----------------------------------------------------------------------
User last login information:
-----------------------------------------------------------------------
Access Type : Telnet
IP-Address  : 132.232.243.18
Login  Time : 2000-01-14 16:05:57+08:00
Logout Time : 2000-01-14 16:10:56+08:00
-----------------------------------------------------------------------
All user fail login information:
-----------------------------------------------------------------------
Access Type IP-Address            Time                    Login Times
-----------------------------------------------------------------------
Telnet      132.232.243.18        2000-01-14 15:42:28+08:00         3
-----------------------------------------------------------------------
DHDAJ-HW-OLT0009>
  Warning: Using the default user password is not recommended. Please change the password.

DHDAJ-HW-OLT0009>enable

DHDAJ-HW-OLT0009#
```

输入用户名、密码

图 6-28　登录被调测设备

首先查看被调测设备的版本，如图 6-29 所示。如果与现网版本及补丁版本一致，则无须升级。

```
DHDAJ-HW-OLT0009#display version
{ <cr>|backplane<K>|frameid/slotid<S><Length 1-15>||<K> }:

  Command:
        display version
  VERSION : MA5800V100R018C00
  PATCH   : SPH102
  PRODUCT : MA5800-X15

Active Mainboard Running Area Information:
-----------------------------------------------------------
Current Program Area : Area A
Current Data Area : Area A

Program Area A Version : MA5800V100R018C00
Program Area B Version : MA5800V100R018C00

Data Area A Version : MA5800V100R018C00
Data Area B Version : MA5800V100R018C00
-----------------------------------------------------------
Standby Mainboard Running Area Information:
-----------------------------------------------------------
Current Program Area : Area A
Current Data Area : Area A

Program Area A Version : MA5800V100R018C00
Program Area B Version : MA5800V100R018C00

Data Area A Version : MA5800V100R018C00
Data Area B Version : MA5800V100R018C00
-----------------------------------------------------------
Uptime is 8 day(s), 3 hour(s), 26 minute(s), 24 second(s)

DHDAJ-HW-OLT0009#
```

查看版本

与现网要求版本进行对比，如果一致，则无须升级；如果不一致，则需要按要求升级

图 6-29　查看被调测设备的版本

如低于现网版本，则参考升级版本。

基础数据配置部分内容如下。

首先登录被调测设备，在（config）# 模式下配置数据，如图 6-30 所示。

图 6-30　进入（config）# 模式

需要分别创建 DBA 模板、流量模板、线路模板（以 1 条命令为例）。DBA 模板的建立如图 6-31 所示。

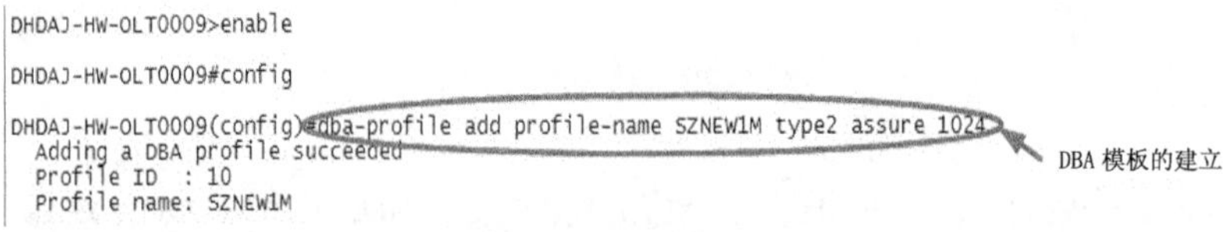

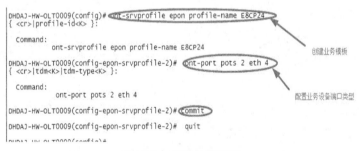

图 6-31　DBA 模板的建立

创建业务模板（以 1 条命令为例）如图 6-32 所示。

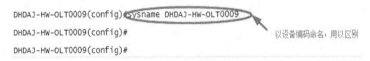

图 6-32　创建业务模板

对设备编码命名，如图 6-33 所示。

图 6-33　设备编码命名

配置 snmp 参数如图 6-34 所示。

根据实际需要添加相应类型的板卡，如图 6-35 所示。

查看板卡如图 6-36 所示。

确认板卡状态，直至板卡处于正常状态，如图 6-37 所示。

```
DHDAJ-HW-OLT0009(config)#

DHDAJ-HW-OLT0009(config)#

DHDAJ-HW-OLT0009(config)#

DHDAJ-HW-OLT0009(config)#snmp-profile add profile-id 1 v1 szxxjw szxxjw!@# 172.19.2.7 162 szxxjw
```

添加snmp-profile,对B/C类下发snmp参数

图 6-34　配置 snmp 参数

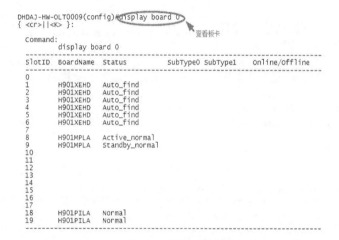

```
DHDAJ-HW-OLT0009(config)#board add 0/1 H901XEHD
  0 frame 1 slot board added successfully

DHDAJ-HW-OLT0009(config)#
  1 [2000-10-20 08:25:30+08:00]:
  A board auto disappear,FrameID:0,SlotID:1,Board_name:H901XEHD

DHDAJ-HW-OLT0009(config)#
```

根据实际需要添加相应槽位下的板卡型号

图 6-35　添加板卡类型

```
DHDAJ-HW-OLT0009(config)#display board 0
{ <cr>||<K> }:

    Command:
          display board 0
    ----------------------------------------------------------------
    SlotID  BoardName  Status      SubType0 SubType1   Online/Offline
    ----------------------------------------------------------------
    0
    1       H901XEHD   Auto_find
    2       H901XEHD   Auto_find
    3       H901XEHD   Auto_find
    4       H901XEHD   Auto_find
    5       H901XEHD   Auto_find
    6       H901XEHD   Auto_find
    7
    8       H901MPLA   Active_normal
    9       H901MPLA   Standby_normal
    10
    11
    12
    13
    14
    15
    16
    17
    18      H901PILA   Normal
    19      H901PILA   Normal
    ----------------------------------------------------------------
```

查看板卡

图 6-36　查看板卡

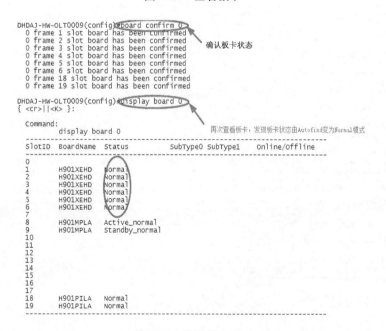

```
DHDAJ-HW-OLT0009(config)#board confirm 0
  0 frame 1 slot board has been confirmed
  0 frame 2 slot board has been confirmed
  0 frame 3 slot board has been confirmed
  0 frame 4 slot board has been confirmed
  0 frame 5 slot board has been confirmed
  0 frame 6 slot board has been confirmed
  0 frame 18 slot board has been confirmed
  0 frame 19 slot board has been confirmed

DHDAJ-HW-OLT0009(config)#display board 0
{ <cr>||<K> }:

    Command:
          display board 0
    ----------------------------------------------------------------
    SlotID  BoardName  Status      SubType0 SubType1   Online/Offline
    ----------------------------------------------------------------
    0
    1       H901XEHD   Normal
    2       H901XEHD   Normal
    3       H901XEHD   Normal
    4       H901XEHD   Normal
    5       H901XEHD   Normal
    6       H901XEHD   Normal
    7
    8       H901MPLA   Active_normal
    9       H901MPLA   Standby_normal
    10
    11
    12
    13
    14
    15
    16
    17
    18      H901PILA   Normal
    19      H901PILA   Normal
    ----------------------------------------------------------------
```

确认板卡状态

再次查看板卡,发现板卡状态由Autofind变为Normal模式

图 6-37　确认板卡状态

配置网管参数，如图 6-38 所示。

```
DHDAJ-HW-OLT0009(config)#undo system snmp-user password security
  warning: Does not recommend to disable complexity check. A simple community name may result in security threats.

DHDAJ-HW-OLT0009(config)#

DHDAJ-HW-OLT0009(config)#snmp-agent community read szxxjw
{ <cr>|access-tag<K>|mib-view<K> }:

  Command:
        snmp-agent community read szxxjw                          配置网管参数（部分）

DHDAJ-HW-OLT0009(config)# snmp-agent community write szxxjw!@#
{ <cr>|access-tag<K>|mib-view<K> }:

  Command:
        snmp-agent community write szxxjw!@#
```

图 6-38 配置网管参数

建立相关 VLAN 及其透传与上联主控板卡，如图 6-39 所示。

图 6-39 VLAN 上联主控板卡

配置 49VLAN 下的第一地址、47VLAN 下的第二地址，如图 6-40 所示。

```
DHDAJ-HW-OLT0009(config)#interface vlanif49

DHDAJ-HW-OLT0009(config-if-vlanif49)# ip address 9.42.11.62 255.255.255.252
{ <cr>|description<K>|sub<K> }:

  Command:
      ip address 9.42.11.62 255.255.255.252          配置第一路由IP地址
  Failure: The address already exists.

DHDAJ-HW-OLT0009(config-if-vlanif49)#quit

DHDAJ-HW-OLT0009(config)#

DHDAJ-HW-OLT0009(config)#ip route-static 0.0.0.0 0.0.0.0 9.42.11.61
{ <cr>|bfd<K>|description<K>|inherit-cost<K>|permanent<K>|preference<K>|tag<K>|track<K> }:

  Command:
        ip route-static 0.0.0.0 0.0.0.0 9.42.11.61

DHDAJ-HW-OLT0009(config)#interface vlanif47

DHDAJ-HW-OLT0009(config-if-vlanif47)# ip address 19.42.11.62 255.255.255.252
{ <cr>|description<K>|sub<K> }:

  Command:
        ip address 19.42.11.62 255.255.255.252        配置第二路由IP地址

DHDAJ-HW-OLT0009(config-if-vlanif47)#quit

DHDAJ-HW-OLT0009(config)#ip route-static 0.0.0.0 0.0.0.0 19.42.11.61
{ <cr>|bfd<K>|description<K>|inherit-cost<K>|permanent<K>|preference<K>|tag<K>|track<K> }:

  Command:
        ip route-static 0.0.0.0 0.0.0.0 19.42.11.61
```

图 6-40　配置路由地址

上行链路配置聚合如图 6-41 所示。

```
DHDAJ-HW-OLT0009(config)#link-aggregation 0/8 0 egress-ingress workmode lacp-static

DHDAJ-HW-OLT0009(config)# link-aggregation add-member 0/8/0 0/9 0
{ <cr>|frameid/slotid<S><Length 3-15> }:        上行链路配置聚合，启用lacp(MA5800主控做上行，聚合口填写主控实际槽即可)

  Command:
        link-aggregation add-member 0/8/0 0/9 0

DHDAJ-HW-OLT0009(config)#lacp timeout slow
```

图 6-41　上行链路配置聚合

特别说明：汇聚交换机的出现大大减少了端口的使用量，提高了业务的利用率，维护方便，而有的 OLT 设备并不是上挂汇聚交换机，而是直接连接在 BASE 或 SR 上，需要配置 4 条链路（宽带 2 条、IPTV 1 条、语音 1 条），根据要求可能会设置 4 条 IP 地址分别管理。

以 0/1 槽为例，打开 PON 口自动发现使能模式，如图 6-42 所示。

```
DHDAJ-HW-OLT0009(config)#interface epon 0/1
                                            对第1槽位所有PON口打开自动发现使能模式，便于自动发现PON口下ONU设备
DHDAJ-HW-OLT0009(config-if-epon-0/1)# port 0 ont-auto-find enable   其他业务槽位依此类推

DHDAJ-HW-OLT0009(config-if-epon-0/1)#port 1 ont-auto-find enable

DHDAJ-HW-OLT0009(config-if-epon-0/1)#port 2 ont-auto-find enable

DHDAJ-HW-OLT0009(config-if-epon-0/1)#port 3 ont-auto-find enable

DHDAJ-HW-OLT0009(config-if-epon-0/1)#port 4 ont-auto-find enable

DHDAJ-HW-OLT0009(config-if-epon-0/1)#port 5 ont-auto-find enable

DHDAJ-HW-OLT0009(config-if-epon-0/1)#port 6 ont-auto-find enable

DHDAJ-HW-OLT0009(config-if-epon-0/1)#port 7 ont-auto-find enable

DHDAJ-HW-OLT0009(config-if-epon-0/1)#quit
```

图 6-42　0/1 槽自动发现使能模式

对 0/1 槽位端口进行 VLAN 配置，如图 6-43 所示。

```
vlan 1521 epon 0/1/0 ont all multi-service user-vlan 6 to 20 tag-transform default
vlan 1521 epon 0/1/0 ont all multi-service user-vlan 1001 to 1256 tag-transform default
vlan 1522 epon 0/1/1 ont all multi-service user-vlan 6 to 20 tag-transform default
vlan 1522 epon 0/1/1 ont all multi-service user-vlan 1001 to 1256 tag-transform default
vlan 1523 epon 0/1/2 ont all multi-service user-vlan 6 to 20 tag-transform default
vlan 1523 epon 0/1/2 ont all multi-service user-vlan 1001 to 1256 tag-transform default
vlan 1524 epon 0/1/3 ont all multi-service user-vlan 6 to 20 tag-transform default
vlan 1524 epon 0/1/3 ont all multi-service user-vlan 1001 to 1256 tag-transform default
vlan 1525 epon 0/1/4 ont all multi-service user-vlan 6 to 20 tag-transform default
vlan 1525 epon 0/1/4 ont all multi-service user-vlan 1001 to 1256 tag-transform default
vlan 1526 epon 0/1/5 ont all multi-service user-vlan 6 to 20 tag-transform default
vlan 1526 epon 0/1/5 ont all multi-service user-vlan 1001 to 1256 tag-transform default
vlan 1527 epon 0/1/6 ont all multi-service user-vlan 6 to 20 tag-transform default
vlan 1527 epon 0/1/6 ont all multi-service user-vlan 1001 to 1256 tag-transform default
vlan 1528 epon 0/1/7 ont all multi-service user-vlan 6 to 20 tag-transform default
vlan 1528 epon 0/1/7 ont all multi-service user-vlan 1001 to 1256 tag-transform default
```

对 0/1 槽位所有端口进行 VLAN 分配

图 6-43　VLAN 配置

配置组播数据如图 6-44 所示。

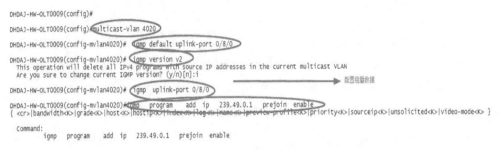

```
DHDAJ-HW-OLT0009(config)#
DHDAJ-HW-OLT0009(config)#multicast-vlan 4020
DHDAJ-HW-OLT0009(config-mvlan4020)# igmp default uplink-port 0/8/0
DHDAJ-HW-OLT0009(config-mvlan4020)# igmp version v2
  This operation will delete all IPV4 programs with source IP addresses in the current multicast VLAN
  Are you sure to change current IGMP version? (y/n)[n]:i
DHDAJ-HW-OLT0009(config-mvlan4020)# igmp  uplink-port 0/8/0                    配置组播数据
DHDAJ-HW-OLT0009(config-mvlan4020)#igmp  program  add ip  239.49.0.1  prejoin  enable
{ <cr>|bandwidth<K>|grade<K>|host<K>|hostip<K>|index<K>|log<K>|name<K>|preview-profile<K>|priority<K>|sourceip<K>|unsolicited<K>|video-mode<K> }

  Command:
        igmp  program  add  ip  239.49.0.1  prejoin  enable
```

图 6-44　配置组播数据

A 类设备注册举例如图 6-45 所示。

```
interface epon 0/1

  port 0 ont-auto-find enable

  ont add 45 0123456789ABCDEF always-on oam ont-lineprofile-id 150  ont-srvprofile-id 100 desc ONT_NO_DESCRIPTION

  ont port native-vlan 4 5 eth 1 vlan 1006

  ont port native-vlan 4 5 eth 2 vlan  43

  ont port native-vlan 4 5 eth 3 vlan 1006              A 类注册举例

  ont port native-vlan 4 5 eth 4 vlan 1006

  quit

  service-port 504 vlan 43 epon 0/1/4 ont 5 multi-service user-vlan 43

  tag-transform translate

  btv

  igmp user add service-port 504 no-auth quickleave immediate

  multicast-vlan 4020

  igmp multicast-vlan member service-port-list 504
```

图 6-45　A 类设备注册

B/C 类设备注册举例如图 6-46 所示。

调测完成后，利用机顶盒、电视盒子、笔记本电脑完成现场业务的测试。测试用上网账号、密码登入互联网，检查上联链路，网络正常则说明所有路由正常。

interface epon 0/5

ont add 2 53 password-auth 12E875B80CD848E4 always-on snmp ont-lineprofile-id
78 desc ONU-B-63061798

　ont snmp-profile 2 53 profile-id 1

　ont ipconfig 2 53 ip-address 172.202.143.108 mask 255.255.255.240 gateway

172.202.143.97 manage-vlan 6 priority 0 ───►B/C类设备注册举例

quit

service-port vlan 4051 epon 0/1/0 ont all multi-service user-vlan 4051 //语音业务都
是单层 vlan，范围 4051～4060

service-port vlan 43 epon 0/5/2 ont 53 multi-service user-vlan 43

tag-transform translate

btv

igmp cascade-port 0/5/2 ontid 53 quickleave enable

quit

图 6-46　B/C 类设备注册

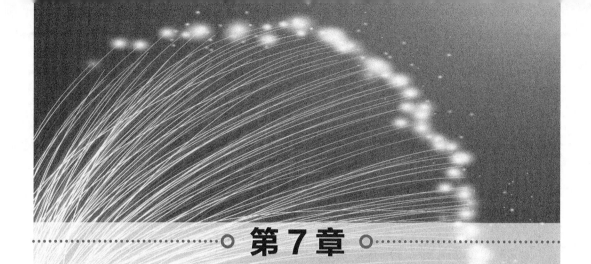

第7章
光传输网设备安装

光传输网设备是通信网中的核心设备，是通信网中常见的基础设施。本章将简略描述安装光传输设备的操作步骤、技术要点和安全注意事项，重点描述设备安装的环境要求、机房布置、硬件安装和危险点分析及预控措施等。

7.1 安全隐患及预控措施

本施工作业中存在的重要安全隐患及预控措施见表7-1。

表7-1 重要安全隐患及预控措施

重要安全隐患	可能造成的伤害	应采取的控制措施
违章高处、高空作业坠落	造成人员伤亡	高处作业时按规定使用安全帽、保险带等劳保用品，不违章操作
带电、涉电作业时工具防护缺陷或违章操作	造成触电或通信事故	涉电作业时，必须对工具、材料做好绝缘处理，持证上岗，按规操作
车辆故障行驶或违章行驶	引发人员伤亡	行车时应遵守道路交通安全法
设备安装违章操作	造成人员伤亡或者设备损坏	按规操作、文明施工，加强规范培训
梯子损坏，违章使用	造成人员伤亡或者设备损坏	定期检查，严格按《施工现场安全生产行为规范》要求配备、使用梯子

7.2 施工前的准备

7.2.1 施工前机房应具备的条件

施工前机房应具备如下条件:

① 机房内装修已全部完工;

② 机房已引入市电,机房照明系统能正常运作;

③ 暖气、空调等设施已安装完毕并能正常使用,机房内温、湿度达到设备运行条件;

④ 机房建筑的防雷接地、保护接地、工作接地及引线已经完工并验收合格,接地电阻必须符合工程设计文件要求;

⑤ 机房内监控及消防系统能正常使用;

⑥ 机架、子架/框、加固件及影响布线、接线的机盘必须完备,且规格型号需符合工程设计文件要求,外观无破损;

⑦ 电缆槽道或电缆走道等铁件必须完备,且规格程式符合工程设计文件要求;

⑧ 射频同轴电缆、音频配线电缆、电源线、保护地线电缆、数据线、光纤等主要线缆规格程式和数量应符合工程设计文件要求;

⑨ 各种电缆、线料外皮完整无损,满足出厂绝缘指标要求;

⑩ 施工用的工具、机械设备、仪表需合格并能正常使用;

⑪ 施工人员入场施工的手续办理完毕。

7.2.2 施工前工具、仪表的准备

1. 工/器具仪表

设备安装需要的工具、仪表清单见表 7-2。

表7-2 设备安装所需的工具、仪表清单

分类	工具
测量划线工具	红外水平仪、长卷尺、直尺(1m)、记号笔、铅垂
打孔工具	冲击钻、电钻、吸尘器
紧固工具	一字螺丝刀、十字螺丝刀、套筒扳手、梅花扳手、双梅花扳手或双开口扳手
钳工工具	尖嘴钳、斜口钳、老虎钳、锉刀、手锯、撬杠
辅助工具	橡胶锤、毛刷、镊子、美工刀、电烙铁、焊锡、梯子
专用工具	绝缘手套、防静电手腕套、力矩扳手、剥线钳、压线钳、水晶头压线钳、打线刀
仪表	万用表、500伏兆欧表(测绝缘电阻用)、地阻测量仪

仪表必须定期经过专门机构的相关人员的严格校验，且应在校验有效期内使用。

2．警示标志

所有室内、室外施工工程必须配备统一的安全警示标志，划定施工区域，禁止施工人员进入非施工区域，以保护在网运行的设备；同时，应有专人负责将设备悬挂在恰当、醒目的位置。在涉电和电源开关部位设置"当心触电""禁止合闸"等警示牌，以提示施工、随工及相关人员。警示标志见表 7-3。

表7-3　警示标志

序号	警示标志	图例
1	工程概括牌（施工铭牌）	
2	安全警示标志2（正在施工）	
3	安全警示标志3（当心触电）	
4	安全警示标志4（禁止合闸）	

3．工具的绝缘处理

① 在机房施工时，推荐使用专用的绝缘工具，并检查绝缘部位有无破损；

② 没有专用绝缘工具的，要对常规工具进行绝缘处理，对裸露金属部位用绝缘胶带缠裹 4 层以上，具体如图 7-1 所示。

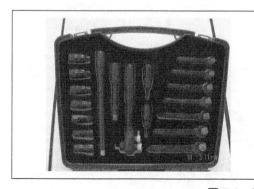

图 7-1　工具的绝缘处理

7.2.3 开箱

开箱时，建设单位、施工单位、监理单位、供货单位人员需同时在场。

开箱前对检查外包装有如下要求。

① 检查包装箱总件数，检查包装箱外观，如果外包装出现严重损坏或浸水则应停止开箱，查明原因，并及时反馈，同时拍照留存，并向相关负责人及供货方反馈。

② 如果发现货物有漏发、少发或错发等情况，应及时向相关负责人及供货方反馈，参与开箱人员需签字确认。

1. 机柜开箱

机柜开箱的步骤及操作见表7-4。

表7-4　机柜开箱的步骤及操作

步骤	操作
1	使用螺丝刀或羊角锤逐一撬开箱盖舌片，如有厂商和专用工具，则使用专用工具，操作如图7-2所示
2	将联结木箱周围木板的舌片扳直，移走木箱盖板和木箱上其余的木板，如图7-3、图7-4所示
3	从包装箱中抬出机柜，拆除机柜上的塑料包装，将机柜立起。为保证安全，至少应有3个人一起立起机柜，其中一人扶稳机柜底部，另外两人由机柜顶部将机柜抬起，呈竖立状

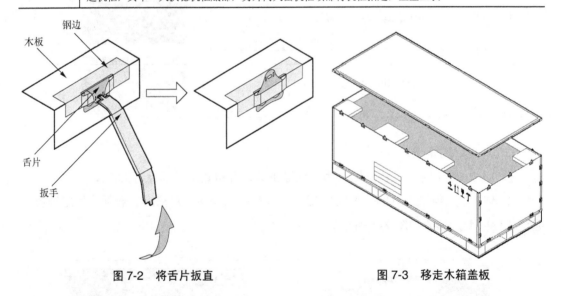

图 7-2　将舌片扳直　　　　　　　　　图 7-3　移走木箱盖板

2. 单板开箱

单板开箱的操作步骤见表7-5。

表7-5　单板开箱的操作步骤

步骤	操作
1	单板开箱的操作如图7-5所示，用斜口钳剪断打包带，用裁纸刀沿箱盖缝隙处划开胶带
2	打开纸箱，清点单板的数量和类型是否与纸箱标签上注明的一致

（续表）

步骤	操作
3	打开单板盒，从防静电袋中取出单板。左手托住装有单板的防静电口袋的底部，右手握住单板拉手条，从开口处轻轻拉出单板，注意不要用手去接触板面的电子元器件，以免损坏单板
4	检查单板是否存在物理性损坏，若发现单板损坏，请及时与供货厂商联系
5	检查单板无误，重新将其包装到单板盒中，放到用户指定的存放位置待用

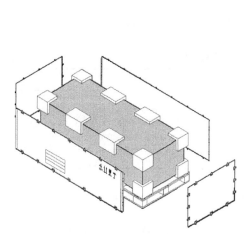

图 7-4　移走木箱上其余的木板

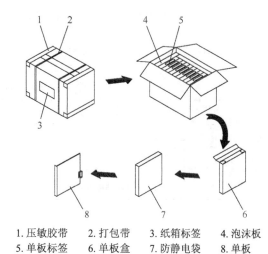

1. 压敏胶带　2. 打包带　3. 纸箱标签　4. 泡沫板
5. 单板标签　6. 单板盒　7. 防静电袋　8. 单板

图 7-5　单板开箱操作

7.3 设备安装

7.3.1　机柜的安装及加固

1. 安装前位置确认检查

确认规范如下：

① 两排机柜之间距离不小于 1m；

② 机柜侧面与墙的距离不小于 0.8m；

③ 机柜正（背）面与墙的距离不小于 1m；

④ 机房应留有不小于 1m 宽的通道；

⑤ 机柜顶部出电缆孔正对准机房走线槽的下方。

2. 确定安装位置

确定安装机柜位置的操作步骤见表 7-6。

表7-6 确定安装机柜位置的操作步骤

步骤	操作
1	根据设计图纸标定机柜的位置，确定安装机柜的基准点，并用铅垂仪和粉斗画出基准线
2	确定机柜加固方式（是否使用底座、是否对顶加固）
3	安装底座（如无底座则可省略）
4	根据基准线使用划线模板及记号笔对机柜固定孔做标记划线。安装划线模板如图7-6所示

3. 安装机柜

安装机柜的启动条件及安装材料见表7-7。安装机柜的操作步骤见表7-8。

表7-7 安装机柜的启动条件及安装材料

安装机柜启动条件	完成机柜定位并确定安装机柜的孔位
安装材料	膨胀螺栓； 绝缘垫板； 垫片； 螺栓组（组件装配如图7-7所示）

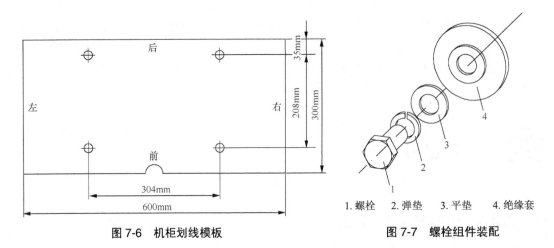

1. 螺栓　2. 弹垫　3. 平垫　4. 绝缘套

图 7-6　机柜划线模板　　　　图 7-7　螺栓组件装配

表7-8 安装机柜的操作步骤

步骤	操作
1	选用相应的冲击钻头，用冲击钻在已定位的4个机柜安装孔位打孔，并使用吸尘器将所有孔位内部、外部的粉尘清除干净，再测量孔距
2	如图7-8所示取下膨胀螺栓上的膨胀管、膨胀螺母，然后将膨胀管和膨胀螺母垂直放入孔中，用橡胶锤直接敲打膨胀管使其全部进入地面。按以上方法重复操作完成其余膨胀管和膨胀螺母的安装
3	拆除机柜底部的支脚，如图7-9所示
4	将机柜放置到预先确定的位置，与其他机柜对齐
5	在机柜就位后，将绝缘垫板插在地面和机柜间。每台机柜下两块绝缘垫板的安装示意如图7-10（a）所示

（续表）

步骤	操作
6	在绝缘板和支架之间添加垫片，初步调节机柜的水平状态
7	将螺栓穿过机柜的下围框垂直插入地面中的膨胀螺栓孔中，然后使用力矩扳手初步紧固螺栓，效果如图7-10（b）所示
8	测量膨胀螺栓和机柜间的电阻值，正常电阻值应该大于5MΩ。若测量电阻小于5MΩ，应拆除机柜，检查绝缘零件，然后重新从步骤2开始安装

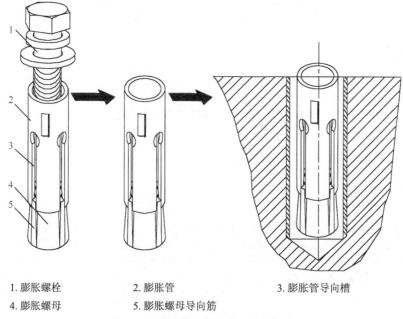

1. 膨胀螺栓　　　　　2. 膨胀管　　　　　3. 膨胀管导向槽
4. 膨胀螺母　　　　　5. 膨胀螺母导向筋

图 7-8　膨胀管和膨胀螺母安装示意

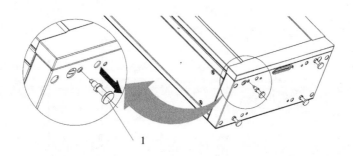

1. 支脚组件

图 7-9　拆除机柜底部的支脚示意

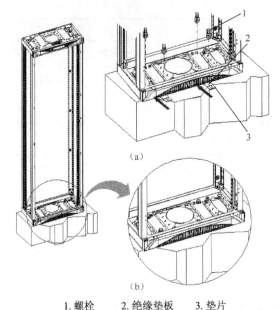

1. 螺栓　　2. 绝缘垫板　　3. 垫片

图 7-10　在水泥地面上调平和固定机柜

4. 机柜并柜加固

通过机柜并柜加固，把多个紧贴在一起的机柜固定在一起，加强机柜的稳定性，操作步骤见表 7-9。

表7-9　机柜并柜的操作步骤

步骤	操作
1	将附在机柜顶部的并柜连接板拆下来，并柜连接板在出厂时已经安放在如图7-11所示的位置
2	将螺钉穿过并柜连接板插入相邻的两个机柜顶部的螺孔，拧紧，将并柜连接板固定，如图7-12所示

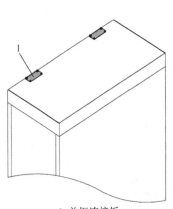

1. 并柜连接板
图 7-11　并柜连接板的安放位置

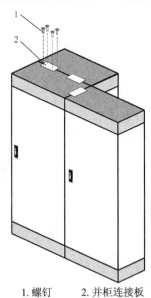

1. 螺钉　　2. 并柜连接板
图 7-12　机柜并柜示意

5．机柜在走线架上固定

机柜在有侧槽的走线架上固定的操作步骤见表 7–10。

表7-10　机柜在有侧槽的走线架上固定的操作步骤

步骤	操作
1	根据机柜安装位置和走线架位置确定固定件的安装位置
2	将腰圆螺母放入走线架槽道
3	在螺栓上套上弹垫、平垫，穿过上固定件，拧进槽道中的腰圆螺母，如图7-13（a）所示。注意不要拧紧（以螺栓不脱出为准）
4	在机柜和上固定件间放入绝缘垫板
5	在螺栓上套上弹垫、大平垫和绝缘套，穿过上固定件和绝缘垫板，拧进机柜中的螺母，如图7-13（b）所示。注意不要拧紧（以螺栓不脱出为准）
6	安装其余的加固件，并根据工程现场情况，调节固定件的相对位置，然后将所有螺栓拧紧，效果如图7-14所示

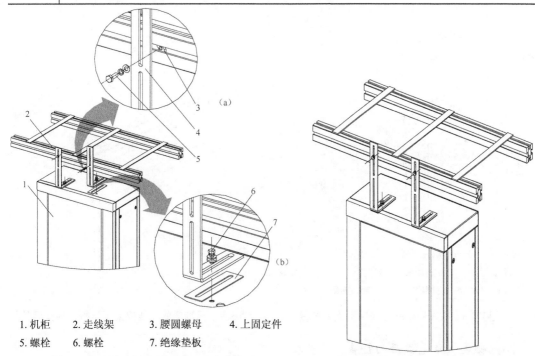

1.机柜　2.走线架　3.腰圆螺母　4.上固定件
5.螺栓　6.螺栓　7.绝缘垫板

图 7-13　在有侧槽的走线架上固定机柜　　图 7-14　在有侧槽的走线架上固定机柜的安装效果

机柜在无侧槽的走线架上固定的操作步骤见表 7–11。

表7-11　机柜在无侧槽的走线架上固定的操作步骤

步骤	操作
1	根据机柜安装位置和走线架位置确定固定件的安装位置
2	在螺栓上套上弹垫、平垫，穿过上固定件和夹板，并适当拧紧（以夹板不脱落为准），如图7-15（a）所示

（续表）

步骤	操作
3	在机柜和上固定件间放入绝缘垫
4	在螺栓上套上弹垫、大平垫和绝缘套，穿过上固定件和绝缘垫板，拧进机柜的螺母中，如图7-15（b）所示。注意不要拧紧（以螺栓不脱出为准）
5	安装其余的加固件，根据工程现场情况，调节固定件的相对位置，然后将所有螺栓拧紧，效果如图7-16所示

安装加固机柜后，检查机柜是否稳定，如不稳定，则应拧紧加固螺栓，并检查已进行的安装工序是否存在质量问题。

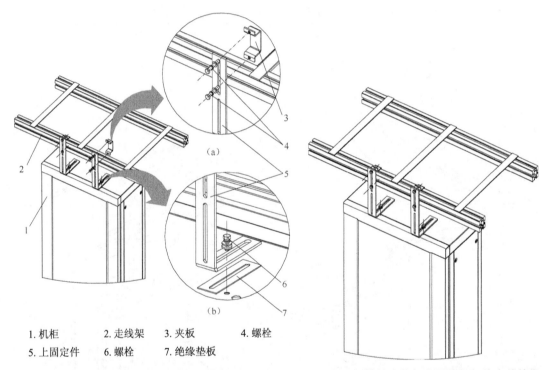

1. 机柜   2. 走线架   3. 夹板   4. 螺栓
5. 上固定件   6. 螺栓   7. 绝缘垫板

图 7-15   在无侧槽的走线架上固定机械   图 7-16   在无侧槽的走线架上固定机柜的安装效果

6. 安装机柜完成后的检查

安装机柜后的效果如图 7-17 所示。

机柜安装完成后应检查如下几点：

① 机架安装位置与工程设计文件是否一致；

② 机架固定是否可靠，且是否符合工程设计文件的抗震要求；

③ 底座与地面、底座与机柜间固定的螺栓是否正确安装并紧固，绝缘垫、大平垫、弹垫、螺母（螺栓）的安装顺序是否正确且支架的安装孔与膨胀螺栓的配合是否良好；

④ 机柜的结构附件安装是否正确牢靠；

⑤ 机柜其他连接螺栓是否正确牢靠安装，平垫、弹垫安装顺序是否正确；

⑥ 机柜垂直偏差度不应大于机架高度的 1%；

⑦ 主走道侧各行机柜应对齐成直线，误差应小于 5mm；

⑧ 整行机架表面是否在同一平面上，排列应紧密整齐；

⑨ 机架各部件是否存在油漆脱落、碰伤、污迹等影响设备外观的现象，如有则应进行补漆、清洁处理；

⑩ 设备各部件是否出现变形，如出现会影响设备外观；

⑪ 电路板拔插是否顺畅，若单板的面板有锁定螺钉应旋紧，松紧应适度、便于拆卸；

⑫ 防静电手环是否插入机柜上的防静电安装孔内；

⑬ 空余槽位盖板是否全部安装；

⑭ 机柜里面、底部和顶部不应有多余的线扣、螺钉、电源线铜丝等杂物。

图 7-17　安装机柜后的效果

7.3.2　电缆的安装与布放

1. 概述

需要在现场安装布放的电缆主要包括电源电缆（电源线、电源地线、保护地线）、中继电缆和以太网业务信号线缆。

2. 安装地线和电源线

（1）安装启动条件

安装启动条件有以下 4 个方面。

① 施工条件检查：已经安装并紧固机柜完毕；已经安装机房的供电设备完毕，并已经给本次安装留有接口；机房供电设备电压在允许的电压范围内（–38.4V ～ –60V DC）。

② 走线路径检查：根据设计文件中确定的机柜到供电设备的走线路径，实地测量，留足冗余，计算出电源线和地线的长度；如果设计文件中无走线路径或现场所需的电源线和地线长度超过30m，请及时通知相关部门解决。

③ 安装材料检查：已经齐备各类安装材料，并运输到工程现场。

④ 电缆标签填写：在安装电缆前，必须填写电缆标签。

（2）安装上走线

安装上走线的步骤见表7-12。

表7-12　安装上走线的步骤

步骤	操作
1	检查直流配电盒，确定接线关系。电源线和地线连接的位置如图7-18所示
2	在安装电缆前，将电缆两端粘贴上临时标签，以防混淆。待工程完工后用正式标签替换
3	根据机柜到机房供电设备的距离剪除多余线缆，在电缆两端接上配套的接口。接口应压紧，并套上热缩套管，不得露出裸线及接口柄
4	通过机柜顶部围框的走线口，将电源线、电源地线和保护地线布放到机柜的直流配电盒侧，如图7-19所示
5	参照图7-18所示的接线位置将保护地线的接线端子（铜鼻子）接至接地螺柱上，具体方法如图7-20所示。用套筒扳手旋紧螺母固定，旋紧螺母不要用力过大，只要将弹簧垫圈压平即可，JG双孔裸压端子外形如图7-21所示
6	参照图7-18中的接线位置，将电源线的冷压端子按指示标识插入输入电缆端子座中，再用螺丝刀拧紧螺钉固定，冷压端子外形如图7-21所示
7	测量电源正极与电源地、电源正极与保护地（⏚）之间的电阻，如果电阻小于20Ω，说明它们之间存在短路现象，查明原因之后重新安装与布放电源线和保护地线

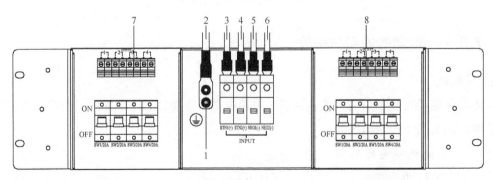

1. 接地螺柱　　　　　2. 保护地线　　　　　3. 第一路电源地线
4. 第二路电源地线　　5. 第一路电源线　　　6. 第二路电源线
7. 左侧输出电缆端子座　8. 右侧输出电缆端子座

图 7-18　电源线和地线连接的位置

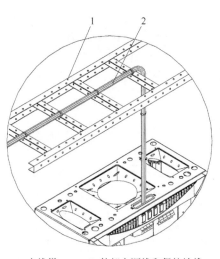

1. 走线梯　　2. 外部电源线和保护地线

图 7-19　电源线和地线上走线示意

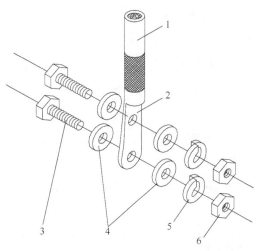

1. 接地电缆　　2. 双孔线鼻　　3. 接线螺栓
4. 平垫　　　　5. 弹垫　　　　6. 螺母

图 7-20　接地线鼻连接

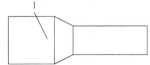

1. 冷压端子　　2. JG 双孔裸压端子

图 7-21　电源接插件外形

（3）下走线安装步骤

部分扩容的老旧机房可能应用下走线的安装方式，安装步骤见表 7-13。

表7-13　下走线的安装步骤

步骤	操作
1	在安装电缆前，将电缆两端粘贴上临时标志，以防混淆
2	根据机柜到机房供电设备的距离剪除多余线缆，在电缆两端接上配套的接口。接口应牢固压紧，并套上热缩套管，不得露出裸线及接口柄
3	电源线、电源地线和保护地线穿过电柜底部的电源电缆出线孔，将保护地线和电源地线向左和电源线向右布放到机柜后部立柱的走线槽中，然后再向上布放到机柜顶部的直流配电盒侧
4	参照图7-18所示的接线位置将保护地线的JG双孔裸压端子（双孔线鼻）接至接地螺柱上，具体方法如图7-20所示，用套筒扳手旋紧螺母并固定，旋紧螺母不要用力过大，只要将弹簧垫圈压平即可
5	参照图7-18中的接线位置，将电源线的冷压端子按电源指示标识插入输入电缆端子座中，再用螺丝刀拧紧螺钉固定
6	测量电源正极与电源地、电源正极与保护地（⏚）之间的电阻，如果电阻小于20Ω，说明它们之间存在短路现象，查明原因之后重新安装与布放电源线和保护地线

3. 安装中继电缆

（1）安装启动条件

① 施工条件检查：已经安装完机房的数字配线架，已经给本次安装留有接口。

② 走线路径检查：设计文件中应已经确定机柜到机房的数字配线架的走线路径，并根据走线路径计算出中继电缆的长度。

③ 电缆标签填写：在安装电缆前，必须填写电缆标签。

（2）安装步骤

安装中继电缆的步骤见表 7-14。

表7-14　安装中继电缆的步骤

步骤	操作
1	确认安装单板的板位和接线关系
2	在安装电缆前，将电缆两端粘贴上临时标志，以防混淆
3	中继电缆穿过机柜顶部的信号电缆走线口，经机柜靠近后部的侧壁向下布放到下子架上方的分线板
4	遵循"先中间、后两边"的原则布放中继电缆，绑扎好分线板下方的中继电缆
5	将其余中继电缆紧贴机柜后部，然后用绑扎带将其绑扎在绑线板上
6	拆除电缆上的临时标志，然后将标签粘贴在距离电缆两端接插件2cm处的电缆上

4. 安装检查

安装完电缆后应该符合如下要求：

① 电缆绑扎间距均匀，松紧适度，线扣扎好后应将多余部分齐根剪掉，不留尖刺，扎扣朝同一个方向，保持整体整齐、美观、统一；

② 电缆布放时应理顺，不交叉弯折；

③ 机柜外布线用槽道时，不得溢出槽道；

④ 用走线梯时，应固定在走线梯横梁上，绑扎整齐，成矩形（单芯电缆可以绑扎成圆形）；

⑤ 电缆转弯时尽量采用大弯曲半径，转弯处不能绑扎电缆；

⑥ 对于配发的电源线和地线而言，−48V 电源线采用蓝色电缆，地线采用黑（红）色电缆，保护地线采用黄绿色或黄色电缆；

⑦ 设备的电源线、地线应正确牢靠连接；

⑧ 设备的电源线、地线的线径应符合设备的配电要求；

⑨ 机柜外电源线、地线与信号电缆分开布放的间距大于 3cm；

⑩ 电源线、地线走线转弯处应圆滑；

⑪ 电源线、地线必须采用整段铜芯材料，中间不能有接头；

⑫ 按规范填写电源线和地线的标签并粘贴，标签位置整齐、朝向一致，便于查看。布放电源线的效果如图 7-22 所示。

图 7-22　布放电源线的效果

7.3.3　安装与布放尾纤

1. 安装与布放外部尾纤

（1）安装启动条件

① 施工条件检查：已经安装完机房的数字配线架，已经给本次安装留有接口。

② 走线路径和端口检查：设计文件中已经确定机柜到数字配线架的走线路径和数字配线架分配的端口号，根据走线路径和分配的端口号计算出尾纤的长度并确定多余尾纤盘放的地点。

尾纤的类型见表 7-15。

表7-15　尾纤的类型

连接器类型（设备端）	名称及用途	连接器类型（用户端）
LC/PC	设备接口板到数字配线架尾纤	FC/PC
LC/PC	设备接口板到数字配线架尾纤	SC/PC
LC/PC	设备间接口板尾纤互连	LC/PC
LC/PC	设备接口板到其他设备的尾纤	FC/PC
LC/PC	设备接口板到其他设备的尾纤	SC/PC

（2）安装与布放外部尾纤的步骤

安装与布放外部尾纤的步骤见表 7-16。

表7-16　安装与布放外部尾纤的步骤

步骤	操作
1	在安装尾纤前，将尾纤两头粘贴上临时标签，如图7-23所示，以防混淆
2	将尾纤两端从尾纤槽的下线口穿入数字配线架和设备机架内，纤槽内尾纤平顺布放
3	将尾纤沿机柜右侧的尾纤通道布放，从相应的子架走线槽进入子架
4	尾纤向上穿过光接口板下的子架走线槽，然后取下光连接器上的防尘帽
5	将尾纤上的连接器对准单板光接口的导槽，适度用力插入，听到一声脆响说明尾纤已经插好
6	采用尾纤绑扎带绑扎尾纤，绑扎前检查尾纤走线区域附近有无毛刺、锐边或锐角物体等，如果发现应进行保护处理，以免损坏尾纤
7	拆除尾纤上的临时标志，然后在距尾纤接口2cm处粘贴标签。在尾纤上粘贴标签后，长条形文字区域一律朝向右侧或下侧

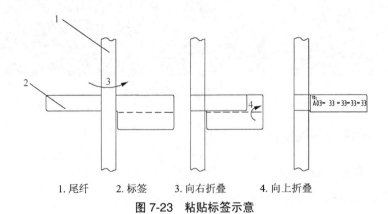

1. 尾纤　　2. 标签　　3. 向右折叠　　4. 向上折叠

图 7-23　粘贴标签示意

2. 安装与布放内部尾纤

（1）安装启动条件

① 施工条件检查：已经安装完机柜内的子架和其他设备，已经留出本次安装的接口。

② 走线路径检查：设计文件中应已经确定机柜内部尾纤的走线路径，并根据走线路径计算出尾纤的长度并确定多余尾纤盘放的地点。

（2）子架内部走纤的步骤

子架内部走纤的步骤见表 7–17。

表7-17　子架内部走纤的步骤

步骤	操作
1	在安装尾纤前，将尾纤两头粘贴上临时标志，以防混淆
2	取下尾纤两端光连接器上的防尘帽
3	将两端尾纤上的连接器各自对准两端光接口的导槽，适度用力插入，听到一声脆响说明尾纤已经插好
4	将多余尾纤在设备侧的盘纤盒内整齐盘放
5	采用绑扎带绑扎尾纤，绑扎前检查尾纤走线区域附近有无毛刺、锐边或锐角物体等，如果发现应进行保护处理，以免损坏尾纤
6	拆除尾纤上的临时标志，然后在距尾纤接口2cm处粘贴标签，在尾纤上粘贴标签后，长条形文字区域一律朝向右侧或下侧

（3）安装检查

布放尾纤的效果如图 7–24 所示。

图 7-24　布放尾纤的效果

布放尾纤的要求如下：

① 正确清晰填写尾纤两端的标签，且位置整齐、朝向一致；

② 尾纤与光板、法兰盘等连接件须连接可靠；

③ 尾纤连接点应保持干净；

④ 尾纤绑扎间距均匀、松紧适度、美观统一；

⑤ 尾纤在线扣环中可自由抽动；

⑥ 尾纤在设备至数字配线架处，须加保护套管且保护套管两端须进入设备内部；

⑦ 布放尾纤不应有强拉硬拽及不自然的弯折，布放后无其他线缆压在上面；

⑧ 布放尾纤应便于维护和扩容；

⑨ 布放和连接尾纤应与设计相符；

⑩ 在数字配线架内应理顺固定尾纤，对接牢靠，应盘放整齐多余尾纤；

⑪ 没有其他线缆和物品压在上面。

7.3.4　线缆布放与绑扎的基本工艺

1. 布放线缆的工艺

① 在安装了支架和防静电地板的机房，可以采用下走线的方式布放线缆，所有线缆从地板夹层或走线槽通过；如果采用上走线的方式，线缆从机柜顶部的上走线架通过，线缆应顺直，不交叉、不扭曲。

② 应预先设计好布放线缆的规格、路由、截面和位置，线缆排列必须整齐，外皮无损伤。

③ 电缆成端处应留有余量供后期维修使用，成束电缆留长应保持一致，成端电缆尾端不应露铜。

④ 应分开布放通信线缆、光纤和电源线缆，在同一走线架上布放时，通信线缆、光纤和电源线缆的间距应大于 50mm。

⑤ 线缆转弯应均匀圆滑，线缆转弯的最小弯曲半径应大于其外径的 6 倍，光纤盘放曲率半径不应小于 30mm。

⑥ 线缆的布放须便于维护和扩容。

⑦ 布放走道的线缆时，必须绑扎。绑扎后的线缆应互相紧密靠拢，外观平直整齐，线扣间距均匀、松紧适度。

⑧ 布放槽道的线缆时，可以不绑扎，槽内的线缆应顺直，尽量不交叉，线缆不得超出槽道，线缆进出槽道部位和线缆转弯处时应绑扎或用塑料卡捆扎固定。

2. 绑扎线缆的工艺

① 绑扎线缆要求做到整齐、清晰及美观。一般按类分组，线缆较多时，可按列分类，用线扣扎好，再在机柜两侧的走线区分别采用上走线或下走线方式。

② 必须绑扎机柜内、外的线缆，绑扎后的线缆应紧密靠拢，外观应平直、整齐。

③ 使用扎带绑扎线束时，应视不同情况使用不同规格的扎带。

④ 尽量避免使用两根或两根以上的扎带连接后并扎，以免绑扎后强度降低。

⑤ 扎带扎好后，应将多余部分齐根平滑剪齐，在接头处不得留有尖刺。

⑥ 线缆绑成束时，扎带间距应为线缆束直径的 3 ~ 4 倍，间距应均匀。

⑦ 绑扎成束的线缆转弯时，应尽量采用大弯曲半径以免在线缆转弯处压力过大造成内芯断芯。

绑扎线缆的具体方法如图 7-25 所示。

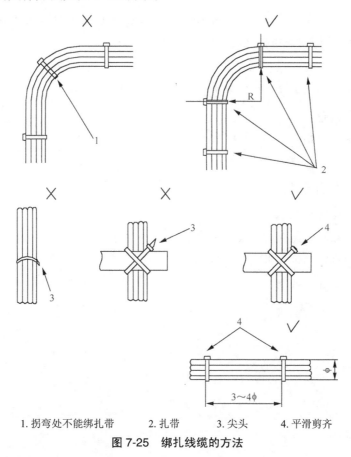

1. 拐弯处不能绑扎带　　2. 扎带　　3. 尖头　　4. 平滑剪齐

图 7-25　绑扎线缆的方法

7.3.5　安装传输硬件的注意事项

安装传输硬件的注意事项如下：

① 涉及交 / 直流电源、列头柜的电源接线、开关等操作时，必须有用户电源维护人员、工程督导人员、监理人员在场监督，由工程队的专业电源人员操作，避免出现事故；

② 涉及光缆和用户侧数字配线架对接时也按照工程界面操作，避免拔错纤导致事故发生；

③ 在机柜外布放尾纤时，须加保护套管或槽道，波纹管或缠绕管应进入机柜 10cm 左右，且使用绝缘胶带等材料对边缘做防割处理；

④ 安装完成后需要把机柜门、侧板与机柜底部接地点连接起来；

⑤ 机柜上固定件在安装时也要注意绝缘，若要在走线架上打孔，需在机柜顶部放置挡板，避免打孔时产生的金属屑掉到机柜内，造成短路。

7.4 建立标准化文档

一个规范的工程离不开过程控制记录，本书以中邮建技术有限公司为例，罗列了该公司在安装硬件时用到的控制文件，文件清单如下：

① 技术、安全交底记录；

② 施工班组班前会 / 收工会记录表；

③ 车辆安全检查表；

④ 工程周报（日报）；

⑤ 现场安全检查记录；

⑥ 工程质量监测记录；

⑦ 安全事故隐患排查表；

⑧ 员工素质教育 / 安全质量会议记录；

⑨ 事故应急预案培训（演习）记录；

⑩ 危险岗位告知书。

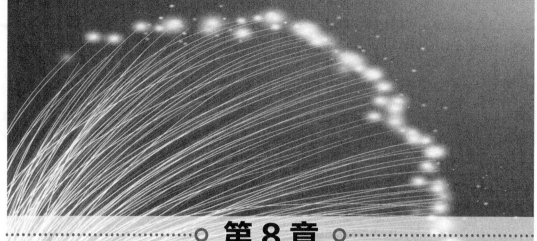

第8章
光传输网设备测试

8.1 测试项目清单

光传输网设备测试项目清单见表8-1。

表8-1 光传输网设备测试项目清单

设备类型	测试项目	测试分项目
SDH设备	光接口	① 发送光功率
		② STM-N光接口输出抖动
		③ 光接收灵敏度
		④ 最小过载光功率
		⑤ 光接口输入抖动容限
		⑥ 抖动传递特性
	电接口	① 2048kbit/s接口的输入抖动和漂移容限
		② 映射抖动和结合抖动
	RFC2544测试	RFC2544测试
	系统测试	① SDH网络接口的最大允许输出抖动
		② 网络保护倒换时间
		③ 数字通道误码性能验收指标
WDM/OTN 设备	波长转换器	① 发送光功率
		② 最小边模抑制比
		③ 最大 −20dB 带宽
		④ OTU 输出抖动产生
		⑤ 接收灵敏度
		⑥ 最小过载光功率

（续表）

设备类型	测试项目	测试分项目
WDM/OTN 设备	合波器	插入损耗及其最大差异
	分波器	① 插入损耗 ② 信道隔离度
	梳状滤波器	① 插入损耗 ② 信道隔离度
	光监控通道	① 输出光功率和接收灵敏度 ② 工作波长及偏差
	光保护倒换板	① 插入损耗 ② 发送光功率
	系统指标	① 中心频率及偏移 ② 光信噪比 ③ 误码性能 ④ WDM系统抖动输出 ⑤ 光通道1+1保护倒换

8.2 SDH 常用的指标测试

8.2.1 光接口

1. 发送光功率

（1）指标含义

发送机的发射光功率和发送的数据信号中"1"所占的比例有关，"1"越多，光功率越大。当发送伪随机信号时，"1"和"0"各占一半，这时测得的功率就是平均发送光功率。

（2）测试仪表

光功率计。

（3）测试装置

发送光功率测试装置如图 8-1 所示。

图 8-1　发送光功率测试装置

（4）测试步骤

① 从发送机引出光纤，将其接到光功率计上。

② 在光功率计上设置被测光的波长，待输出功率稳定后，读出发送的光功率。

2. STM-N 光接口输出抖动

（1）指标含义

一个信号受系统时钟、芯片门限等影响会出现输出数据前后移动的现象，当前后移动的频率大于 10Hz 时，我们就认为，这是一种抖动现象，抖动不能很大，否则会对下游站产生不利的影响。输出抖动示意如图 8-2 所示。

图 8-2　输出抖动示意

UI 为抖动的单位，是传送比特率的倒数；SDH 输出口输出抖动指标分为全频段（B1 指标）和高频段（B2 指标）两个部分，STM-N 光接口输出抖动指标见表 8-2。

表8-2　STM-N光接口输出抖动指标

接口	测量滤波器	峰—峰值
STM-1（光）	500Hz～1.3MHz	0.50UI
	65kHz～1.3MHz	0.10UI
STM-16（光）	5kHz～20MHz	0.50UI
	1～20MHz	0.10UI
STM-64（光）	20kHz～80MHz	0.50UI
	4～80MHz	0.10UI

（2）测试仪表

Anritsu MP1590B。

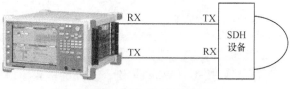

图 8-3　输出抖动测试装置

（3）测试装置

输出抖动测试装置如图 8-3 所示。

（4）测试步骤

① 下面以 STM-64 光接口为例，按照图 8-3 所示接好仪表和光纤。

② 按下仪表前面板右上角的 Set Up 键，在该界面下，选择 Signal 菜单，设置 Interface 的参数，具体如图 8-4 所示。

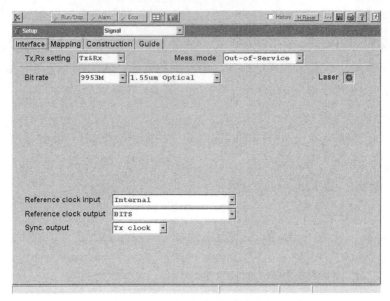

图 8-4　输出抖动测试界面 1

③ 在 Signal 菜单下，选择 Mapping 界面，设置参数如图 8-5 所示。

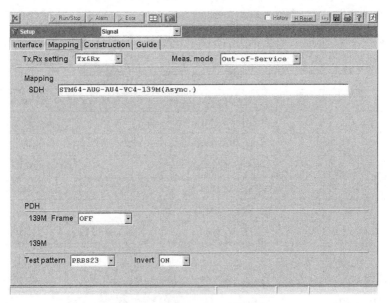

图 8-5　输出抖动测试界面 2

④ 然后按 Test Window 键，选择屏幕 4 窗口显示方式。

在 TestMenu 窗口，选择 Manual 菜单，设置 Jit/Wand 界面的参数如图 8-6 所示。

Filter：选择 HP1+LP，对应 B1 指标；选择 HP2+LP，对应 B2 指标。

⑤ 在左下角的 Result 窗口，选择 Jitter/Wander 菜单，然后按下仪表面板上的 Run/Stop 键启动测试，Result 窗口中 Peak–Peak 的值是我们要记录的结果。

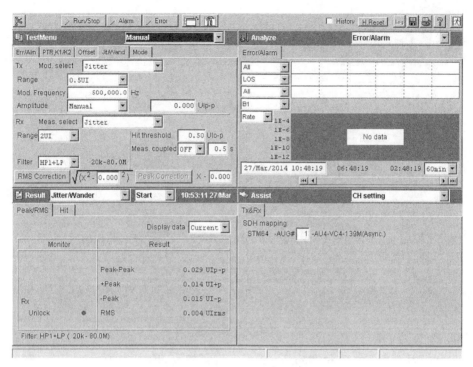

图 8-6　输出抖动测试界面 3

3. 光接收灵敏度

（1）指标含义

光接收灵敏度的定义为：在达到规定的误码率（STM-1/STM-4/STM-6 为 1×10^{-10}，STM-64 为 1×10^{-12}）时，光接口平均接收光功率的最小值。

（2）测试仪表

Anritsu MP1590B、光衰减器和光功率计。

（3）测试装置

光接收灵敏度测试装置如图 8-7 所示。

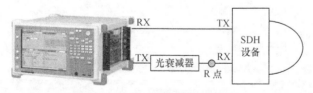

图 8-7　光接收灵敏度测试装置

（4）测试步骤

① 下面以 STM-64 光接口为例，按照图 8-7 所示接好仪表和光纤。

② 按下仪表前面板右上角的 Set Up 键，在该界面下，选择 Signal 菜单，设置 Interface 的参数，具体如图 8-8 所示。

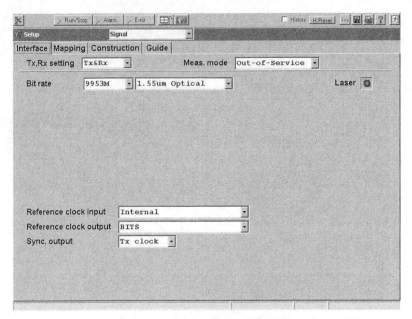

图 8-8　光接收灵敏度测试界面 1

③ 在 Signal 菜单下，选择 Mapping 界面，设置参数如图 8-9 所示。

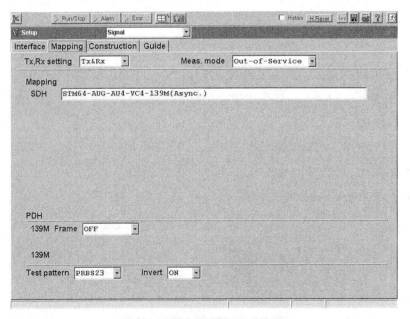

图 8-9　光接收灵敏度测试界面 2

④ 按下仪表面板上的 Run/Stop 键启动测试，仪表面板上的所有告警灯应该熄灭，调节光衰减器，逐步增大衰减值，直至仪表面板上有告警灯亮时停止；然后再调节光衰减器，逐步减小衰减值，直至仪表面板上的告警灯熄灭。

⑤ 断开仪表连接，接上光功率计，此时得到的光功率就是设备的灵敏度。

4. 最小过载光功率

（1）指标含义

最小过载光功率的定义为：在达到规定的误码率（STM–1/STM–4/STM–16 为 1×10^{-10}，STM–64 为 1×10^{-12}）时，光接口平均接收光功率的最大值。

（2）测试仪表

Anritsu MP1590B、光衰减器和光功率计。

（3）测试装置

最小过载光功率测试装置如图 8–10 所示。

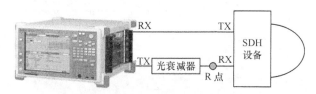

图 8-10　最小过载光功率测试装置

（4）测试步骤

① 下面以 STM–64 光接口为例，按照图 8–10 所示接好仪表和光纤。

② 按下仪表前面板右上角的 Set Up 键，在该界面下，选择 Signal 菜单，设置 Interface 的参数，具体如图 8–11 所示。

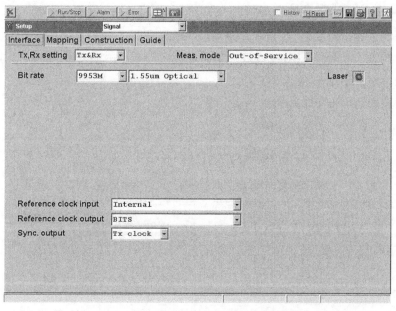

图 8-11　最小过载光功率测试界面 1

③ 在 Signal 菜单下，选择 Mapping 界面，设置的参数如图 8–12 所示。

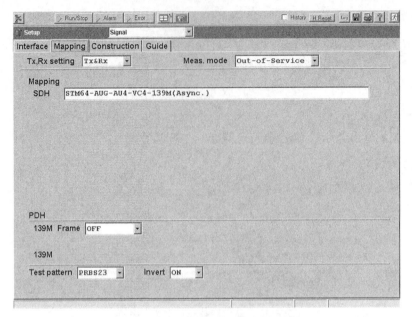

图 8-12　最小过载光功率测试界面 2

④ 按下仪表面板上的 Run/Stop 键启动测试，仪表面板上的所有告警灯应该熄灭，调节光衰减器，逐步减小衰减值，直至仪表面板上有告警灯亮时停止；然后再调节光衰减器，逐步增大衰减值，直至仪表面板上的告警灯熄灭。

⑤ 断开仪表连接，接上光功率计，此时得到的光功率就是设备的最小过载光功率。

5. 光接口输入抖动容限

（1）指标含义

SDH 分析仪在光输入口对输入数据加抖动或者漂移，设备所能容忍最大的抖动或者漂移峰—峰值应该不小于规定的数值。

各速率光接口的输入抖动容限指标如下。

1）STM-1 光接口输入抖动容限

STM-1 光接口容许的正弦调制输入抖动容限应分别符合表 8-3 和图 8-13 规定的值。

表8-3　STM-1光接口输入抖动容限指标

频率（f）	抖动幅度（峰—峰值）
10Hz<f≤19.3Hz	38.9 UI（0.25μs）
19.3Hz<f≤68.7Hz	750f^{-1} UI
68.7Hz<f≤500Hz	750f^{-1} UI
500Hz<f≤6.5kHz	1.5 UI
6.5kHz<f≤65kHz	9.8×10^3f^{-1} UI
65kHz<f≤1.3MHz	0.15 UI

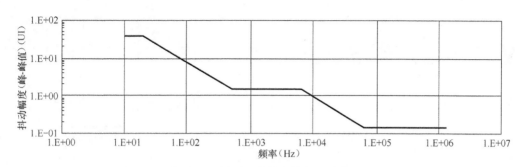

图 8-13 STM-1 光接口输入抖动容限

2）STM-4 光接口输入抖动容限

STM-4 光接口容许的正弦调制输入抖动容限应分别符合表 8-4 和图 8-14 规定的值。

表8-4 STM-4光接口输入抖动容限指标

频率（f）	抖动幅度（峰—峰值）
9.65Hz<f≤100Hz	1500f^{-1} UI
100Hz<f≤1000Hz	1500f^{-1} UI
1kHz<f≤25kHz	1.5 UI
25kHz<f≤250kHz	$3.8×10^4 f^{-1}$ UI
250kHz<f≤5MHz	0.15 UI

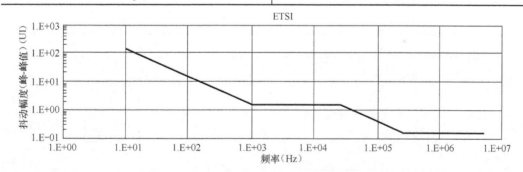

图 8-14 STM-4 光接口输入抖动容限

3）STM-16 光接口输入抖动容限

STM-16 光接口容许的正弦调制输入抖动容限应分别符合表 8-5 和图 8-15 规定的值。

表8-5 STM-16光接口输入抖动容限指标

频率（f）	抖动幅度（峰—峰值）
10Hz<f≤12.1Hz	622 UI
12.1Hz<f≤500Hz	7500f^{-1} UI
500Hz<f≤5kHz	7500f^{-1} UI
5kHz<f≤100kHz	1.5 UI
100kHz<f≤1MHz	$1.5×10^5 f^{-1}$ UI
1MHz<f≤20MHz	0.15 UI

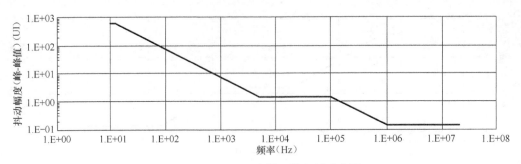

图 8-15　STM-16 光接口输入抖动容限

4）STM-64 光接口输入抖动容限

STM-64 光接口容许的正弦调制输入抖动容限应分别符合表 8-6 和图 8-16 规定的值。

表8-6　STM-64光接口输入抖动容限指标

频率（f）	抖动幅度（峰—峰值）
10Hz<f≤12.1Hz	2490 UI（0.25μs）
12.1Hz<f≤2000Hz	$3.0\times10^{4}f^{-1}$ UI
2000Hz<f≤20kHz	$3.0\times10^{4}f^{-1}$ UI
20kHz<f≤400kHz	1.5 UI
400kHz<f≤4MHz	$6.0\times110^{5}f^{-1}$ UI
4MHz<f≤80MHz	0.15 UI

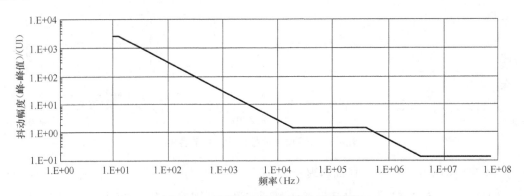

图 8-16　STM-64 光接口输入抖动容限

（2）测试仪表

Anritsu MP1590B。

（3）测试装置

抖动容限测试装备如图 8-17 所示。

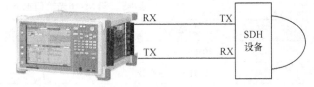

图 8-17　抖动容限测试装置

（4）测试步骤

①下面以 STM-64 光接口为例，按照图 8-17 所示接好仪表和光纤。

②按下仪表前面板右上角的 Set Up 键，在该界面下，选择 Signal 菜单，设置 Interface

的参数，具体如图 8-18 所示。

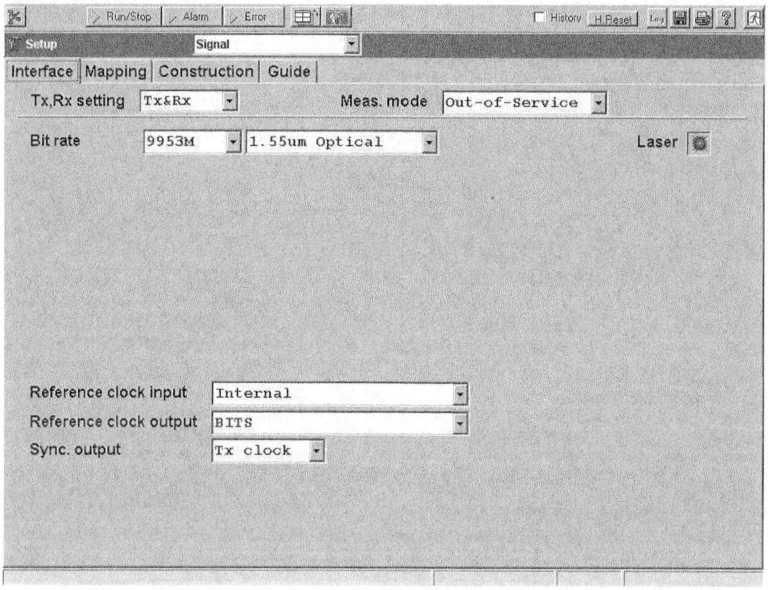

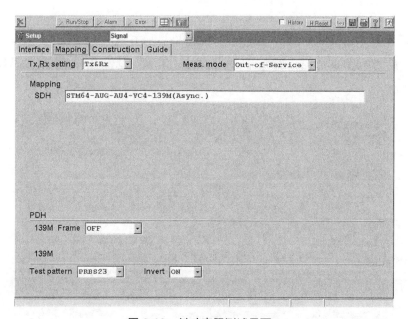

图 8-18　抖动容限测试界面 1

③ 在 Signal 菜单下，选择 Mapping 界面，设置的参数如图 8-19 所示。

图 8-19　抖动容限测试界面 2

④ 输入抖动容限测试，可以用仪表自带的测试模板，也可以手动选择测试频率点。仪表中的测试模板频率点太多，测试时间会比较长，我们一般手动选择测试频率点。

下面以手动测试为例介绍测试步骤。

⑤ 设置手动测试频率点，按下仪表前面板右上角的 Set Up 键，在该界面下，选择 Jitter edit 菜单，设置 Tolerance 界面的参数，具体如图 8-20 所示。

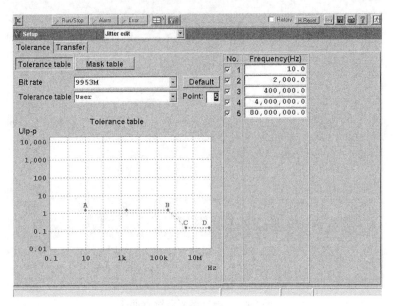

图 8-20　抖动容限测试界面 3

Point：设置频率点个数，一般选择 5 ～ 6 个频率点，然后在右边 Frequency 下面编辑频率。

⑥ 然后按下 Test Window 键，选择屏幕 4 窗口显示方式。

在左上角的 TestMenu 窗口选择 Jitter tolerance 菜单，设置 Jitter tolerance 界面的参数，具体如图 8-21 所示。

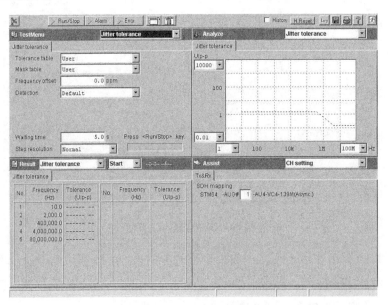

图 8-21　抖动容限测试界面 4

⑦ 在左下角的 Result 窗口，选择 Jitter tolerance 菜单，然后单击仪表面板上的 Run/Stop 键启动测试。测试完成则 Run/Stop 键指示灯熄灭，测试结果如图 8-22 所示，左下角的 Result 窗口是数值。Analyze 窗口中选择了 Jitter tolerance 菜单，则在 Analyze 窗口中可以看到图形化的测试结果。

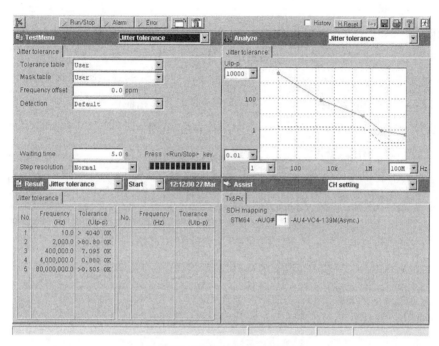

图 8-22　抖动容限测试界面 5

6. 抖动传递特性

（1）指标含义

抖动传递特性是指系统输出 STM-N 信号的抖动与所加输入 STM-N 信号的抖动的比值随频率变化的关系，有关抖动传递特性的规范只适用于 SDH 再生器。抖动传递特性表明再生器对抖动的抑制能力。网络接口的抖动传递特性是用于测试系统网络接口对抖动的抑制能力。

（2）指标要求

系统抖动传递特性的指标见表 8-7，抖动容限模板如图 8-23 所示。

表8-7　系统抖动传递特性的指标

STM等级	f_c（kHz）	P（dB）
STM-64（A）	120	0.1
STM-16（A）	2000	0.1
STM-4（A）	500	0.1

（3）测试仪表

ANT-20。

（4）测试装置

抖动传递特性测试装置如图8-24所示。

（5）测试步骤

① 按图8-24所示连接好测试装置；

② 根据波长板的接入速率，将SDH分析仪的速率设置为对应速率；

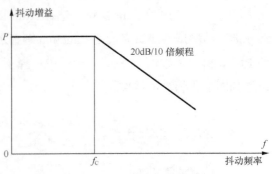

图 8-23　抖动容限模板

③ 选择SDH分析仪的抖动传递特性测试选项，设置相应的测试频率点和最大抖动；

④ 断开SDH分析仪与被测波长转换板的连接，用光纤加固定光衰环回SDH分析仪的收发接口，进行SDH自校准；

⑤ 完成校准后，连接被测波长转换板的网络接口，启动抖动传递特性进行自动测试，观察其是否符合模板要求。

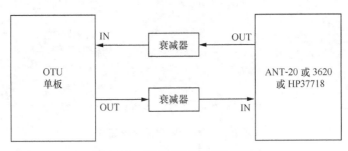

图 8-24　抖动传递特性测试装置

8.2.2　电接口

1. 2048kbit/s 接口的输入抖动和漂移容限

（1）指标含义

SDH 2048kbit/s 接口的输入抖动和漂移与系统的定时特性有关。简单地说，SDH分析仪在光的输入口给输入数据加抖动或者漂移，设备所能容忍最大的抖动或者漂移峰—峰值应该不小于规定的数值。

（2）测试仪表

Anritsu MP1590B 和 ANT-20。

（3）测试配置

支路输入口测试如图8-25所示，线路输入口测试如图8-26所示。

（4）测试步骤

按照图8-25、图8-26接好电路。

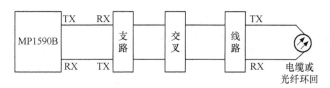

图 8-25　支路输入口测试

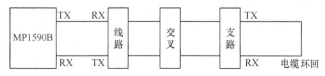

图 8-26　线路输入口测试

① 初始化仪表：先按下仪表的 Set Up 键，仪表进入设置界面，将光标移到 Set Up 主菜单，按下 Set 按钮，选中 Memory 选项，进入记忆设置界面，再将光标移到 0.[INITIAL] 选项，按下 Set 按钮，选中 Yes，这时仪表自动进行初始化（若再次按下 Set Up 按钮则退出设置界面）。

② 利用网管配置被测试系统，把业务配置在被测试的端口，按接口类型和速率等级向被测输入口输送适当的测试信号：在仪表的设置界面，将光标移到 Set Up 主菜单旁边的辅菜单，按下 Set 按钮，选择 TX & RX 选项，再将光标移到 Bit rate 选项选择相应的速率等级，再按下 Set Up 按钮退出设置界面。SDH 设备自由振荡，直到判断系统已正常工作、无误码后停止。

③ 将光标移到 Testmenu 选项，按下 Set 键，选择 Jitter tolerance 选项，在 Tolerance table 和 Mask table 两项选择中都选择 G.823〔PDH〕或 G.825〔SDH〕模板。

④ 按下 Run/Stop 按钮，仪表会自己进行测试，测试完成后记录数据。

2．映射抖动和结合抖动

（1）指标含义

PDH/SDH 网络边界处由于指针调整和映射会产生 SDH 的特有抖动，为了规范这种抖动，我们采用映射抖动和结合抖动来描述这种抖动情况。

映射抖动是指在 SDH 设备的 PDH 支路端口处输入不同频偏的 PDH 信号，在 STM–N 信号未发生指针调整时，设备的 PDH 支路端口处输出的 PDH 支路信号的最大抖动。结合抖动是指在 SDH 设备线路端口处输入符合 G.783 规范的指针测试序列信号，SDH 设备发生指针调整，适当改变输入信号的频偏，此时设备的 PDH 支路端口处测得输出信号的最大抖动。

（2）测试仪表

Anritsu MP1590B。

（3）测试装置

映射抖动和结合抖动的测试装置如图8-27所示。

（4）测试步骤

按图 8-27 所示在 Anritsu MP1590B 发端（或图案发生器）接收侧接衰减电缆，调节 Anritsu MP1590B 使输出信号无抖动幅值，查看输出抖动值。

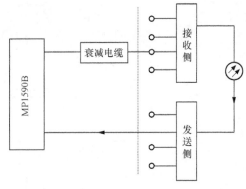

图 8-27　映射抖动和结合抖动的测试装置

8.2.3　RFC 2544 测试

（1）指标定义

RFC 2544 性能测试是由 RFC 定义的一组测试，包括吞吐量、丢失率、时延和背靠背 4 个测试项目。

① 吞吐量（Throughput）：被测设备在不丢包的情况下所能转发的最大数据流量。通常使用每秒钟通过的最大的数据包数来衡量。其反映被测试设备所能够处理（不丢失数据包）的最大的数据流量。

② 丢失率（Lost Rate）：在一定的负载下，由于缺乏资源而未能被转发的包占应该被转发的包的百分比。其反映被测设备承受特定负载的能力。

③ 时延（Latency）：发送一定数量的数据包，记录中间数据包发出的时间 T_1 以及经由测试设备转发后到达接收端口的时间 T_2，然后按照下面的公式计算。

对于存储 / 位转发设备：Latency=T_2-T_1。其中：T_2 为输出帧的第一位到达输出端口的时间；T_1 为输入帧的最后一位到达输入端口的时间。其反映被测设备处理数据包的速度。

④ 背靠背（Back-to-Back）：以所能够产生的最大速率发送一定长度的数据包，并不断改变一次发送的数据包数目，直到被测设备能够完全转发所有发送的数据包，这个包数就是此设备的背靠背值。其反映被测设备处理突发数据的能力（数据缓存能力）。

（2）测试仪表

FTB-88100NGE。

（3）测试装置

RFC 2544 性能测试装置如图 8-28 所示。

（4）测试步骤

① 按图 8-28 所示接好测试电路。

图 8-28　RFC 2544 性能测试装置

② 配置被测试设备的正常业务。

③ 单击 RFC 2544 图标，启用 RFC 2544 测试应用，界面如图 8-29 所示。

图 8-29　RFC 2544 测试应用界面

④ 在修改结构中，选择要测试的接口速率和接口类型，单击确定键返回，界面如图 8-30 所示。

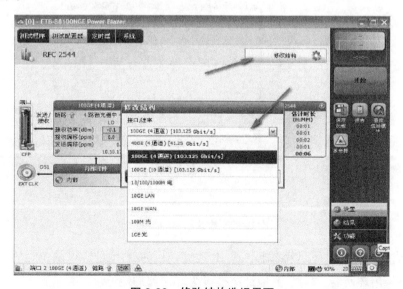

图 8-30　修改结构选择界面

⑤ 展开一个功能框图如 100GE（4 通道），如图 8-31 所示，在接口界面可以看到链路状态等信息。

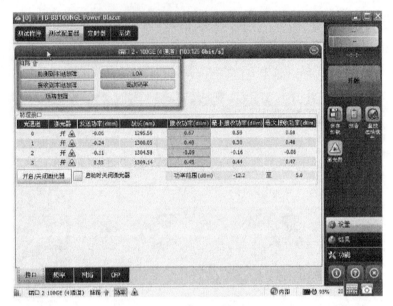

图 8-31　链路状态等信息

⑥ 展开 MAC/IP/UDP 框图窗口，如图 8-32 所示，可以修改以太网帧。

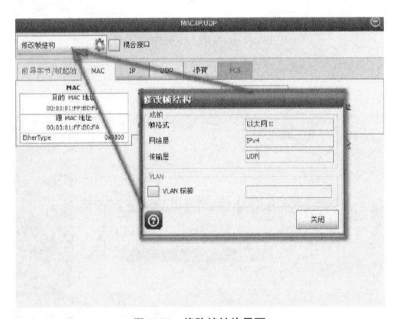

图 8-32　修改帧结构界面

⑦ 在端口或者软件环回状态下，源 IP 地址和目的 IP 地址应该是相同的，如图 8-33 所示，如果使用环回器，目的 IP 地址应被设为环回器的地址。

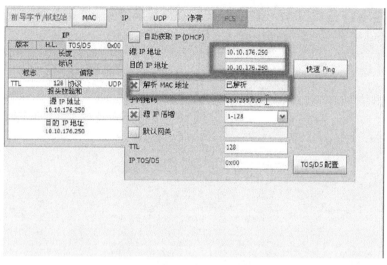

图 8-33　软件环回状态下源 IP 地址和目的 IP 地址

⑧ 展开 RFC 2544 窗口，首先是全局窗口，如图 8–34 所示，这里可以选择测试项。帧大小分布可以使用默认值或者通过用户自定义。

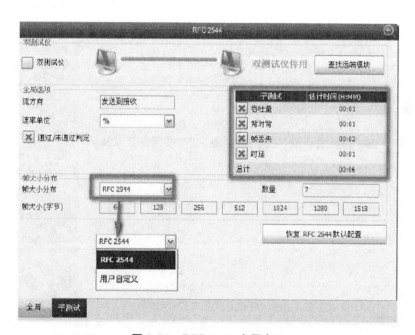

图 8-34　RFC 2544 全局窗口

⑨ 在子测试窗口中可以配置每项子测试项，如图 8–35 所示。在正式的开通测试中，最大速率为实际的链路速率，而不是接口速率。测试时长一般为 30s ～ 1min，测试次数和验证次数推荐为 10 ～ 20 次，同时，推荐勾选"从吞吐量测试结果复制并下调"。

⑩ 完成配置后单击开始启动测试，测试完所有测试项后自动停止，如图 8–36 所示。

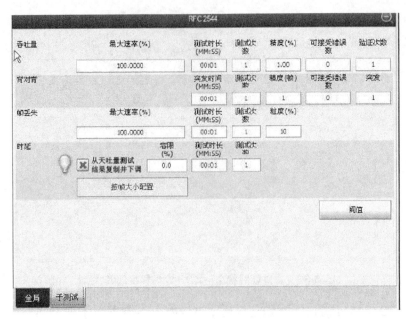

图 8-35　子窗口测试项配置

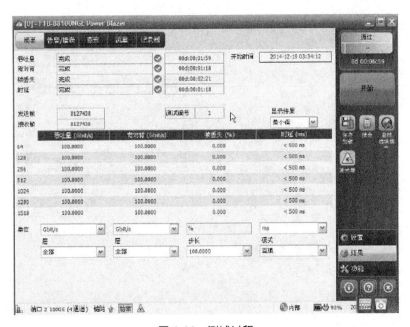

图 8-36　测试过程

8.2.4　系统测试

1. SDH 网络接口的最大允许输出抖动

（1）指标含义

SDH 网络接口及设备输出抖动的指标要求及所用测试滤波器的截止频率见表 8-8。

表8-8　SDH网络接口的最大允许抖动指标

参数值速率（kbit/s）	网络接口限值		测试滤波器参数		
	B1（UI$_{P-P}$）	B2（UI$_{P-P}$）	f_1（Hz）	f_3（kHz）	f_4（MHz）
STM-1	1.5	0.15	500	65	1.3
STM-4	1.5	0.15	1000	250	5
STM-16	1.5	0.15	5000	1000	20
STM-64	1.5	0.15	20000	4000	80

（2）测试仪表

FTB-88100NGE。

（3）测试装置

最大允许输出抖动测试装置如图 8-37 所示。

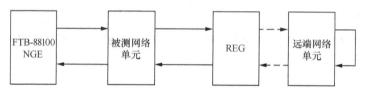

图 8-37　最大允许输出抖动测试装置

（4）测试步骤

① 按图 8-37 所示接好测试仪表与设备。

② 在测试仪上采用不同带宽的测试滤波器进行 60s 抖动峰—峰值测试即可得出结果。

③ 测试中需注意 SDH 测试设备无论在 STM-N 线路还是在 PDH 支路上均不能产生抖动。

2. 数字通道误码性能验收指标

（1）指标含义

数字通道误码是指经接收、判决、再生后，数字码流中的某些比特发生了差错，使传输的信息质量产生损伤的现象。

（2）测试仪表

FTB-88100NGE。

（3）测试装置

数字通道误码测试装置如图 8-38 所示。

图 8-38　数字通道误码测试装置

（4）测试步骤

① 按图 8-38 所示接好电路。

② 按被测系统接口速率等级、图案发生器选择适当的 PRBS 向被测系统输入口输送测试信号。

③ 24h 后，从测试仪表上读出测试结果。

8.3 WDM/OTN 常用的指标测试

8.3.1 波长转换器

1. 发送光功率

（1）指标含义

发送机的发射光功率与发送的数据信号中"1"所占的比例有关，"1"越多，光功率也就越大；当发送伪随机信号时，"1"和"0"大致各占一半，这时测试得到的功率就是平均发送光功率。

（2）测试仪表

光功率计。

（3）测试装置

发送光功率测试装置如图 8-39 所示。

图 8-39　发送光功率测试装置

（4）测试步骤

① 从发送机引出光纤，将其接到光功率计上。

② 在光功率计上设置被测光的波长，待输出功率稳定后，读出发送的光功率。

2. 最小边模抑制比

（1）指标含义

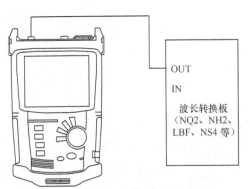

图 8-40　最小边模抑制比测试装置

最小边模抑制比是指主模和功率最高的边模之间的功率差。边模抑制比指标要求：≥35dB（100Gbit/s）。

（2）测试仪表

FTB-5240S。

（3）测试装置

最小边模抑制比测试装置如图 8-40 所示。

（4）测试步骤

① 按图 8-40 所示连接好测试配置。

② 模式选择 "DFB 图" 模式，按 "开始" 键得到边模抑制比，如图 8-41 所示。

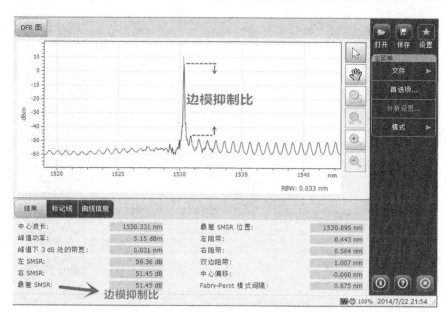

图 8-41　边模抑制比示意

3. 最大 –20dB 带宽

（1）指标含义

最大 –20dB 带宽一般用 –20dB 谱宽衡量，即指从中心波长最大下降到 –20dB 时两点间的宽度。

（2）测试仪表

FTB–200–5240S。

（3）测试装置

最大 –20dB 带宽测试装置如图 8-42 所示。

（4）测试步骤

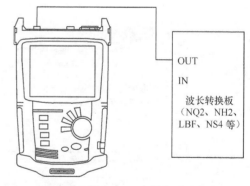

图 8-42　最大 –20dB 带宽测试装置

① 主界面→模式→ "WDM" 模式。进入模式后，调好 "数据采集" 类型以及系统对应的 "波长范围"，如图 8-43 所示。

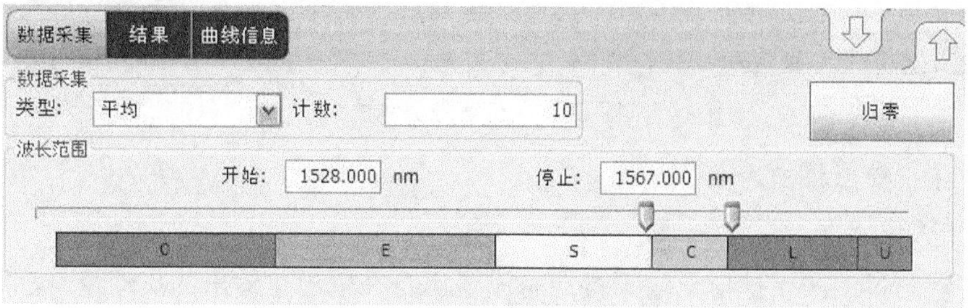

图 8-43　设置数据采集的波长范围

②按下右上方"开始"键开始测试,如图8-44所示。

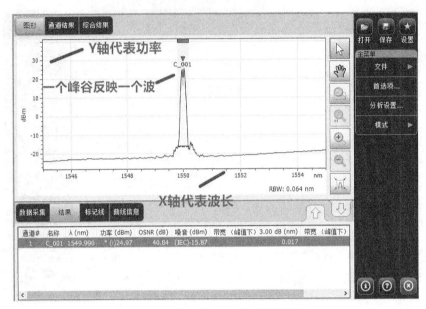

图 8-44　最大 –20dB 带宽测试界面

③单击"放大波峰"可测得最大 –20dB 带宽数值,如图 8-45 所示。

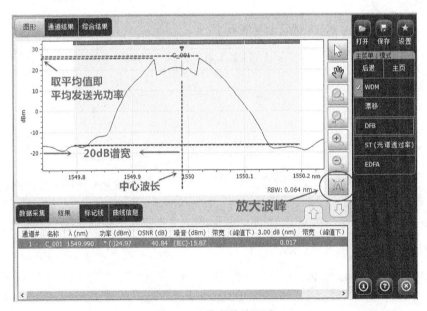

图 8-45　带宽数值测试

4. OTU 输出抖动产生

（1）指标含义

OTU 输出抖动产生是指无输入抖动时设备本身在输出口输出的抖动量,测量时间为60s,测量结果为最大峰—峰值。

（2）测试装置

OTU 输出抖动产生测试装置如图 8-46 所示。

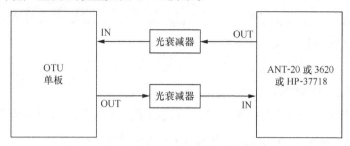

图 8-46　OTU 输出抖动产生测试装置

（3）测试仪表

ANT-20。

（4）测试步骤

① 按图 8-46 所示连接好测试装置。

② 设置 ANT-20 的接口速率，其应与被测单板的接口速率保持一致，调整光衰减器，使 SDH 测试仪和被测单板接收的光功率适中。

③ 设置 ANT-20 为输出抖动测试方式，根据标准的要求选择相应的高通和低通滤波器，并将测量精度设置为 2UI。

④ 启动测试，测量时间为 60s，测量结束后记录输出抖动的最大峰—峰值，对 B1、B2 分别进行测试。

5. 接收灵敏度

（1）指标含义

接收灵敏度是指在接收点处达到 1×10^{-12} 的 BER 值所需要的平均接收功率的最小可接收值。目前各设备厂商板卡的灵敏度指标都不同，具体请查设计文件。

（2）测试仪表

Anritsu MP1590B、光衰减器和光功率计。

（3）测试装置

接收灵敏度测试装置如图 8-47 所示。

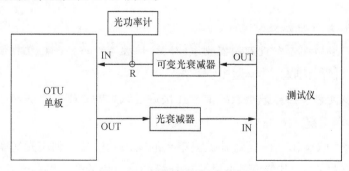

图 8-47　接收灵敏度测试装置

（4）测试步骤

① 按图 8-47 所示连接好测试装置。

② 将仪表的接口速率设置为与被测单板的接口速率一致，调整可变光衰，使波长转换板和 SDH 测试仪的接收光功率适中。

③ 调整可变光衰减器，增大衰减值，在接近接收机灵敏度的界限时，缓慢增大衰减值，观察测试仪误码检测情况。

④ 在误码率为 1×10^{-12} 时，断开被测单板的输入光信号，利用光功率计测量此点的光功率，记录测试结果，结果值就是此波长转换板的接收机灵敏度。

6. 最小过载光功率

（1）指标含义

接收机最小过载光功率是指在接收点处达到 1×10^{-12} 的 BER 值所需要的平均接收功率的最大可接收值。目前各设备厂商板卡的过载点指标都不同，具体请查设计文件。

（2）测试仪表

MP1590B SDH 测试仪和光功率计。

（3）测试装置

最小过载光功率测试装置如图 8-48 所示。

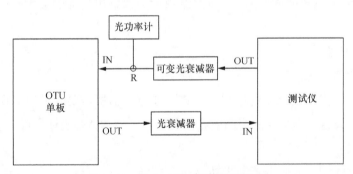

图 8-48 最小过载光功率测试装置

（4）测试步骤

① 按图 8-48 所示连接好测试装置。

② 将仪表的接口速率设置为与被测单板的接口速率一致，调整光衰减器，使波长转换板和 SDH 测试仪的接收光功率适中。

③ 调整可变光衰减器，减小衰减值，在接近过载点的界限时，缓慢减小衰减值，观察测试仪误码检测情况。

④ 在误码率为 1×10^{-12} 时，断开被测单板的输入光信号，利用光功率计测量此点的光功率，记录测试结果，其值就是此波长转换板的接收机的最小过载光功率。

8.3.2 合波器

插入损耗及其最大差异的相关概念如下。

（1）指标含义

插入损耗指合波器本身的固有损耗，即某通道输入信号功率与其对应的输出信号功率的差值。不同通道插入损耗的最大值与最小值之差即为最大通道插入损耗差，合波器插入损耗指标见表 8-9。

表8-9 合波器插入损耗指标

插入损耗	最大插入损耗差
<10dB	<3dB

（2）测试仪表

FTB-5240S。

（3）测试装置

合波器插入损耗测试装置如图8-49所示。

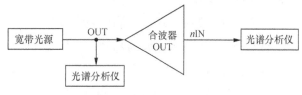

图 8-49 合波器插入损耗测试装置

（4）测试步骤

① 按图 8-49 所示连接好测试装置，该测试方法利用合光器件光路可逆原理，不适合耦合型合波器的测试。

② 图 8-49 中宽带光源为强制放大板发光光源。

③ 把光谱分析仪的分辨率调节为 0.1nm，将光谱分析仪的显示调节到最佳状态，先测试合波器输出端口的光功率谱线图，并将其存储在 A 通道中。

④ 利用光谱分析仪测试输入端口的光功率谱线图，将其存储在 B 通道中。

⑤ 在光谱分析仪的通道选择中选取 B-A 方式，相当于其输出功率减去输入功率即为相应通道的插入损耗，其峰值处的功率就是插入损耗，可从光谱分析仪的测试表格中读出该数值。

⑥ 重复上述测试步骤，测试所有通道的插入损耗。

⑦ 测试完合波器各通道的插入损耗后，找出插入损耗最大通道的插入损耗 $W_{\max}$，再找出插入损耗最小通道的插入损耗 $W_{\min}$，$W_{\max}$ 与 $W_{\min}$ 之差就是各通道插入损耗的最大差异。

8.3.3 分波器

1. 插入损耗

（1）指标含义

每通道插入损耗即为每通道光信号经过光解复用板后在相应输出通道输出的光功率

损耗，即输入和输出端口之间的光功率之比。插入损耗最大差异是指解复用器所有通道的插入损耗最大值与最小值之差，分波器插入损耗指标见表8-10。

表8-10　分波器插入损耗指标

插入损耗	最大插入损耗差
<8dB	<2dB

（2）测试仪表

FTB-5240S。

（3）测试装置

分波器插入损耗测试装置如图8-50所示。

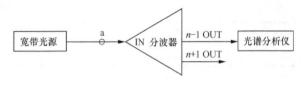

图 8-50　分波器插入损耗测试装置

（4）测试步骤

① 按图 8-50 所示连接好测试装置。

② 图 8-50 中宽带光源为强制放大板发光光源。

③ 把光谱分析仪的分辨率调到 0.1nm，并将光谱分析仪的显示调到最佳状态，先在"a"点（宽带光源的输出光口）测试宽带光源的光功率谱线图，将其存储在 A 通道中。

④ 再利用光谱分析仪测试解复用板的各输出口的光功率谱线图，将其存储在B通道中。

2．信道隔离度

（1）指标含义

信道隔离度有相邻信道隔离度与非相邻信道隔离度之分：相邻信道隔离度是指相邻信道串扰到本信道的功率与本信道的功率之差；非相邻信道隔离度是指非相邻信道串扰到本信道的功率与本信道的功率之差。

（2）指标要求

分波器的非相邻信道隔离度指标：>30dB。

分波器的相邻信道隔离度指标：>25dB。

（3）测试仪表

FTB-5240S。

（4）测试装置

信道隔离度测试装置如图 8-51 所示。

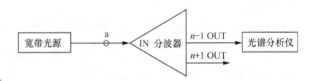

图 8-51　信道隔离度测试装置

（5）测试步骤

① 按图 8-51 所示连接好测试装置。

② 把光谱分析仪的分辨率调到 0.1nm，将光谱分析仪的显示调到最佳状态，先测试解复用器信道 1 的插入损耗光谱特性曲线，将其存储在 A 信道中。

③ 再测试解复用器信道 2 的插入损耗光谱特性曲线，将其存储在 B 信道中。

④ 在光谱分析仪的信道选择中选取 B&A 方式，就可以在光谱分析仪上看到信道 1 与信道 2 的光谱图重叠图形。

⑤ 在光谱分析仪 FTB–5240S 的面板上按 Marker select 键，选择光标 A 的数值为信道 1 的中心波长，选择光标 B 的数值为信道 2 的中心波长，选择光标 C 的数值为信道 1 的中心波长处的光功率，选择光标 D 的数值为信道 2 的中心波长在信道 1 的插入损耗特性曲线的交点处的功率，从仪表可以读出 C–D 的数值，即为信道 2 对信道 1 的隔离度。

⑥ 重复以上步骤，可测试解复用器所有信道的相邻信道隔离度与非相邻信道隔离度。

8.3.4　梳状滤波器

梳状滤波是指在频率响应上出现的一系列相间的峰值和谷值的现象。

1. 插入损耗

（1）指标含义

光信号通过梳状滤波器后光功率的变化就是插入损耗。插入损耗指标：<3dB。

（2）测试仪表

FTB–5240S。

（3）测试装置

梳状滤波器插入损耗测试装置如图 8–52 所示。

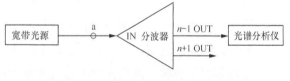

图 8-52　梳状滤波器插入损耗测试装置

（4）测试步骤

① 设置光源输出波长为需测试波长，使用光功率计测量设备输入端口的光功率，记为 P_{IN}。

② 使用光功率计测量设备对应输出端口的光功率，记为 P_{OUT}。

③ $P_{\text{IN}} - P_{\text{OUT}}$ 为该通道的插入损耗。

2. 信道隔离度

（1）指标含义

信道隔离度有相邻信道隔离度与非相邻信道隔离度之分；相邻信道隔离度是指相邻信道串扰到本信道的功率与本信道的功率之差；非相邻信道隔离度是指非相邻信道串扰到本信道的功率与本信道的功率之差。相邻 / 非相邻信道隔离度指标：>25dB。

（2）测试仪表

FTB–5240S。

（3）测试装置

梳状滤波器信道隔离度测试装置如图 8–53 所示。

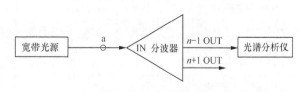

图 8-53　梳状滤波器信道隔离度测试装置

（4）测试步骤

① 连接分波器输出口与光谱分析仪。

② 将光谱分析仪设置在监控信道的波长范围内,读出功率谱形峰值处的频率值或波长值。

③ 重复以上步骤,得出监控信道频率值或波长值。

8.3.5　光监控通道

1. 输出光功率和接收灵敏度

(1)指标含义

输出光功率是光信号耦合到光纤中的监控通道数据序列的平均光功率;接收灵敏度是监控通道达到规定的误码率所接收到的最低平均光功率。

(2)测试仪表

FTB–5240S。

(3)测试装置

输出光功率和接收灵敏度测试装置如图 8–54 所示。

(4)测试步骤

① 将仪表设置在监控通道波长范围,监控通道功率谱形置于屏幕的合适位置,读出功率谱形峰值处的光功率值。实际的平均发送光功率要加上光衰减器的值。

② 调整光衰耗器,逐渐加大衰耗值,用网管或监控系统监视监控通道的误码情况。

③ 当达到规定的误码率时,用仪表读出接收光功率,即为接收灵敏度。

④ 重复以上步骤,测出光监控通道的接收灵敏度。

2. 工作波长及偏差

(1)指标含义

通道中心波长:峰值功率 –3dB 带宽对应的两波长值的平均波长值为该通道中心波长。

中心波长偏移:通道中心波长和标称波长的差值。

(2)测试仪表

FTB–5240S。

(3)测试装置

工作波长及偏差测试装置如图 8–55 所示。

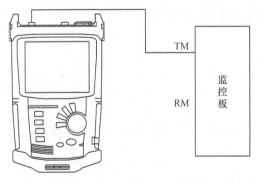

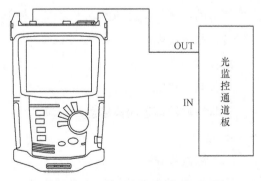

图 8-54　输出光功率和接收灵敏度测试装置　　　图 8-55　工作波长及偏差测试装置

（4）测试步骤

① 按图 8-55 所示连接光纤，接上光谱分析仪或光波长计。

② 将光谱分析仪设置在被测波长范围，读出功率谱形峰值处频率值或波长值。

③ 重复以上步骤测出其他通道的频率值或波长值。

④ 波长偏差 = 波长测试值 − 波长标称值。

8.3.6　光保护倒换板

1. 插入损耗

（1）指标含义

光信号通过设备后光功率的变化就是插入损耗。插入损耗指标：<3dB。

（2）测试装置

光保护倒换板插入损耗测试装置如图 8-56 所示。

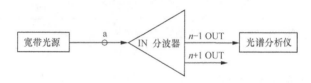

图 8-56　光保护倒换板插入损耗测试装置

（3）测试仪表

FTB-5240S。

（4）测试步骤

① 设置光源输出波长为需测试波长，使用光谱分析仪测量设备输入端口的光功率，记为 P_{IN}。

② 使用光谱分析仪测量设备对应输出端口的光功率，记为 P_{OUT}。

③ $P_{IN}-P_{OUT}$ 为该通道的插入损耗。

2. 发送光功率

（1）指标含义

发送光功率指在保护倒换板输出端口处，光信号耦合到光纤中伪随机数据序列的平均发送光功率。

（2）测试装置

发送光功率测试装置如图 8-57 所示。

（3）测试仪表

FTB-5240S。

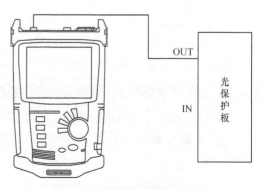

图 8-57　发送光功率测试装置

（4）测试步骤

① 按图 8-57 所示在输出端口接上光谱分析仪。

② 光谱分析仪设置在被测波长上，待输入功率稳定后，通过光谱分析仪读出平均发送光功率。

8.3.7 系统指标

1. 中心频率及偏移

（1）指标含义

WDM 系统中每个通道的中心频率指相对于参考频率 193.1THz（对应波长 1552.52nm）的间隔为 50GHz/100GHz 的倍数的一组频率。

（2）测试仪表

FTB-5240S。

（3）测试装置

中心频率及偏移测试装置如图 8-58 所示。

（4）测试步骤

① 用波长转换板发送测试信号。

② 将光谱分析仪或光波长计设置在被测波长范围，读出主纵模峰值处的频率值即为中心频率。

③ 频率偏差＝中心频率测量值－中心频率标称值。

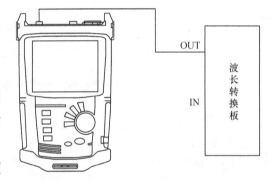

图 8-58　中心频率及偏移测试装置

2. 光信噪比

（1）指标含义

光信噪比是指在接收端放大器的输入端，满足系统正常传输时，各信道的光功率与噪声功率的比值。

（2）测试仪表

光谱分析仪或者光功率计。

（3）测试步骤

① 接入光谱分析仪，并设置光谱分析仪为 DWDM 测试方式。

② 启动光谱分析仪进行测试，从光谱分析仪上记录测试结果。

3. 误码性能

（1）指标含义

误码即系统设备实际运行时接收到的数据流的错误位，通常以 bit 来表示。

高比特率通道的误码性能是以"块"为基础的一组参数，通常以误块秒比（ESR）、严重误块秒比（SESR）和背景误块比（BBER）等来表示。

（2）指标要求

WDM 系统光复用段的误码性能，在工程测试和验收时，应在 24h 内无误码；若有误码，允许检查设备后重新进行误码测试。

（3）测试装置

系统误块性能测试装置如图 8-59 所示。

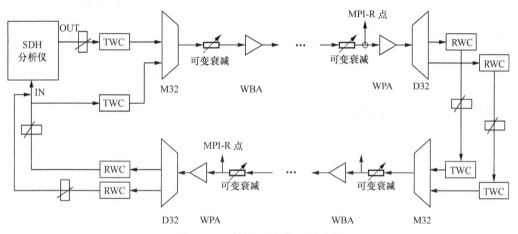

图 8-59　系统误码性能测试装置

（4）测试仪表

Anritsu MP1590B。

（5）测试步骤

① 按图 8-59 所示连接好测试装置，首先从 SDH 测试仪发送的光信号经过衰减器后接入发送端 OTU 单元，使发送端波长转换板接收的功率适中，对端站接收端 OTU 单板加衰减做一个环回，接入反向同一路发送端 OTU，在本端站接收端 OTU 接收，将接收的信号接入 SDH 分析仪。

② 启动 SDH 测试仪，设置测试时间为 24h，根据接入信号的速率，设置 SDH 测试仪的数据结构，进行 24h 误码测试，测试结束后将打印测试结果或者存储测试结果为电子文件。

4．WDM 系统抖动输出

（1）指标含义

系统抖动输出是指网络接口无输入抖动时系统网络输出端口输出的抖动量，测量时间为 60s，测量结果为最大峰—峰值。系统输出端口最大允许抖动指标见表 8-11。

表8-11　系统输出端口的最大允许抖动指标

信号速率	网络接口限值		测量滤波器参数		
	B1	B2	f_1	f_3	f_4
STM-1（光）	0.75UI	0.15UI	500Hz	65kHz	1.3MHz
STM-4（光）	0.75UI	0.15UI	1000Hz	250kHz	5MHz
STM-16（光）	0.75UI	0.15UI	5000Hz	1000kHz	20MHz
STM-64（光）	0.75UI	0.15UI	20000Hz	4000kHz	80MHz

（2）测试仪表

Anritsu MP1590B。

（3）测试装置

系统抖动输出测试装置如图 8-60 所示。

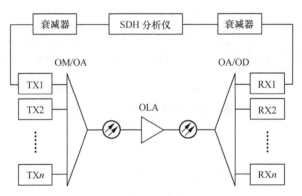

图 8-60　系统抖动输出测试装置

（4）测试步骤

① 按图 8-60 所示连接好测试装置，使各接口点的功率适中。

② 将 SDH 分析仪的接口速率设置为与被测系统网络的速率一致，即与 OTU 的速率一致，设置 SDH 为输出抖动测试方式，选择相应的 B1 段滤波器进行测量，量程为 2UI，测试时间为 60s，记录输出抖动最大峰—峰值。

③ 选择相应的 B2 段滤波器进行测量，60s 后记录输出抖动最大峰—峰值。

④ 测试其他速率时需要在 SDH 信号发生器设置对应的输出信号。

5．光通道 1 + 1 保护倒换

（1）指标含义

1+1 保护倒换采用双发选收、单端倒换方式，即 A 站发 B 站时，A 站 OLP 同时将信号发往工作光纤和保护光纤，B 站 OLP 检测到工作光纤接收方向无信号时，就选择接收保护光纤传来的信号实现倒换，倒换时间小于 50ms。

（2）测试仪表

FTB-88100NGE。

（3）测试装置

光通道 1+1 保护倒换测试装置如图 8-61 所示。

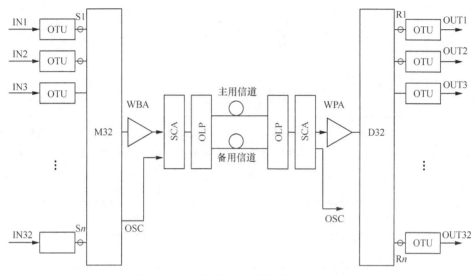

图 8-61　光通道 1+1 保护倒换测试装置

（4）测试步骤

① 按图 8-61 所示连接好测试装置，调整可调衰减器和衰减器，使各接口点的功率适中，并满足指标要求。

② 模拟主用、备用信道在接收端 OLP 输入的功率差超过 5dB，观察主用、备用信道的倒换情况。

③ 模拟主用、备用信道在接收端 OLP 输入的功率差在 3 ～ 5dB，观察主用、备用信道的倒换情况和告警情况。

④ 模拟主用、备用信道在接收端 OLP 输入的功率差小于 3dB，观察主用、备用信道的倒换情况和告警情况。

⑤ 拔掉主用信道的输出光纤，系统自动倒换到备用信道上传输，查看 FTB-88100NGE 记录的业务中断到恢复的时间。

8.4 测试记录表格

测试记录表

测试项目：光接口特性

本端站名：＿＿＿＿＿＿＿＿　　　　A端站名：＿＿＿＿＿＿＿＿　　　　B端站名：＿＿＿＿＿＿＿＿

系统	纤号	发送光功率（dBm）	接收灵敏度（dBm）	接收光功率（dBm）	过载光功率（dBm）

施工代表：　　　　　　　　　厂商代表：　　　　　　　　　测试仪表：

建设代表：　　　　　　　　　监理代表：　　　　　　　　　测试日期：

测试记录表

测试项目：<u>10Gbit/s输出抖动</u> 本 端 站 名：_____

限制带宽	20kHz～80MHz	4MHz～80 MHz
指标（UI峰—峰值） 支路（群路）	1.5	0.15

施工代表： 厂商代表： 测试仪表：

建设代表： 监理代表： 测试日期：

测试记录表

测试项目：<u>10Gbit/s输入抖动容限</u>

本端站名：_____

频率	20kHz	400kHz	4MHz	80MHz
指标（UI峰—峰值） 支路	1.5	1.5	0.15	0.15

施工代表：　　　　　　厂商代表：　　　　　　测试仪表：

建设代表：　　　　　　监理代表：　　　　　　测试日期：

测试记录表

测试项目：622Mbit/s输出抖动　　　　　　　　测 试 方 式：＿＿＿＿＿＿＿

本 端 站 名：＿＿＿＿＿＿＿　　　　　　　　对 端 站 名：＿＿＿＿＿＿＿

指标（UI峰—峰值）　　　　　支路号	网络接口限值			测量滤波器参数		
	LP	LP+HP1	LP+HP2	f_1	f_2	f_3
	1.35	0.75	0.15	1000Hz	250kHz	5MHz

施工代表：　　　　　　　厂商代表：　　　　　　　测试仪表：

建设代表：　　　　　　　监理代表：　　　　　　　测试日期：

测试记录表

测试项目：<u>622Mbit/s输入抖动容限</u>

本端站名：_____

频率	10Hz	1kHz	25kHz	250kHz	5MHz
指标（UI峰—峰值） 支路	156	1.5	1.5	0.15	0.15

施工代表：   厂商代表：   测试仪表：

建设代表：   监理代表：   测试日期：

测试记录表

测试项目：<u>155Mbit/s输出抖动</u>　　　　　测 试 方 式：＿＿＿＿＿＿

本端站名：＿＿＿＿＿＿＿　　　　　　　　对 端 站 名：＿＿＿＿＿＿

频率（Hz）\\指标（UI峰—峰值）\\支路号	网络接口限值			测量滤波器参数		
	LP	LP+HP1	LP+HP2	f_1	f_2	f_3
	1.35	0.75	0.15	500Hz	65kHz	1.3MHz

施工代表：　　　　　　厂商代表：　　　　　　测试仪表：

建设代表：　　　　　　监理代表：　　　　　　测试日期：

测试记录表

测试项目：155Mbit/s输入抖动容限
本端站名：＿＿＿＿＿＿＿＿

频率	500Hz	6.5kHz	65kHz	1.3MHz
指标（UI峰—峰值） 支路	1.5	1.5	0.15	0.15

施工代表：　　　　　　厂商代表：　　　　　　测试仪表：
建设代表：　　　　　　监理代表：　　　　　　测试日期：

测试记录表

测试项目：<u>155Mbit/s～2Mbit/s去映射组合抖动</u>

本端站名：_____

测试系列 支路	滤波器 指标	HP1/LP 0.4	HP2/LP 0.075	HP1/LP 0.4	HP2/LP 0.075
	A				
	B				
	C				
	D				
	A				
	B				
	C				
	D				
	A				
	B				
	C				
	D				
	A				
	B				
	C				
	D				

注：A为极性相反的单指针　　　　　　　　B为漏掉一个指针的规则单指针

　　C为规则单指针加一个双指针　　　　　D为极性相反的双指针

施工代表：　　　　　　　厂商代表：　　　　　　　测试仪表：

建设代表：　　　　　　　监理代表：　　　　　　　测试日期：

测试记录表

测试项目：<u>155Mbit/s～45Mbit/s去映射组合抖动</u>

本端站名：<u>　　　　　　　</u>

测试系列 ／ 支路	滤波器 指标	HP1/LP 0.4	HP2/LP 0.075	HP1/LP 0.4	HP2/LP 0.075
	A				
	B				
	C				
	D				
	A				
	B				
	C				
	D				
	A				
	B				
	C				
	D				
	A				
	B				
	C				
	D				

注：A为极性相反的单指针　　　　　　　　B为漏掉一个指针的规则单指针
　　C为规则单指针加一个双指针　　　　　D为极性相反的双指针

施工代表：　　　　　　　　厂商代表：　　　　　　　　测试仪表：

建设代表：　　　　　　　　监理代表：　　　　　　　　测试日期：

测试记录表

测试项目：2Mbit/s输入抖动容限

本端站名：＿＿＿＿＿＿＿＿＿

频率	20Hz	2.4kHz	18kHz	100kHz
指标（UI峰—峰值） 支路	1.5	1.5	0.2	0.2

施工代表：　　　　　　　厂商代表：　　　　　　　测试仪表：

建设代表：　　　　　　　监理代表：　　　　　　　测试日期：

测试记录表

测试项目：<u>2Mbit/s输出抖动</u>　　　　　　　　　测试方式：_____

本端站名：_____　　　　　　　　　　　对端站名：_____

限制带宽 　　　　　　　　指标（UI峰—峰值） 支路（群路）	F1～F4	F3～F4
	1.5	0.2

注：1. 测试方式栏填写设备本机支路或复用信号输出抖动，通信系统对测或环测。

　　2. 通信系统测试时F1=100Hz，F3=10kHz，F4=800kHz；

　　　　设备本机支路输出抖动测试时F1=0Hz，F3=10kHz，F4=800kHz；

　　　　设备本机复用信号输出抖动测试时F1=100Hz，F4=800kHz，F3～F4栏不填。

施工代表：　　　　　　　　厂商代表：　　　　　　　　测试仪表：

建设代表：　　　　　　　　监理代表：　　　　　　　　测试日期：

测试记录表

测试项目：<u>2Mbit/s电接口输入允许频偏</u>

本端站名：_____

项目	输入允许频偏	
指标 支路号	2.048MHz+50ppm	2.048MHz−50ppm

施工代表：　　　　　　　厂商代表：　　　　　　　测试仪表：

建设代表：　　　　　　　监理代表：　　　　　　　测试日期：

测试记录表

测试项目：<u>保护功能测试</u>
本端站名：_____

系 列	项 目	结 果	备 注
1	交叉连接单元保护		
2	电源单元保护		
3	时钟单元保护		

施工代表：　　　　　厂商代表：　　　　　测试仪表：
建设代表：　　　　　监理代表：　　　　　测试日期：

测试记录表

测试项目：　误　码

比特率：　2Mbit/s　　　　　　　　　　　　观察时间：　24h

本端站名：＿＿＿＿＿＿　　　　　　　　　对端站名：＿＿＿＿＿

项目	实测	打印结果
误码率（BER）	0	
误码个数（BE）	0	
劣化分（DM）	0	
误码秒（ES）	0	
严重误码秒（SES）	0	

测试支路：

测试方框图：

支路
*
*
*
*

误码仪

施工代表：　　　　　厂商代表：　　　　　测试仪表：

建设代表：　　　　　监理代表：　　　　　测试日期：

测试记录表

测试项目：波长转换器　　　　　　　　　　本端站名：＿＿＿＿＿＿

对端站名：＿＿＿＿＿＿

发端测试项目	指　标	机柜　子架单板板位					
光接收灵敏度							
平均发送光功率							
过载光功率							
信道中心频率							
中心频率偏移							
−20dB谱宽							
边模抑制比							

发端测试项目	指　标	机柜　子架单板板位					
光接收灵敏度							
平均发送光功率							
过载光功率							
信道中心频率							
中心频率偏移							
−20dB谱宽							
边模抑制比							

施工代表：　　　　　　厂商代表：　　　　　　测试仪表：

建设代表：　　　　　　监理代表：　　　　　　测试日期：

测试记录表

测试项目：支路板   本端站名：_____
对端站名：_____

收端测试项目	指　标	机柜　　子架单板板位				
光接收灵敏度						
平均发送光功率						
过载光功率						
消光比						
眼图						

收端测试项目	指　标	机柜　　子架单板板位				
光接收灵敏度						
平均发送光功率						
过载光功率						
消光比						
眼图						

收端测试项目	指　标	机柜　　子架单板板位				
光接收灵敏度						
平均发送光功率						
过载光功率						
消光比						
眼图						

施工代表：   厂商代表：   测试仪表：
建设代表：   监理代表：   测试日期：

测试记录表

测试项目：合波器 ____   本端站名：_____

对端站名：_____

通道（n）								
指标（dB）								
插损（dB）								

通道（n）								
指标（dB）								
插损（dB）								

通道（n）								
指标（dB）								
插损（dB）								

通道（n）								
指标（dB）								
插损（dB）								

通道（n）								
指标（dB）								
插损（dB）								

施工代表：　　　　　　　厂商代表：　　　　　　　测试仪表：

建设代表：　　　　　　　监理代表：　　　　　　　测试日期：

测试记录表

测试项目：分波器　　　　　　　　　　　本端站名：＿＿＿＿＿＿＿

对端站名：＿＿＿＿＿＿＿

通道（n）									
中心波长（nm）	标准波长								
	测试值								
	偏差<0.16								
相邻隔离度>25dB	对n+1								
	对n-1								
非相邻隔离度	>25dB								
插损	指标								
	测试值								

通道（n）									
中心波长（nm）	标准波长								
	测试值								
	偏差<0.16								
相邻隔离度>25dB	对n+1								
	对n-1								
非相邻隔离度	>25dB								
插损	指标								
	测试值								

施工代表：　　　　　　　厂商代表：　　　　　　　测试仪表：

建设代表：　　　　　　　监理代表：　　　　　　　测试日期：

测试记录表

测试项目：<u>监控板</u>　　　　　　　　　　　　　本端站名：<u>　　　　　　　</u>

对端站名：<u>　　　　　　　</u>

板号	测试项目	指　标	测试值	备　注
	输出光功率			
	工作波长			
	最小接收灵敏度			
	插入损耗			
	OTDR功能检查			

板号	测试项目	指　标	测试值	备　注
	输出光功率			
	工作波长			
	最小接收灵敏度			
	插入损耗			
	OTDR功能检查			

施工代表：　　　　　　　　厂商代表：　　　　　　　　测试仪表：

建设代表：　　　　　　　　监理代表：　　　　　　　　测试日期：

测试记录表

测试项目：<u>光放大器</u>　　　　　　　　　　　　本端站名：<u>　　　　　　　</u>

　　　　　　　　　　　　　　　　　　　　　　　　对端站名：<u>　　　　　　　</u>

板号	测试项目	指　标	测试值	备　注
	最大总输出功率			
	输出光功率			
	输入光功率			
	噪声系数			
	通路（信道）增益			
	增益平坦度			

板号	测试项目	指　标	测试值	备　注
	最大总输出功率			
	输出光功率			
	输入光功率			
	噪声系数			
	通路（信道）增益			
	增益平坦度			

施工代表：　　　　　　　　　　厂商代表：　　　　　　　　　　测试仪表：

建设代表：　　　　　　　　　　监理代表：　　　　　　　　　　测试日期：

测试记录表

测试项目：<u>主光通道测试</u>　　　　　　　　　　　本端站名：_____

　　　　　　　　　　　　　　　　　　　　　　　　对端站名：_____

通道（n）										
MPI-S	每通路输出光功率2～9dB									
	每通路输出光信噪比>22dB									
MPI-R	每通路输入光功率-28～-19dB									
	每通路输入光信噪比>22dB									

通道（n）										
MPI-S	每通路输出光功率2～9dB									
	每通路输出光信噪比>22dB									
MPI-R	每通路输入光功率-28～-19dB									
	每通路输入光信噪比>22dB									

通道（n）										
MPI-S	每通路输出光功率2～9dB									
	每通路输出光信噪比>22dB									
MPI-R	每通路输入光功率-28～-19dB									
	每通路输入光信噪比>22dB									

施工代表：　　　　　　　　　厂商代表：　　　　　　　　　测试仪表：

建设代表：　　　　　　　　　监理代表：　　　　　　　　　测试日期：

测试记录表

测试项目：误码测试____ 本端站名：_____

对端站名：_____

测试分项目				误码测试	
系统	测试板位	测试接口及速率	测试时长（24h/15min）	测试值	检测结果

干线和中继网误码计算公式：通道长度（千米）×0.0055%×下表对应的值

VC速率	VC-12	VC-2	VC-3	VC-4	VC-4-4C	VC-4-16C	VC-4-64C
ES	0.01	0.01	0.02	0.04			
SES	0.002	0.002	0.002	0.002	0.002	0.002	0.002
BBER	5×10^{-5}	5×10^{-5}	5×10^{-5}	1×10^{-4}	1×10^{-4}	1×10^{-4}	1×10^{-3}

施工代表：   厂商代表：   测试仪表：

建设代表：   监理代表：   测试日期：

第9章
传输设备的故障处理与案例分析

9.1.1　波分 OTN 系统的故障处理原则

1. 故障处理原则

① 先抢通业务，后修复故障；

② 先本端，再对端，后骨干；

③ 先设备侧，后用户侧，分段排查测试。

2. 故障定位原则

故障定位关键点：将故障点准确地定位到单站。

故障定位的一般原则：先外部，后内部；先网络，后网元；先高级，后低级；先多波，后单波；先双向，后单向；先共性，后个别。

（1）先定位外部，后定位内部

定位波分系统故障时，首先排除外部设备的问题，如光纤、接入设备和掉电等问题。

（2）先定位网络，后定位网元

传输设备出现故障时，多个单站会同时上报告警，我们需要通过分析和判断缩小故障的范围，从而快速、准确地定位出故障的单站。

（3）先分析高级别告警，后分析低级别告警

分析告警时，应先分析高级别的告警，如紧急告警、主要告警，再分析低级别的告警，

如次要告警和提示告警。

（4）先分析多波信号告警，后分析单波信号告警

分析告警时，应先分析是多波道问题还是单波道问题。多波道信号同时出现故障，问题通常出现在合波部分，处理了合波部分的故障后，单波道信号告警通常就随之消除了。

（5）先分析双向信号告警，后分析单向信号告警

分析告警时，若"本站收、对端站发"的方向有告警，需要先检查"对端站收、本站发"的方向是否有类似的故障现象，若双方向都有告警，则需要先对此进行分析处理。

（6）先分析共性告警，后分析个别告警

分析告警时，应先分析是个别告警还是共性告警，确定问题的影响范围。除此，还需要确定是一个单板出现问题，还是多个单板出现类似问题。对于多光口单板，则需确定是一个光口有误码还是多个或所有光口都有误码。

9.1.2　波分 OTN 系统故障定位的过程

首先排除接入设备出现的问题，然后将故障定位到单站，接着定位单板或尾纤出现的问题，并最终将故障排除。

1. 排除外部设备故障

在定位波分系统的故障前，首先排除外部设备的问题，如光纤、接入设备和掉电等问题。

（1）接入设备故障的排除

方法①：测试接入设备光口收发自环（加适当的光衰减器），检查该设备的告警情况，如果依然存在告警或采用仪表测试还存在误码，则说明故障发生在接入设备上。

方法②：在波分系统的波长转换板 / 支路板输入口 Rx 和输出口 Tx 之间接入误码测试仪表进行误码测试，在对端站把相应波长转换板输出口 Tx 用尾纤短接到相应波长转换板输入口 Rx，测试 24h，如果没有误码，则说明故障出现在接入设备上。

方法③：将接入设备直接接到光路上，然后接入误码测试仪测试，看是否发生误码，如果产生误码，则说明故障出现在接入设备上。

方法④：首先检查波长转换板是否能监测到 B1 数值，如果有 B1 数值则波分系统接收的信号已经产生了误码，再检查对端站波长转换板监测到的 B1 数值，比较两个B1 数值是否相同，如果相同，说明波分系统没有增加新的误码，整个波分系统运行正常，此时问题发生在接入设备上。

（2）线路光纤故障的排除

当光功率明显下降时，单板必然产生信号丢失告警，为进一步定位是单板问题还是

光纤问题，可采取以下方法。

方法①：使用光时域反射仪（Optical Time-Domain Reflectometer，OTDR）仪表直接测量光纤是否发生故障。但需要注意的是，OTDR 仪表在近距离内有一段盲区，无法准确测试。使用 OTDR 时要将尾纤和设备分开，否则 OTDR 的强光可能会损坏设备。

方法②：测量告警单板的接收光功率和对端站相应单板的输出光功率：若对端站单板发送光功率正常，而本端接收光功率异常，则说明光纤出现问题；若单板发送光功率已经很低，则判断为该单板出现问题或其输入光功率不正常。

方法③：若有一根光纤是好的，则可用替代法判断是否为光纤出现问题。

（3）供电电源故障的排除

如果站点无法登录，且与该站相连的单板均有输入信号丢失的告警，则可能是该站的供电电源出现故障，导致该站掉电引起告警。若该站从正常运行中突然进入异常工作状态，出现光功率突然下降、某些单板工作异常、业务中断、登录不正常等情况，技术人员则需检查传输设备供电电压是否过低，或者是否出现瞬间低压的情况。

（4）接地问题的排除

如果设备出现被雷击或对接不上的情况，则需检查接地是否存在问题。技术人员首先检查设备接地是否符合规范，是否有设备不共地的情况，同一个机房中各种设备的接地是否一致；其次可通过仪表测量接地电阻值和工作地、保护地之间的电压差是否在允许的范围内。

2. 故障定位到单站

将故障定位到单站最常用的方法是告警性能分析法和环回法。环回法是通过逐站进行外环回和内环回，定位出可能存在故障的站点或单板。告警性能分析法是通过网管逐站进行告警性能分析，查看各站的光功率，并将其与已经保存好的性能数据（正常情况下）进行比较和分析，定位出可能存在故障的尾纤或单板。我们综合使用这两种方法，基本可以将故障定位到单站。

3. 故障定位到单板并最终排除

定位单板故障最常用的方法是替换法。网络维护操作人员通过替换法可定位出存在问题的单板和尾纤。另外，经验处理法也是解决单站问题比较常用且有效的方法。

4. 波分系统故障处理的流程图

波分系统故障处理的流程如图 9-1 所示。

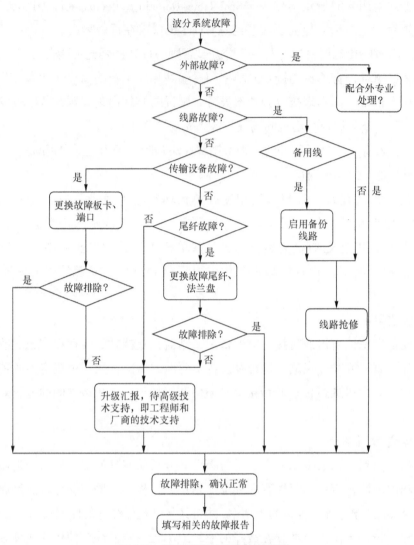

图 9-1　波分系统故障处理的流程

9.1.3　波分 OTN 系统故障判断与定位的常用方法

对于一般性的硬件故障，我们一般采用"一分析、二环回、三替换"的方法。当故障发生时，首先通过分析信号流向、告警事件和性能数据，初步判断故障点范围；接着通过逐段测量光功率和分析光谱，排除尾纤或光缆故障，并最终将故障定位到单板；最后通过换单板或换尾纤，排除故障问题。

常用的故障定位和处理方法包括信号流分析法、告警性能分析法、仪表测试法、环回法、配置数据分析法、远程网络监控（Remote Network Monitoring，RMON）性能分析法、替换法、经验处理法。各方法的适用范围、特点及维护人员要求见表 9-1。

232

表9-1　常用的故障定位和处理方法的适用范围、特点及维护人员要求

处理方法	适用范围	特点	维护人员要求
信号流分析法	通用	全网把握，可预见设备隐患	高
告警性能分析法	通用	全网把握，可预见设备隐患且不影响正常业务	高
仪表测试法	分离外部故障，解决对接问题	具有说服力但对仪表有需求	较高
环回法	将故障定位到单站或分离外部故障	不依赖于告警、性能事件的分析，故障定位快捷，但可能影响错误检查和纠正（Error Correcting Code，ECC）及正常业务	较高
配置数据分析法	将故障定位到单板	可查清故障原因，定位时间长	较高
RMON性能分析法	数据业务	通过例行的统计，分析以太网单板的业务性能和告警等信息	较高
替换法	将故障定位到单板或分离外部故障	简单，但对备件有需求	低
经验处理法	特殊情况	操作简单	较低

1. 信号流分析法

信号流分析法是波分系统中故障定位的常用方法，先分析业务信号的流向，根据业务信号的流向逐点排查故障。通过分析业务信号的流向，技术人员可以较快地定位到故障点。业务信号的流向如图 9-2 所示。

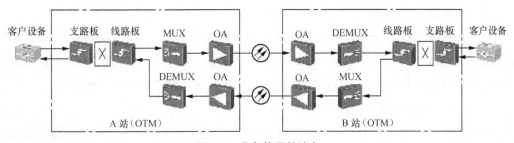

图 9-2　业务信号的流向

2. 告警性能分析法

当波分系统发生故障时，一般会产生告警和异常性能数据，通过对这些数据的分析，我们可大概判断出故障的类型和位置。

获取告警和性能事件信息的方法如下。

（1）查询设备异常告警

查询设备是否有 R_LOS、R_LOF 和 R_OOF 等异常告警，OTU 单板是否有输入光功率过低或过高的异常告警，激光器的制冷电流或工作电流是否异常等，排除由于断纤、

光功率在灵敏度以下等产生误码的可能。

（2）分析网元的性能事件

分析设备通过网管设置的 15min 和 24h 性能监控的数据，这些数据包括接收光功率、误码和纠错数等。其中，光功率过小或过大都会引起误码。光功率性能数据是最重要的数据。

3. 仪表测试法

仪表测试法一般用于排除传输设备的外部问题、与其他设备的对接问题以及设备性能指标问题。

故障定位时，技术人员需要用仪表测试的单板指标包括光功率、中心波长、信噪比、误码、丢包率、输出抖动、输入抖动容限、光缆反射点和光缆衰耗点等。

WDM 系统常用的测试仪表包括光功率计、光谱分析仪、SDH 测试仪、数据业务测试仪、通信信号分析仪和万用表等。

4. 环回法

系统出现误码时，技术人员从告警和性能数据中可能分析不出故障产生的原因，这时可以采用逐段环回业务信号的方式定位故障，环回可以在收发的 OTU 单板进行，也可以在收发放大器之间加衰减进行。

环回法是故障定位中最常用、最直接的方法。它不需要深入分析大量告警和性能数据。环回操作分为硬件、软件两种，这两种方式各有所长。

硬件环回是光纤对物理端口（光接口）的环回操作。硬件环回相对于软件环回而言，它的环回更彻底，但它的操作不是很方便，需要到设备现场才能操作。另外，光接口在硬件环回时要避免接收光功率过载。

软件环回虽然操作方便，但定位故障的范围和位置不如硬件环回准确。比如，在单站测试时，若在通过光接口的软件内环回，业务测试正常，并不能确定该光板是否有问题；但若通过尾纤将光接口自环后，业务测试正常，则可确定该光板没有问题。

5. 配置数据分析法

在某些特殊的情况下，若外界环境条件突然改变或工作人员误操作，导致设备的配置数据——网元数据和单板数据遭到破坏或改变，进而导致业务中断等故障，则此时在将故障定位到单站后，技术人员可使用配置数据分析法进一步定位故障。

6. RMON 性能分析法

以太网业务中断或性能劣化后，技术人员可以在网管中使用 RMON 功能，并结合以太网 OAM、环回、Ping 等操作，定位业务中断或性能劣化的位置。

7. 替换法

替换法是用一个正常的部件替换一个有可能异常的部件，从而实现定位故障、排除故障的目的。此处的部件，可以是一段光纤跳线、一块单板、一个法兰盘或一个衰减器。

替换法的优势是可以将故障定位到较具体的部件，且对维护人员的要求不高，因此是一种比较实用的方法。

但该方法对备件有要求，操作起来没有其他方法方便。插拔单板时，若不小心，可能导致板件损坏等其他问题。

8. 经验处理法

在一些特殊的情况下，由于瞬间供电异常、低压或外部强烈的电磁干扰，设备的某些单板进入异常工作状态，此时的故障现象如业务中断、ECC 通信中断等，可能伴有相应的告警，也可能没有任何告警，技术人员检查各单板的配置数据可能也是完全正常的。经验证明，在这种情况下，技术人员通过复位、插拔单板、单站掉电重启、重新下发配置、将业务倒换到备用通道等手段，可及时有效地排除故障，恢复业务。

9.1.4　波分 OTN 系统的典型案例

OSN 8800主控板上报POWER_FAIL告警的处理方法

专业：	OTN

故障关键字：POWER_FAIL告警

故障描述

某日，一套新的 OSN 8800 T16 设备上电后，其中一块主控板上报 POWER_FAIL 告警，主机版本 5.51.7.36，排除单板设备等硬件和软件问题。

处理过程

① 0x05 表示主控板上的电池电量过低或无电量，拔下主控板，用万用表测量电池电压为 3V，排除电池问题；

② 用备用系统控制和通信（System Control and Communication，SCC）单板更换后告警仍然存在，排除 SCC 单板故障；

③ 拔出 SCC 单板，发现拨码设置错误（跳线 1、跳线 2 为不使用电池状态，跳线 2、跳线 3 为使用电池状态，正常使用时应保证电池正常供电，保证单板掉电时不丢失配置信息），设置正确的拨码后，插回单板，告警消失。

可能原因

① SCC 单板上的电池电量不足；

② 电源板失效；

③ SCC 单板故障；

④ 拨码开关设置错误。

分析总结

OSN 8800 设备的 SCC 单板内部有一个 1×3 跳线，该跳线被用于开关单板上电池的供电，跳线 1、跳线 2 不使用电池，跳线 2、跳线 3 使用电池。设备单板出厂主控板电池跳线可能会被拨码为关闭状态，在正常情况下都会跳至打开状态，所以遇到此类问题时容易忽略跳线状态。

波分设备单板不在位处理案例

专业：	波分/OTN
故障关键字：多单板、BD_STATUS	

故障描述

某日，华为 OSN 8800 设备的 2 框众多单板有 BD_STATUS 告警。

处理过程

初步判断，故障可能是由主控 SCC 单板、AUX 单板或者 1 子框与 2 子框连接网线故障引起的。技术人员到达现场后，发现 2 子框连接网线的 EFI2 单板上的 ETH2 端口网线灯不亮，而其他网元相应的网线灯均正常闪亮，该现象说明故障发生在 1 子框与 2 子框连接的网线上。

技术人员现场更换网线后，发现连接网线的 ETH2 口网线灯依然不亮，该现象说明原来的网线正常。由于 EFI 单板有 3 个 ETH 端口（ETH1、ETH2 和 ETH3），3 条网线内部连通，可替换使用。技术人员现场更换以太网端口，从 ETH2 端口改至 ETH3 端口，故障消失，ETH3 端口网线灯正常闪亮。技术人员确认，单板不在位告警消失，故障恢复。

分析总结

华为 OSN 8800、OSN 6800 的 EFI 单板的 ETH 端口用于子框间单板通信，且 0 子框、1 子框和 2 子框相互通过级联，由 0 子框统一负责网络管理。

如果子框间的以太网端口发生故障或出现网线连接故障，可能会造成下游级联的子框中所有单板通信异常，导致下游级联的所有单板发生不在位告警。相关人员在现场抢修故障时需注意。

FONSTW 1600设备频繁脱管故障处理案例

专业：	OTN
故障关键字：版本、告警	

故障描述

部分站点频繁上报管理盘通信中断告警。

处理过程

经查看，网管人员初步判断该告警为某站点两个子架之间的 OSC 连接有问题进而导致误码偏大，最终使通信中断。

技术人员从其他地市调拨一块 OSC 单盘后前往现场处理，但更换单盘和尾纤后性能误码依然存在，只能将所有单盘和尾纤还原。技术人员翻阅前期的技术文件，发现 OSC 单盘内部有拨码设置的需求，去现场查看实际情况后发现两块 OSC 为不同的硬件版本，需要更改拨码开关，现场更改后还需进行持续观察。

可能原因

① 光纤受损；

② 机盘损坏；

③ 其他。

根本原因

机盘版本匹配问题。

分析总结

遇到此类误码问题不仅要考虑外部因素（光纤连接）及内部硬件因素（机盘性能状态），还要考虑机盘版本问题，部分不同版本的机盘对接时可能需要特定的条件。

干线光缆割接后高速波分系统还原故障案例

专业：	波分
故障关键字：	高速率、波分系统和烧纤

故障描述

某次干线光缆割接后，一高速率波分系统还原后对端收光低，网管人员查看收光比割接前低 5dB，本端收光正常。

处理过程

① 对端在线路接收 ODF 成端处测量接收光功率，发现与在网管测试的接收盘收光功率相近，排除对端机盘和接收尾纤故障；

② 对端测试线路纤正常，排除割接造成的线路问题；

③ 测试本端发送尾纤衰耗，发现也无异样，但网管人员查看发送机盘并无异常告警，暂未更换机盘，尝试更换了一根发送尾纤，结果对端收光正常，系统恢复，障碍确认为发送尾纤故障。

分析总结

① 割接线路光缆时，若有调度还原插拔尾纤操作，建议关闭发送端激光器，待割接完毕系统还原后再打开；

② 布放备用尾纤，在激光器不能关闭的情况下，若插拔尾纤时出现烧纤，利用备用

尾纤更换坏纤，在第一时间恢复系统。

华为DWDM设备TWC盘故障的处理

专业：	波分 /OTN

故障关键字：数据越限、OTU

故障描述

DX 波分系统 SQ-XZ 方向出现数据越限告警，查看性能参数发现 λ_4（此波为 SQ-WX 的互联网出口电路）TWC 盘有再生段误码秒，每 15min 有 200 ～ 300 个误码秒，但不影响业务。

处理过程

经用户同意，技术人员中断 SQ-WX 的业务，用酒精清洁尾纤，再生段误码秒仍然存在，于是怀疑是接收部分故障，随即更换 TWC 盘，更换后查看性能参数，再生段误码秒消失，告警也同时消除。

可能原因

① 接收信号衰减过大；

② 发送部分故障；

③ 光纤不清洁或连接不正确；

④ 接收部分故障。

分析总结

通过 LCT 查看 TWC 盘的性能参数，发现接收光功率为 –10dBm，发送光功率为 –1.4dBm，接收光功率正常，因此可以排除第一种原因。TWC 盘的各种性能参数正常，性能参数是在更换华为 DWDM 设备 M32 盘和 TWC 盘（因为中心频率偏移较大）之后出现的，因此也可以排除第二种原因。又因为是在用业务，因此光纤连接也正确，造成故障的原因可能为光纤不清洁或接收部分故障。

9.2 IP RAN 系统常见的故障处理思路与案例

9.2.1 IP RAN 常见的故障处理思路

IP RAN 作为 4G 承载网，技术层面实际为多种数据技术的集合应用，IP RAN 主要涉及 OSPF 协议、IS-IS 协议、BGP、MPLS 协议、BFD 协议等。

1. OSPF 协议处理思路

OSPF 协议主要供 A 设备至 B 设备间的 IGP 使用，OSPF 协议处理故障的思路如图 9-3所示。

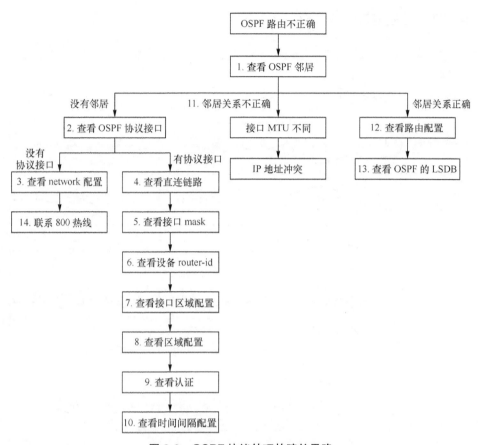

图 9-3　OSPF 协议处理故障的思路

2. IS-IS 协议处理思路

IS-IS 协议主要供 B 设备至 MER 及 DR 设备间的 IGP 使用，IS-IS 的故障现象及造成 IS-IS 故障的原因见表 9-2。

表9-2　IS-IS的故障现象及原因

故障现象	故障原因
IS-IS邻居关系建立不成功	① 对接接口的MAC地址配置相同（错误的配置）； ② SysID的配置相同（错误的配置）； ③ level-1邻居没有配置成相同的区域； ④ 对接接口的IP地址没有配置为同一网段； ⑤ 物理接口或链路状态异常； ⑥ 对接接口的is-type没有配置一致； ⑦ IS-IS的报文收发存在异常； ⑧ 两端的Loopback不相同
无法计算出IS-IS路由	① 两边的metric type配置不一致； ② 两边的认证信息配置不一致

IS-IS 协议处理故障的思路如图 9-4 所示。

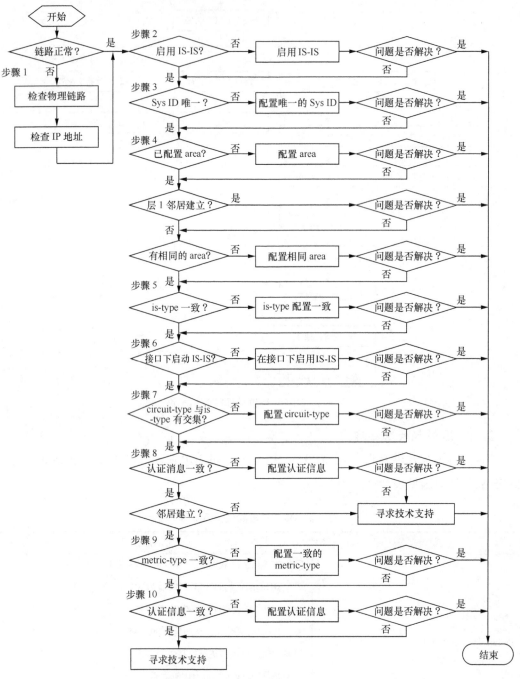

图 9-4 IS-IS 协议处理故障的思路

3. BGP 处理思路

BGP 主要供 B 设备至 MER 及 DR 设备间的 BGP 使用，BGP 处理故障的思路如图 9-5 所示。

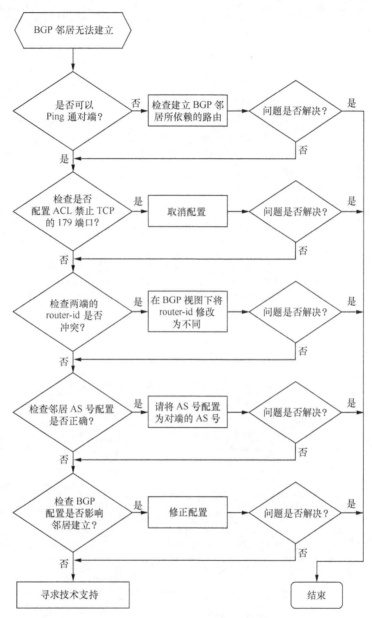

图 9-5　BGP 处理故障的思路

4. L2VPN 处理思路

L2VPN 主要用于建立 A 设备至 B 设备间的伪线，L2VPN 处理故障的思路如图 9-6 所示。

5. L3VPN 处理思路

L3VPN 主要用于建立 B 设备至 MER 设备间的 VPN，L3VPN 处理故障的思路如图 9-7 所示。

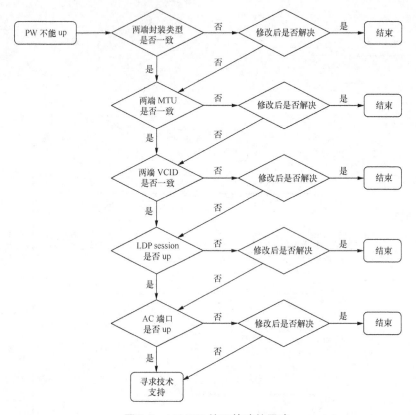

图 9-6　L2VPN 处理故障的思路

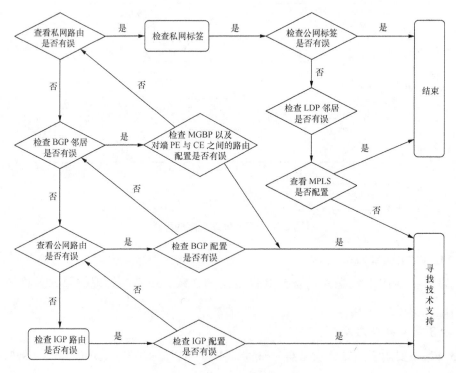

图 9-7　L3VPN 处理故障的思路

9.2.2　IP RAN 典型案例分析

IP RAN B设备上行波分震荡案例

专业：	SDH/IP RAN	故障分类：IS–IS down
故障关键字：BFD波分		

故障描述

某地市反馈在一个汇聚环下的部分基站出现基站告警。

处理过程

① 调试人员首先通过无线专业维护人员获取到受影响的基站设备 IP 地址，通过查询基站业务 IP 地址，定位受影响基站上行 B 设备，查询到该 B 设备互联链路未通，属于未成环状态，分析出故障设备拓扑如图 9–8 所示。

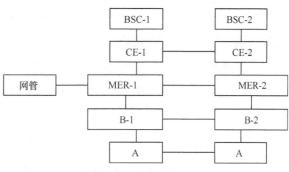

图 9-8　故障设备拓扑

② 登录 B–1、B–2 设备查看 IS–IS 邻居和 BGP 邻居，发现两类邻居状态均正常，从 B 设备 Ping 测下行基站业务地址均正常。技术人员又通过筛选故障基站地址和 PW 发现，受影响的基站业务主用的 PW 都在 B–1 侧。

③ 重点排查 B–1 设备，通过查看 LOG，发现 B–1 有大量 IS–IS down 和 BFD down 的告警，IS–IS down 的链路为 B–1 到 MER–1 侧链路，但是查询 B–1 到 MER–1 的 IS–IS 邻居正常，同时从 B–1 设备 Ping 测 MER–1 接口地址无丢包。

④ 从工程资料确认，B–1 设备到 MER–1 设备间使用了波分链路，考虑到 BFD down 的告警，推测是波分系统产生毫秒级震荡促发 BFD over IS–IS 进行切换，BFD down 主动促发 IS–IS down，同时由于 B–1 到 B–2 互联链路未启用，造成从 B–1 主用的业务在上行链路转发时丢失，引起基站告警。同时由于 BFD 的响应时间为毫秒级，Ping 测的响应时间为秒级，表现出的现象为 BFD down，但是 Ping 测正常。

⑤ 为了验证推测，调试人员在 B–1 设备上行端口 B–1 到 MER–1 之间，取消 BFD over IS–IS 配置。配置取消后，查看 LOG 发现 BFD down 告警和 IS–IS down 告警消失以及无线确认基站告警消失。

⑥ 告警消失后，调试人员联系传输专业维护人员，查询波分性能指标，发现波分系统存在性能值，协调传输部门调整波分系统。

⑦ 调整完波分链路后，调试人员重新对 B–1 设备到 MER–1 设备间链路启用 BFD over IS–IS 配置，完成配置下发后，确认 BFD 邻居状态正常，查看 LOG，无 BFD down 告

警和 IS-IS down 告警，判断业务无影响，处理完故障。

⑧ 调试人员还要协调工程部门，加快启用 B-1 设备到 B-2 设备间互联链路，确认该汇聚环是否闭环。

分析总结

本次故障主要是 BFD 检测机制相对灵敏，检测到波分系统的性能下降后进行了主动切换，造成频繁的 IS-IS down，影响了业务的转发。

本次故障的处理思路主要是技术人员先通过受影响业务基站的业务地址定位到对应的 A 设备环及 B 设备环，再检查 A、B 设备相关协议的邻居状态，同时检查设备的 LOG 判断的可能故障点。关注 IP RAN 本身的同时，需要关注对应链路是否使用了波分系统，也需要关注网络外的系统，适当的时候需要其他专业的相关人员及时介入支撑。本次故障需要注意的是 BFD 的促发灵敏度高于 Ping 测和普通的 IP 地址，了解 BFD 运作模式后，通过采取对 BFD 配置的取消和启用，暂时完成故障处理。

本案例最终定位为波分系统引起的 IP RAN 不稳定，在处理过程中，本次案例采用的是暂时关闭 BFD 配置，确保 IS-IS 协议不频繁震荡，暂时恢复业务，同时验证故障点为波分系统。在实际处理时，技术人员在更换波分系统前，也可以通过关闭 B-1 到 MER-1 链路以及 B-1 上行端口，切换 PW 业务，暂时恢复业务。

IP RAN B设备监控组配置案例

专业：	SDH/IP RAN		故障分类：L2VPN down
故障关键字：B设备监控组（monitor-group）业务保护			

故障描述

某地市 B 设备下基站业务中断，触发问题的原因是 B 设备互联光路中断，当 B 设备互联光路恢复以后，故障现象消除。

处理过程

调试人员接到报障后登录设备查看配置，定位当时 IP RNA 设备的拓扑如图 9-9 所示。B-1 和 B-2 汇聚环由于 B-2 上行到 MER-2 链路未具备开通条件，环网上行实际出口为 B-1 上行到 MER-1 侧链路。当 B-1 到 B-2 互联链路中断后，该汇聚环下挂的所有业务中断。

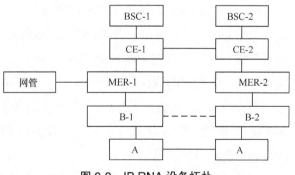

图 9-9　IP RNA 设备拓扑

调试人员在检查时，分析是 B-1 到 B-2 间的互联链路中断，正常情况下业务不应该受到影响，环网所有流量可以通过 B1 上行接口转发。互联链路中断后，造成业务中断，在检查监控组配置时，发现监控组配置错误。

调试人员通过配置查看，发现 B-1 设备实际上行接口为 1/0/0 接口，监控组绑定网络侧接口时，绑定 1/0/1 接口和 2/0/0 接口，其中的 1/0/1 接口非实际上行接口，处于 down 状态；当 B-1 到 B-2 互联链路中断时，互联接口 2/0/0 端口 down，监控组触发了 monitor-group 保护机制，设备自动对下挂的 PW 业务进行业务倒换，并强制下行接口 down；由于 B-2 设备上行和互联接口均 down，流量无上行出口导致下行 A 设备及基站业务中断。当 B 设备互联光路恢复以后，故障现象消除。

分析总结

监控组配置是 IP RAN 为促发倒换的一个保护机制。一般 A 设备下挂的基站业务会配置主备两条 PW 业务，一条到 B1，一条到 B2，业务只有在主用 B 设备下行接口 down 的情况下，才会从主用伪线切换至备用伪线。在实际网络中，当 B 设备的上行和互联链路均在 down 的情况下，下行接口 up，业务不会倒换至备用伪线，流量继续向主用 B 设备转发，此时由于 B 设备上行、互联均 down，转发至 B 设备的流量无法发送给 MER，造成业务中断。为了解决该问题，IP RAN 引入了监控组的配置。

在 IP RAN 中，B 设备网络侧所有被监控的同类接口，可以被加入一个组中，称为接口监控组，每一个接口监控组通过唯一的名称来标识。其中被监控的网络侧接口就是 Binding 接口，通常绑定的接口为 B 设备的上行接口和互联接口。接入侧与监控组联动的接口为 Track 接口，这些接口通过 Track 监控组的状态触发自己的状态。监控组监控所有加入该监控组的 Binding 接口状态，当监控组中超过一定比例的 Binding 的接口状态为 down 时，就会触发对应 Track 接口的状态将其也变为 down，然后将业务切换到备用链路上。当监控组中状态为 down 的 Binding 接口个数小于一定比例时，对应 Track 接口的状态恢复，链路回切。

在双机备份的场景中，当网络侧链路出现故障时，通过 monitor-group 命令创建接口监控组管理用户侧接口的状态，使业务及时触发主备链路的切换，避免流量过载和转发不通。IP RAN 组网中配置监控组的目的是当互联和上联同时中断时，基站业务尽快切换到另外一个双挂的 B 设备上。

IP RAN 断站及 PW 频繁切换案例

专业：	SDH/IP RAN	故障分类：L2VPN 切换
故障关键字：PW 频繁切换		

故障描述

某局突然出现 BBU 频繁断站，定位后发现这些 BBU 都在某局 a1 和某局 a2 这两台设备上，断站时技术人员检查发现这两台设备 PW 频繁倒换，另外发现与这两台设备在同一个环上的一台 a1 上的站也同时断站。

处理过程

技术人员首先怀疑是设备断电引起传输不通，登录设备检查设备在线时间，排除设备断电情况。

技术人员检查设备的数据配置及此前的数据后发现此设备单通，未配置完整 OSPF 数据，但根据设备双路由配置，一侧单通不会出现断站情况，继续检查数据配置，排除数据配置故障后，解决 BBU 断站问题，但发现设备 PW 还在频繁切换，继续检查光路功率情况，发现都正常后，在这几台设备和同环上未断站的某局 a1 上对 PW 进行双向 Ping 测试，发现有丢包现象，最后根据路由走向判断是局 1a1—局 2a1 这段光口或者光路有问题。

局 1a1 路由走向如图 9-10 所示。

图 9-10　局 1a1 路由走向

局 2a1 路由走向如图 9-11 所示。

图 9-11　局 2a1 路由走向

局 1a1–1 路由走向如图 9–12 所示。

```
                                #show mpls l2transport vc vll
LocalIntf            LocalCircuit        DestAddress       VCID       Status M/S
cip:3                ETH                 61.160.32.26      1090       up     S
cip:5                ETH                 61.160.32.26      1096       M
cip:4                ETH                 61.160.32.26      1094       up     M
cip:5                ETH                 61.160.32.25      1096       up     S
cip:4                ETH                 61.160.32.25      1094       up     M
cip:3                ETH                 61.160.32.25      1090       up     M
                                #
                                #ping mpls pseudowire 61.160.32.25 vc-id 1090 repeat 100 size 500
sending 100,500-byte MPLS echos to 61.160.32.25,timeout is 2 seconds.

Codes: '!' - success,   'Q' - request not transmitted,
       '.' - timeout,   'U' - unreachable,
       'R' - downstream router but not target
       'L' - labeled output interface,
       'B' - unlabeled output interface, 'D' - DS Map mismatch,
       'F' - no FEC mapping,      'f' - FEC mismatch,
       'M' - malformed request,   'm' - unsupported tlvs,
       'N' - no rx label,         'P' - no rx intf label prot,
       'p' - premature termination of LSP,
       'I' - unknown upstream index, 'X'- unknown return code,
       'x' - return code 0        'd' - DDMAP

!!!!!!!!!!!!!!!!!!!!!!!!!!!!!!!!!!!!!!!!!!!!!!!!!!!!!!!!!!!!!!!!
Success rate is 100 percent(100/100),round-trip min/avg/max= 2/2/14 ms.
                     -S#ping mpls pseudowire 61.160.32.26 vc-id 1090 repeat 100 size 500
sending 100,500-byte MPLS echos to 61.160.32.26,timeout is 2 seconds.

Codes: '!' - success,   'Q' - request not transmitted,
       '.' - timeout,   'U' - unreachable,
       'R' - downstream router but not target
       'L' - labeled output interface,
       'B' - unlabeled output interface, 'D' - DS Map mismatch,
       'F' - no FEC mapping,      'f' - FEC mismatch,
       'M' - malformed request,   'm' - unsupported tlvs,
       'N' - no rx label,         'P' - no rx intf label prot,
       'p' - premature termination of LSP,
       'I' - unknown upstream index, 'X' - unknown return code,
       'x' - return code 0        'd' - DDMAP

!!.!!.!!!!!!!!!!!!!!!!...!.!!.!!.!.!.!...!!!.!!!.!!!!!!!!!!!!!!!.!
Success rate is 81 percent(81/100),round-trip min/avg/max= 2/2/15 ms.
```

图 9-12　局 1a1—1 路由走向

局 2a1—1 路由走向如图 9–13 所示。

```
                            #show ip route 61.160.32.25
Total number of routes:    1
IPv4 Routing Table:
Dest           Mask            Gw              Interface      Owner    Pri Metric
61.160.32.25   255.255.255.255 3.38.5.26       gei_1/1.31[g   ospf     110 5
                                               ei_1/1.31]
                            #show ip route 61.160.32.26
Total number of routes:    1
IPv4 Routing Table:
Dest           Mask            Gw              Interface      Owner    Pri Metric
61.160.32.26   255.255.255.255 3.38.14.189     gei_1/2.31[g   ospf     110 105
                                               ei_1/2.31]
```

图 9-13　局 2a1—1 路由走向

技术人员检查局 1a1 和局 2a1 相邻光口情况，发现局 1a1 的 2 号光接口 CRC 错误较多，怀疑光模块出现问题，去现场更换光模块后 PW 不再切换。

分析总结

维护人员在检查 BFD 等可能引起反复切换的配置在无误的情况下，怀疑硬件发生故障，通过分段 Ping 测试或检查，定位可能造成故障的硬件，并使用备用件替换。

IP RAN B设备互联中断案例

专业：	SDH/IP RAN	故障分类：IS–IS down
故障关键字：互联接口 IS–IS down		

故障描述

调试人员接到现场反馈，B–2 设备至 MER–2 设备互联光缆被挖断，造成 B 设备下挂部分基站中断，同时 B–2 设备脱管，IP RAN 设备拓扑如图 9–14 所示。

处理过程

调试人员接到故障告警后，查看前期网络拓扑及端口状态发现 B 及下挂 A 设备接入环均已成环，担心 B–2 设备停电会造成业务影响；于是登录 B–1 设备查看 B–1 到 B–2 接口状态是

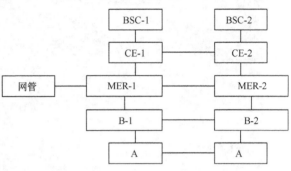

图 9-14 IP RAN 设备拓扑

否正常，如正常，则可以 Ping 通互联接口地址。针对业务受到影响的基站，定位这部分基站使用的业务伪线均为 B–2 主用，在该汇聚环下挂的基站中，业务伪线为 B–1 主用的基站均未受到影响。

调试人员重点开始检查 B–2 设备配置，通过从 B–1 设备 Telnet 到 B–2 的接口地址进入 B–2 设备核对配置及状态，通过核对 B–2 设备 IS–IS 邻居、BGP 邻居时发现，B–2 设备 IS–IS 邻居和 BGP 邻居均 down；由于 B–1 到 B–2 设备间链路正常，理论上正常情况下邻居状态应为 up，调试人员核对配置后发现 B–2 设备互联的接口缺少 IS–IS 配置，导致互联接口在光路正常的情况下 B–1 下挂基站业务倒换不正常。同时由于 IS–IS 邻居中断，造成 B–2 设备的 BGP 邻居也中断，而当时 B 设备的网管通道是 VPN 通道，当 BGP 邻居 down 时，VPN 也失效，从而造成 B–2 设备脱管。调试人员补充互联接口 IS–IS 的数据配置，确认 IS–IS 邻居 up、BGP 邻居 up，随后业务恢复，同时 B–2 设备网管恢复正常。后续等待 B–2 设备至 MER–2 设备间光缆恢复正常，调试人员确认 B–2 设备到 B–1 和 MER–2 设备的 IS–IS 邻居均正常，同时至 MER–1 和 MER–2 的 BGP 邻居均正常，确认该环路恢复正常。

分析总结

① 本次案例主要检查倒换保护的数据配置，突出在光缆正常、收发光正常的情况下，如果发生基站业务无法倒换的现象，调试人员需要重点检查 IS–IS 协议、BGP 等配置，确认相关邻居均正常。

② 在正常情况下，调试人员发现 B 设备脱管，下挂业务中断，一般会怀疑是设备掉电引起的，但也需要登录 B 设备查看收发光，同时 Ping 测试接口地址。如果确认设备故障确实是掉电引起时，则还需要和现场维护人员沟通确认设备的掉电情况。

③ 该案例中，B-1 设备至 B-2 设备互联光缆正常，通过 B-1 设备端口 up 确认 B-2 设备未掉电，这种情况需要排除 B-1 设备至 B-2 设备没有"走"波分系统。当 B-1 设备至 B-2 设备"走"的是波分系统时，可能就存在 B-2 设备掉电、B-1 设备互联接口依然未 up 的情况。

<h3 style="text-align:center">IP RAN B 设备上行流量不均衡案例</h3>

专业：	SDH/IP RAN	故障分类：L2VPN 配置不合理
故障关键字：主备 PW		

故障描述

网络维护人员在进行日常网络监控巡检时，发现一台 B 设备汇聚环上行流量不均衡，其中 B1 设备至 ER1 的流量远大于 B2 设备至 ER2 的流量，下挂的 7 个 A 设备接入环均已成环，如图 9-15 所示。正常理想的状态是 B1 上行流量与 B2 上行流量大致均衡。

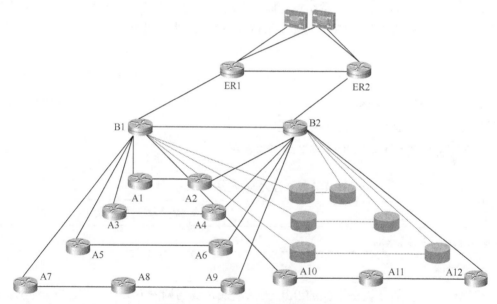

图 9-15　IP RAN 汇聚层网络拓扑

处理过程

维护人员先检查 B1 上行 ER1 链路状态以及 B2 上行 ER2 链路状态，确认两侧的收发光均正常，且 B1 和 B2 设备的各项邻居及协议转发均正常。同时考虑 IP RAN 所有业务流量全部通过 VPN 转发，流量均衡除了考虑 IS-IS 协议，还需要考虑 MPLS 和 BGP 的负载均衡，确认配置无误。

确认 B 设备配置无误后，维护人员开始检查 A 设备及 A 到 B 设备间的业务伪线配置情况，查看得知下挂的 A 设备大部分业务伪线均配置为 B1 主用、B2 备用，通过该配置得出流量不均衡原因是伪线主备用配置不合理，需要将部分在 B1 主用的伪线调整到 B2

主用。维护人员申请风险操作后，在夜间将下挂的 7 个接入环中的 3 个接入环的业务伪线调整为 B2 主用，将部分流量切换从 B2 上行链路转发。次日在巡检系统中查看，确认 B1 到 ER1 和 B2 到 ER2 流量相对均衡。

分析总结

维护人员在处理 IP RAN 流量不均衡的问题时，首先考虑汇聚层以上设备各链路状态，包括 IS–IS 协议、MPLS 协议、链路带宽等因素，重点考虑动态均衡流量的配置是否准确，维护人员确认汇聚层没有问题后，需要检查接入层的伪线配置，当汇聚层和接入层网络均已成环后，从 A 设备过来的业务流量只从主用 B 设备转发，正常情况下不会切换至备用 B 设备，这样可能造成主用 B 设备流量过大。

为了避免设备在维护期间流量不一致，在设备开通及业务开通的工程期间，技术人员需要做好主备伪线配置规划，在配置业务伪线时，将伪线主备均衡配置在 B1 和 B2 设备上。为了均衡伪线流量，在配置主备伪线时通常有以下两种规划。

① 同一个 A 设备接入环，采用奇、偶点配置，对该接入环下的 A 设备按环网进行顺序编号，处于奇数的 A 设备伪线设置主用在 B1 设备，处于偶数的 A 设备伪线设置主用在 B2 设备。这样，主用在 B1 和 B2 的伪线数相对一致，流量相对均衡。

② 对同一个汇聚环下的所有接入环进行编号，对 B 设备下挂的接入环按照顺序编号，处于奇数的接入环，该环上 A 设备所有的伪线都配置为 B1 主用，处于偶数的接入环，该环上 A 设备的所有伪线都配置为 B2 主用。

以上两种配置基本可以满足流量均衡的要求。

IP RAN 下挂基站无法上线案例

专业：	SDH/IP RAN	故障分类：核心路由未配置
故障关键字：路由放通		

故障描述

某地市反馈在某 B 设备下挂的 BBU 无法上线，现场调测 BBU 后可以 Ping 通网关但是无法 Ping 通服务器。网络中各单元连接如图 9-16 所示。

处理过程

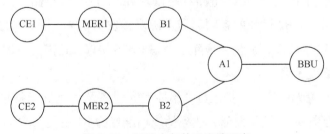

图 9-16　网络中各单元连接示意

① 登录 A 设备查看与 BBU 互联的端口是否正常、有无 CRC 增长，具体如图 9-17 所示。

图 9-17　A 设备数据显示

② 查看 A 设备的 PW 配置是否为 interface GigabitEthernet 0/2/4.36，具体如图 9-18 所示。

图 9-18　A 设备 PW 配置

③ 查看 A 设备到 B 设备的 PW 状态是否为 disp mpls l2vc int gi 0/2/4.36，具体如图 9-19 所示。

图 9-19　A 设备到 B 设备的 PW 状态

④ 登录 B 设备查看其对应的 PW 状态和配置，具体如图 9-20 所示。

图 9-20　B 设备的 PW 状态和配置

⑤ 查看 B 设备的 DHCP 收发状态是否正常，具体如图 9-21 所示。

图 9-21　B 设备的 DHCP 收发状态

⑥ 查看 B 设备对应的 PW 是否有 DHCP 状态交互，具体如图 9-22 所示。

图 9-22　B 设备 PW 的 DHCP 状态交互

⑦ 检查三层 VE 接口有没有对应厂商的 DHCP 中继地址，具体如图 9-23 所示。

```
#
interface Virtual-Ethernet1/0/1.3
 description 4G FDD
 diffserv-mode pipe af4 green
 control-vid 3 dot1q-termination
 dot1q termination vid 1001 to 1500
 ip binding vpn-instance CDMA-RAN
 ip address 7.97.97.65 255.255.255.192
 ip address 7.99.255.65 255.255.255.192 sub
 ip relay address 7.96.88.33
 ip relay address 7.96.88.57
 ip relay address 7.96.88.53
 ip relay address 7.96.88.59
 ip relay address 7.96.88.194
 ip relay address 7.96.96.42
 ip relay address 7.96.96.43
 ip relay address 7.96.96.44
 ip relay address 7.96.96.45
 ip relay address 7.96.96.46
 ip relay address 7.96.96.47
 ip relay giaddr 7.96.62.176
 dhcp relay source-ip-address 7.96.62.176
 dhcp select relay
 direct-route degrade-delay 300 degrade-cost 5000
 arp-proxy enable
 arp-proxy inter-sub-vlan-proxy enable
 arp broadcast enable
 qos phb dscp disable
#
```

图 9-23 VE 接口对应 DHCP 中继地址状态

⑧ 查询 BBU 地址的相关路由发现，B 设备无法学习相关路由，怀疑是 MER 到 CE 的路由没有放通，经查询发现 BBU 地址段是新分的地址，MER 上没有将这段新的地址段放通，故 BBU 只能 Ping 通网关，找相关操作人员放通此段路由后，BBU 可以正常上线。

分析总结

本次故障主要是由于新的基站地址段没有在 MER 上放通，设备使用新的地址段的 BBU 时无法上线。

本次故障的处理思路是在确定接口的物理状态和数据配置及 DHCP 的转发流程都没有问题后，怀疑上层路由没有放通，结合上层数据配置，放通路由后基站可以正常上线。

本案例最终的定位是上层路由没有放通导致新启用的地址段无法正常使用，路由放通后，基站恢复正常。

IP RAN B 设备上行波分震荡案例

专业：	SDH/IP RAN	故障分类：IS–IS 协议 down
故障关键字：端口 up，IS–IS 协议 down		

故障描述

B 设备与 ER 设备的 IS–IS 邻居卡在 init 状态，并且设备之间是直连裸纤，端口 up，光衰正常。IS–IS 邻居的 init 故障状态如图 9-24 所示。

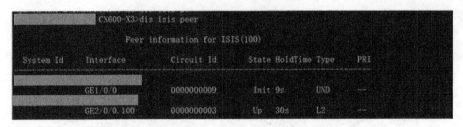

图 9-24　IS-IS 邻居的 init 故障状态

处理过程

由于 B 设备 IS-IS 协议处于 init 状态，因此技术人员首先检查二层链路指标，确保直连链路两端物理端口 up，收发光指标正常。但是技术人员检查后发现 B-ER"走"的是裸纤，不经过波分设备，并且两端的端口 up，光衰值正常，端口的 inerrors（接收的错误报文）数值不增加。之后，技术人员检查链路两端的端口 IP 地址是否在同一个地址段内，经检查 B-ER 的接口地址处在同一地址段内，且无法 Ping 通对方，又检查 B 设备 IS-IS 100 中的系统 ID，level 区域和 ER 的相关配置相同。技术人员确保配置无误后，让代理维护人员去现场协同处理，检查是不是鸳鸯纤或者光模块出现问题。

分析总结

本次故障主要是 B-ER 的直连裸纤跳成鸳鸯纤，导致 IS-IS 协议未能正常 up。

本次故障的处理思路是先排除常见的链路问题，如两端的物理端口状态和光衰值等，如果链路经过波分设备，则需要在波分侧检查端口状态；然后再检查配置方面的问题，主要是检查端口 IP 地址是不是在同一个地址段内；最后检查是不是碰到少见的鸳鸯纤问题，或者光模块出现故障。

本案例最终定位为直连链路上的鸳鸯纤问题，处理跳纤后，问题解决。

IP RAN A设备上行存在单纤故障案例

专业：	SDH/IP RAN	故障分类：OSPF 协议 down
故障关键字：	单纤收发故障	

故障描述

某地市反映有 3 个 IP RAN 环路出现光纤障碍，并出现掉站，但该环路是有保护机制的，理论上不应该出现掉站的情况，具体如图 9-25 所示。

处理过程

① 查看 a2 下业务 PW 状态是否正常，是否影响了业务，发现 PW 状态为 down，如图 9-26 所示。

② 查看 b1、b2、a1、a2 的端口状态，如图 9-27 所示，发现端口状态均为 up，且均有收光。

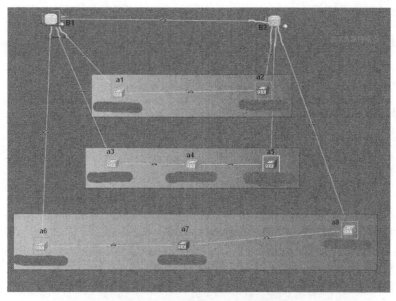

图 9-25　IP RAN 环路光纤障碍

```
*Client Interface    : GigabitEthernet0/2/7.36
 Administrator PW     : no
 AC status            : down
 VC State             : down
 Label state          : 0
 Token state          : 0
 VC ID                : 10710
 VC Type              : Ethernet
 session state        : up
 Destination          : 218.92.156.69
 link state           : down
```

图 9-26　PW 状态

```
[A-1.MCN.       ]dis interface brief
Interface              PHY   Protocol  InUti OutUti  inErrors  outErrors
DCN-Serial0/2/0:0      up    up         ---    ---         0          0
DCN-Serial0/2/1:0      up    up         ---    ---         0          0
Ethernet0/0/0          down  down       0%     0%          0          0
GigabitEthernet0/2/0   up    down       0.14%  1.35%       0          0
GigabitEthernet0/2/0.31 up   up         0%     0%          0          0
GigabitEthernet0/2/1   up    down       1.99%  0.02%       0          0
GigabitEthernet0/2/1.31 up   up         0%     0%          0          0
```

图 9-27　b1、b2、a1、a2 的端口状态

③查看 a1 设备的 OSPF 状态，如图 9–28 所示，状态异常，初步怀疑 OSPF 出现配置问题，通过排查发现配置和 IP 地址都是正确的，排除配置问题。

```
<     [A-1.MCN.       ]dis o p b
         OSPF Process 31 with Router ID 3.36.25.16
                 Peer Statistic Information

Area Id        Interface                         Neighbor id    State
0.0.0.3        GigabitEthernet0/2/0.31           3.36.25.15     Full
0.0.0.3        GigabitEthernet0/2/1.31           3.36.25.17     Full

Total Peer(s):    2
```

图 9-28　a1 设备的 OSPF 状态

④ 通过上面的协议状态、端口状态和配置检查，怀疑光路可能存在鸳鸯纤问题，技术人员打算在 B1 侧关闭 1/0/5 端口，检查 a1 能否收光，通过检测关闭 B1 的 1/0/5 端口

后发现 a1 的 0/2/0 仍然能收光，故障可能是由单纤引起的。

⑤ 通过 lldp 确定故障原因，技术人员怀疑为单纤故障后，通过在 B1 设备查看 lldp 邻居关系，发现 B1 的 1/0/5 端口本该下挂的是 a1 设备，结果下挂的却是 a3 设备，通过排查发现两个环路的光纤存在交叉现象，如图 9-29 所示。

⑥ 通过后台分析，技术人员及时通知现场处理人员故障原因，业务很快恢复。

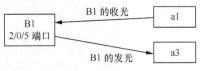

图 9-29 环路光纤存在交叉现象

分析总结

本次故障主要是由光路单纤收发存在交叉现象引起的，但网管人员查看当天报表中并未报出设备清单，所以运维人员在日常维护过程中，要定期使用 U2000 健康检查工具巡检协议异常的设备，排除安全隐患。

IS-IS参数设置不当导致IP RAN B路由器频繁中断案例

专业：	SDH/IP RAN	故障分类：IS-IS 协议配置不合理
故障关键字：IS-IS 参数设置不当		

故障描述

在 IP RAN 建设的过程中，技术人员发现 B 路由器频繁出现中断，在排除链路障碍后，发现 A 厂商的 B 路由器在和 Z 厂商城域网 SR 对接过程中，IS-IS 协议中的部分参数（max-lsp-lifetime 和 lsp-refresh-time）不匹配，导致 B 路由器的 IS-IS LSP 经常失效，从而导致设备频繁中断。

处理过程

① 故障发生后，技术人员首先检查 B 路由器和上联设备二平面 SR 的链路状态，没有发现链路中断告警，在 SR 上可以 Ping 通 B 路由器的互联地址，但是在 SR 上 Ping B 路由器管理地址，发现不通。

② 在排除链路问题后，技术人员判断可能是网络中的路由出现问题。IP RAN 的路由组织模式如图 9-30 所示，技术人员分析 IP RAN 的路由组织模式，B 路由器和二平面 SR 通过 IS-IS 协议实现网络互通，故障应该在 IS-IS 路由协议上。

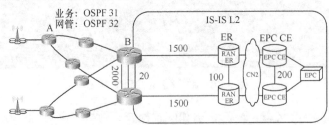

图 9-30 IP RAN 的路由组织模式

③ 在 IP RAN ER 和二平面 SR 检查 B 路由器的管理地址路由。

B 路由表信息如图 9-31 所示，二平面 SR 可以学到 B 路由器的管理地址路由，状态正常。

```
Z.SR# show router route-table 61.160.32.21
==============================================================================

Dest Prefix[Flags]              Type    Proto   Age      Pref
   Next Hop[Interface Name]                     Metric
61.160.32.21/32                 Remote  IS-IS   0119d18h  115
   61.160.33.82                                 110
No. of Routes: 1
Flags: L = LFA nexthop available    B = BGP backup route available
   n = Number of times nexthop is repeated
```

图 9-31　B 路由器路由表

④ 通过二平面 SR 直联地址登录 B 路由器，如图 9-32 所示，检查邻居状态和路由表。

```
A.B#show IS-IS adjacency
Process ID: 100

Interface      System id      State Lev Holds    SNPA（802.2）   Pri MT
xgei-0/1/0/1     WX-XHL-B-1.MCN.C UP     L1    22        PPP         0
          TN9000-3E
xgei-0/0/0/1     WX-RML-SR-1.M2N. UP     L1    27        PPP         0    M
          AC7750
A.B #show ip forwarding route
IPv4 Routing Table:
   Dest        Gw           Interface       Owner    Pri Metric
*> 3.38.6.168/30    3.38.6.169   gei-0/1/1/4.31    Direct    0   0
*> 3.38.6.192/30    3.38.6.193   gei-0/0/1/7.31    Direct    0   0
*> 3.38.6.196/30    3.38.6.197   gei-0/0/1/5.31    Direct    0   0
*> 3.38.6.224/30    3.38.6.225   gei-0/1/1/5.31    Direct    0   0
*> 3.38.31.40/30    3.38.31.41   xgei-0/1/0/1.100  Direct    0   0
*> 3.38.33.36/30    3.38.33.37   gei-0/1/1/7.31    Direct    0   0
*> 61.160.33.80/30  61.160.33.82 xgei-0/0/0/1      Direct    0   0
*> 61.160.34.40/30  61.160.34.41 xgei-0/1/0/1      Direct    0   0
```

图 9-32　B 路由器邻居状态及路由表

通过 B 路由器的路由表，技术人员可以发现虽然 IS-IS 邻居状态正常，但是 B 路由器上的 IS-IS 路由都丢失了，全网只有直联路由。技术人员进一步检查 B 路由器的 IS-IS 数据库，如图 9-33 所示，发现数据库中没有任何的 IS-IS LSP 信息。

```
A.B #show IS-IS database
IS-IS Level-1 Link State Database:
LSPID          LSP Seq Num   LSP Checksum   LSP Holdtime   ATT/P/OL
```

图 9-33　B 路由器的 IS-IS 数据库

⑤ 对照二平面 SR，检查 B 路由器的 IS–IS 配置参数，如图 9–34 所示，发现 B 路由器的 max–lsp–lifetime 和 lsp–refresh–time 两个参数与 SR 不同。

```
B.SR>config>router>IS-IS# info          A.B #show running-config IS-IS
-------------------------------------    !<route_IS-IS>
    area-id 86.4633.0510                 router IS-IS 100
    lsp-lifetime 65500                       area 86.4633.0510
    interface "Te-1/1/1"                     system-id 0611.6003.2021
        level-capability level-1            is-type level-1
        interface-type point-to-point        i-spf
        lsp-pacing-interval 32768
```

图 9-34　B 路由器的 IS-IS 参数与 SR 对比

技术人员通过检查发现，按照局数据规范，为了降低 IS–IS 刷新占用链路带宽，二平面 SR IS–IS 协议中的 lsp–lifetime 设置为 65500s，lsp–refresh–time 设置为 32768s；而 A 厂商的 B 路由器并没有设置这两个参数，而是让路由器采用默认值（lsp–lifetime 默认为 1200s，lsp–refresh–time 默认值为 15min），按照 IS–IS 协议的 RFC 规定，IS–IS 协议为每一个收到的 LSP 设置一个 lifetime，lifetime 与 OSPF 中的 lifetime 有所不同的是，LSA 是从 0 开始增加到最大的数，而 LSP 是从最大的数减少到 0，IS–IS 的默认值为 1200s，这个数值被设置在 link state datebase 中并周期性更新。在通常情况下，IS–IS LSP 的 refresh 默认时间是 15min，当路由器收到更新的 LSP 后会重置数据库中的 lifetime，以确保 LSP 不被老化。如果在 lifetime 减少到 0 时，还没有收到 LSP 的 refresh 报文，那 LSP 在 link state datebase 中会保持到 60s，然后在数据库中被清除，相应的路由也会被删除。

我们从上述分析中可知，由于 IP RAN B 路由器没有设置 lifetime 参数，因此默认为 1200s，而二平面 SR 的 LSP Refresh 时间为 32678s，使得 lifetime 短于 refresh 时间。每过 20 多分钟，如果 lifetime 没有收到 refresh 报文，则 B 路由器数据库中的 LSP 被老化删除，并被丢弃到外网的路由中，从而产生网络故障。

⑥ 调整 IP RAN B 路由器的 IS–IS 协议参数，把 max–lsp–lifetime 设置为 65500s，lsp–refresh–time 设置为 32768s，如图 9–35 所示，保证全网设备参数一致。

```
router IS-IS 100
    area 86.4633.0510
    system-id 0611.6003.2021
max-lsp-lifetime 65500
lsp-refresh-time 32768
```

图 9-35　调整 IP RAN B 路由器的 IS-IS 协议参数

调整参数后，重启 IS-IS 路由进程可发现 B 路由器已经可以学到全网路由，如图 9-36 所示。故障排除后，继续观察一段时间，技术人员发现网络再没有出现中断告警。

```
B-2.MCN.CTN9000-3E#show ip forwarding route IS-IS-l1
IPv4 Routing Table:

    Dest          Gw          Interface        Owner      Pri Metric
*> 0.0.0.0/0        61.160.33.81   xgei-0/0/0/1    IS-IS-L1   115 200
*> 10.167.255.12/31  61.160.34.42   xgei-0/1/0/1    IS-IS-L1   115 210
*> 10.167.255.14/31  61.160.33.81   xgei-0/0/0/1    IS-IS-L1   115 400
*> 58.223.53.249/32  61.160.33.81   xgei-0/0/0/1    IS-IS-L1   115 400
*> 58.223.53.250/32  61.160.33.81   xgei-0/0/0/1    IS-IS-L1   115 400
*> 58.223.53.252/30  61.160.33.81   xgei-0/0/0/1    IS-IS-L1   115 400
```

图 9-36　调整参数后的 B 路由器转发表

分析总结

城域网在经过局数据规范化配置整治后，很多全局和路由协议的参数被修改了，和系统默认值有很大差异。而新入网的很多设备是按照厂商自身的规范配置的，这就导致协议参数不匹配，网络不稳定，所以以后入网设备必须严格按照现网的规范操作，避免发生故障。

IP RAN B设备无法保存案例

专业：	IP RAN	故障分类：硬件故障
故障关键字：不能保存，无法查看内存信息		

故障描述

一台 B 设备在上线时无法保存信息，如图 9-37 所示。

图 9-37　无法保存信息

处理过程

① 由于 B 设备是新上线的，因此不影响业务。技术人员通过网管查询设备的相关告警，发现设备无告警；查看调测时的 LOG，如图 9-38 所示，发现现场调测时设备是可以保存信息的。

② 技术人员登录出现问题的 B 设备，查看设备的版本、板卡等信息，均无异常，能正常查询设备地址、端口光功率等信息。

③ 技术人员登录 B-1、B-2 设备查看 IS-IS 邻居、BGP 邻居和 OSPF 邻居，发现邻居状态均正常。

④ 技术人员查看 B 设备的内存信息状态时，发现无法查看，如图 9-39 所示。

⑤ 技术人员推测 3 槽位主用主控板可能吊死，因此进行主控倒换；倒换后登录设备，查看不到 3 槽位主控板（倒换前的主用主控板），但能查看设备内存信息，能保存，故确

定 3 槽位的主控板的内存出现问题，申请更换主控板。

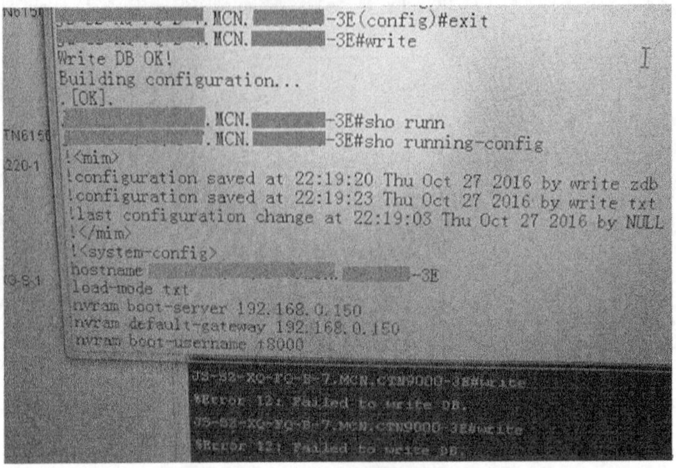

图 9-38　调测的 LOG

图 9-39　B 设备的内存信息状态

⑥ 技术人员带新的主控板去现场，发现问题 B 设备的 3 槽位告警灯亮，将 3 槽位主控板拔下再插上后，登录设备仍无法查看 3 槽位主控板，设备上的告警灯仍然亮着；将 3 槽位主控板拔下，换上新的主控板；同步完成后，3 槽位主控板运行正常，无告警信息。

⑦ 进行主备倒换，新换上的 3 槽位主控板为主用，能查看设备内存信息，能正常保存信息，设备运行正常，故障处理完毕。

分析总结

本次故障表面现象为 3 槽位主控板主用时无法保存信息，不能查看内存信息，技术人员查看设备的协议、版本、板卡等状态均正常。主备倒换后未能解决问题，定位障碍为 3 槽位主控板的内存问题。技术人员更换故障主控板后，障碍消失，设备正常运行。

IP RAN A设备下挂基站无法开通案例

专业：	华为 910I/910 设备	故障分类：外部业务设备故障
故障关键字：基站 A 设备端口数据		

故障描述

某地市反馈在一个汇聚环下新开的部分基站无法开通。

处理过程

① 调试人员首先获取受到影响的基站设备的 IP 地址，通过查询基站业务 IP 地址，查询到 A 设备到 BBU 设备未通，故障设备拓扑如图 9–40 所示。

图 9-40　故障设备拓扑

② 登录 A 设备查看端口收发光，如图 9–41 所示。

```
         -A-2.MCN.         >dis int g0/2/5
GigabitEthernet0/2/5 current state : UP
Line protocol current state : DOWN
Link quality grade : GOOD
Description:HUAWEI, GigabitEthernet0/2/5 Interface
Route Port,The Maximum Transmit Unit(L3) is 1500 bytes, The Maximum Receive Unit(L2)
Internet protocol processing : disabled
IP Sending Frames' Format is PKTFMT_ETHNT_2, Hardware address is 9003-25bf-a9b7
The Vendor PN is LTD1302-BC+1
The Vendor Name is Hisense
The Vendor Private Information is NA, Transceiver Identifier: SFP
Port BW: 1G, Transceiver max BW: 1G, Transceiver Mode: SingleMode
WaveLength: 1310.00nm, Transmission Distance: 10km
Rx Power: -7.83dBm, Warning range: [-19.96dBm, -2.96dBm]
Tx Power: -4.96dBm, Warning range: [-8.99dBm, -2.99dBm]
Loopback:none, Maximal BW:1G, Current BW:1G, full-duplex mode, negotiation: disable,
Last physical up time   : 2017-07-21 02:57:23
Last physical down time : 2017-07-21 02:57:22
Current system time: 2018-04-07 21:29:17
Statistics last cleared:never
    Last 300 seconds input rate: 328432 bits/sec, 148 packets/sec
    Last 300 seconds output rate: 216872 bits/sec, 123 packets/sec
    Input: 232340623861 bytes, 1355526389 packets
    Output: 1040413825721 bytes, 1935880497 packets
    Input:
```

图 9-41　A 设备端口收发光

③ 查看 A 设备端口数据是否异常，如图 9–42 所示。

```
interface GigabitEthernet0/2/5.36
 vlan-type dot1q 36
 description FDD::PROCESSING
 mtu 2000
 mpls l2vc 61.147.133.20 1017 control-word raw
 mpls l2vc 61.147.133.19 10170 control-word raw secondary
 mpls l2vpn redundancy master
 mpls l2vpn reroute delay 300
 mpls l2vpn stream-dual-receiving
 mpls l2vpn arp-dual-sending
 qos default-service-class af4
#
```

图 9-42　A 设备端口数据

④ 查看 A 设备端口到 BBU 设备是否有报文，如图 9–43 所示。

⑤ 查看 A 设备端口到 BBU 是否 Ping 通，如图 9–44 所示。

```
▨▨▨▨▨▨-A-2.MCN.▨▨▨▨▨>dis int g0/2/5
GigabitEthernet0/2/5 current state : UP
Line protocol current state : DOWN
Link quality grade : GOOD
Description:HUAWEI, GigabitEthernet0/2/5 Interface
Route Port,The Maximum Transmit Unit(L3) is 1500 bytes, The Maximum Receive Uni1
Internet protocol processing : disabled
IP Sending Frames' Format is PKTFMT_ETHNT_2, Hardware address is 9003-25bf-a9b7
The Vendor PN is LTD1302-BC+1
The Vendor Name is Hisense
The Vendor Private Information is NA, Transceiver Identifier: SFP
Port BW: 1G, Transceiver max BW: 1G, Transceiver Mode: SingleMode
WaveLength: 1310.00nm, Transmission Distance: 10km
Rx Power: -7.83dBm, Warning range: [-19.96dBm, -2.96dBm]
Tx Power: -4.96dBm, Warning range: [-8.99dBm, -2.99dBm]
Loopback:none, Maximal BW:1G, Current BW:1G, full-duplex mode, negotiation: disa
Last physical up time   : 2017-07-21 02:57:23
Last physical down time : 2017-07-21 02:57:22
Current system time: 2018-04-07 21:29:17
Statistics last cleared:never
Last 300 seconds input rate: 328432 bits/sec, 148 packets/sec
Last 300 seconds output rate: 216872 bits/sec, 123 packets/sec
  Input: 232340623861 bytes, 1355526389 packets
  Output: 1040413825721 bytes, 1935880497 packets
  Input:
```

图 9-43 A 设备端口到 BBU 设备的报文

```
▨▨▨▨▨-A-2.MCN.▨▨▨▨>dis mpls l2vc b
Total LDP VC : 8      8 up        0 down

*Client Interface     : GigabitEthernet0/2/5.36
 Administrator PW      : no
 AC status            : up
 VC State             : up
 Label state          : 0
 Token state          : 0
 VC ID                : 1017
 VC Type              : Ethernet
 session state        : up
 Destination          : 61.147.133.20
 link state           : up
```

图 9-44 A 设备端口到 BBU 的状态

⑥ 查看 B 设备到无线服务器是否 Ping 通，如图 9-45 所示。

```
▨▨▨▨▨-B-1.MCN.▨▨▨▨▨▨ping -vpn-instance CDMA-RAN 7.99.1.193
  PING 7.99.1.193: 56  data bytes, press CTRL_C to break
    Reply from 7.99.1.193: bytes=56 Sequence=1 ttl=255 time=3 ms
    Reply from 7.99.1.193: bytes=56 Sequence=2 ttl=255 time=1 ms
    Reply from 7.99.1.193: bytes=56 Sequence=3 ttl=255 time=1 ms
    Reply from 7.99.1.193: bytes=56 Sequence=4 ttl=255 time=1 ms
    Reply from 7.99.1.193: bytes=56 Sequence=5 ttl=255 time=1 ms

  --- 7.99.1.193 ping statistics ---
    5 packet(s) transmitted
    5 packet(s) received
    0.00% packet loss
    round-trip min/avg/max = 1/1/3 ms
```

图 9-45 B 设备到无线服务器的状态

⑦ 现场更换 BBU 设备的 CC 板。

分析总结

技术人员更换完 CC 板后，发现 A 设备端口有正常报文收发。综合来看，通过上述步骤，技术人员能够判定 A 设备及端口数据没问题，进一步判定 A 设备到 B 设备、B 设备到无线服务器是通的，最后判定是现场 BBU 设备出现问题。

9.3　PTN 系统常见的故障处理思路与案例

9.3.1　故障在接入层的接入侧

1.定位思路

定位思路如图 9-46 所示。

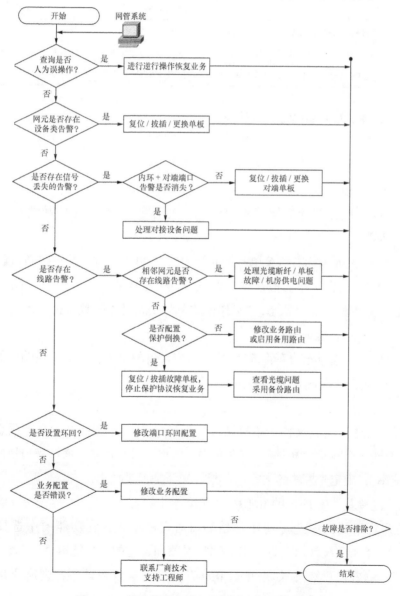

图 9-46　故障范围在接入层的接入侧的定位思路

①检查接入 PTN 上的业务告警；

②检查接入 PTN 和基站间的直连接口、光纤及光模块；

③检查接入 PTN 和基站间的接口、业务的对接配置。

2. 处理步骤

（1）检查影响业务的告警

检查是否有常见的影响业务的告警，告警列表见表 9-3。如果有，请先按照 PTN 产品的告警处理方法排除告警，如果业务仍无法恢复，则继续以下步骤。

表9-3　影响业务的告警

告警分类	影响业务的告警
硬件	HARD_BAD、BUS_ERR、TEMP_OVER和COMMUN_FAIL
光模块	LASER_MOD_ERR、LSR_WILL_DIE、IN_PWR_ABN、TEM_HA和LSR_BCM_ALM
ETH链路	ETH_LOS、ETH_LINK_DOWN和MAC_FCS_EXC

（2）确认连接基站的端口是否有故障

"主菜单→业务→ PWE3 业务→ PWE3 业务管理"，找到基站对应的 PW 业务，检查对应的业务是否出现紧急告警，如果有，首先检查光路。

（3）检查物理光纤

①"主拓扑→网元图标右键菜单→浏览当前告警"，查看连接基站的端口是否有"ETH_LOS"告警。

②"主拓扑→网元图标右键菜单→网元管理器→功能树→配置→接口管理→ Ethernet 端口"，选择"基本属性"页签。检查端口的"运行状态"是否为 up，"端口使能"是否使能，"激光口开启"是否处于开启状态，"工作模式"与基站是否一致；技术人员需要确保端口的上述状态为 up、使能或开启。

③"主菜单→配置→光功率管理"，选中对应设备的单板，查询单板端口的"输入光功率"是否为 –60，如果是，则光纤中断，需要更换光纤。

（4）检查光模块

"主菜单→存量→工程文档→单板制造信息"，选择"单板制造信息"页签，在左表框中选择一个或多个网元，单击 ➡，并单击"查询"进行刷新，通过光模块的制造信息（单多模、速率），确定光模块的类型与单板、光纤是否匹配。

（5）查看连接基站的 PTN 的 RMON 性能统计计数

在"网元管理器"中选择连接基站端口对应的单板，在功能树中选择"性能→ RMON 性能"，单击"统计组"选项卡；选择对象和合适的"性能事件""查询条件"和"显示方式"，单击"开始"；如果端口 RMON 性能没有收包计数，则需要重点排查基站侧。

在"网元管理器"的功能树中，选择"配置→ MPLS 管理→ PW 管理"，右键单击待查询的 PW，在下拉菜单中选择"浏览性能"；在"统计组"选项卡中，选择合适的"性能事件""查询条件"和"显示方式"，然后单击"开始"。如果端口 RMON 性能有收包计数，但 PW 性能没有收包计数，则产生故障的原因很有可能是基站端口的 VLAN 和 PTN 接入端口配置的 VLAN 不一致。

（6）与无线维护团队核对基站与其接入 PTN 之间的对接配置

① 在"网元管理器"的功能树中，选择"配置→接口管理→以太接口"，选择待选接口后查看接口的"关联业务"信息中的"占用资源"信息；确认基站端口的 VLAN 和 PTN 接入端口配置的 VLAN 是否一致。

② 接口封装类型为 802.1Q，GE 端口配置为自协商，10GE 端口配置为 10GE 全双工 LAN；然后确认基站端口的配置是否一致。

③ 检查端口属性是否配置错误（应该使用默认的 Tag Aware，但端口有可能被错误地修改为 Access 或者 Hybrid）。

④ 与无线团队确认，检查无线 LTE 基站是否开启了自动获取 IP 地址的功能；当无线 LTE 基站在无法获取 IP 地址的情况下，会不断地重启，不断地尝试获取 IP 地址，在 PTN960 上的现象为隔一段时间出现一次"ETH_LINK_DOWN"；当基站禁止自动获取 IP 地址功能后，告警将被自动清除。

3.典型案例

PTN 1900设备Tunnel Ping测试存在丢包

专业：	华为 PTN
故障关键字：	Tunnel、Ping

故障描述

PTN 1900 设备配置 Tunnel Ping 测试时存在丢包现象。

处理过程

① 检查确认实际业务正常，使用双主控，1-73CXP 单板为备用单板，2-73CXP 单板为主控单板，备用通道上创建 Tunnel 测试异常；

② 主备主控倒换后，再次进行 Ping 测试正常；

③ 分析确认为 73CXP 单板 Tunnel Ping 测试为软件下发的表项，使用双主控单板、1-73CXP 单板为备用通道情况下，下发的表项路径和报文发送路径不一致，会出现 Ping 报文比表项下发先到达的现象，当 Ping 报文到达 NP 时，软件表项还未下发完成，则报文被丢弃导致 Ping 测试丢包；

④ 升级至 V1R7C10SPC100+SPH106 版本后，此问题得到解决。

分析总结

73CXP 单板 Tunnel 的 Ping 测试为软件下发的表项,由于下发表项的路径和报文发送路径不一致,因此可能出现 Ping 报文比表项下发先到达的现象,当 Ping 报文到达 NP 的时候,软件表项还未下发完成,则报文被丢弃导致 Ping 测试丢包。

9.3.2 故障在接入 / 汇聚层 L2VPN 业务的网络侧

1. 定位思路

定位思路如图 9-47 所示。

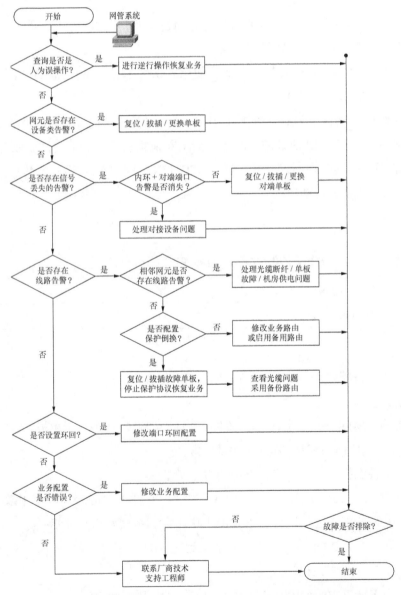

图 9-47 故障范围在接入 / 汇聚层 L2VPN 业务的网络侧的定位思路

① 检查接入 / 汇聚层 PTN 上的业务告警；

② 检查接入 / 汇聚层 PTN 上的全局、接口的基础配置是否正确；

③ 检查接入 PTN 与核心 PTN 间的 Tunnel 是否正常；

④ 检查接入 PTN 与核心 PTN 间的 PW APS 是否正常；

⑤ 检查 PWE3 业务的主备配置和 MC-LAG 的主备配置是否一致。

2．处理步骤

（1）检查是否有影响业务的告警

检查是否有 PW 或 Tunnel 告警，告警列表见表 9-4。

在"浏览当前告警"窗口（业务管理窗口中选择一条故障业务后，单击鼠标右键选择"告警→当前告警"窗口），检查是否有常见的影响业务的告警。如果有，我们可以先按照 PTN 产品的告警处理方法排除告警，如果业务仍无法恢复，则继续下面的步骤。

表9-4　接入/汇聚层影响业务的告警

告警分类	影响业务的告警
PW	PW_DOWN
Tunnel	MPLS_TUNNEL_LOCV

（2）检查基础配置是否正确

① 检查专线业务配置是否正确。在以太网专线业务的界面下，查询是否有配置该基站的业务，如果没有，需重新配置；如果有，需确认配置是否正确。

② 检查 PTN 是否漏配了 MPLS LSR ID。

③ 检查 PTN 7900 是否漏配了 MPLS LSR ID。在"功能树"中，选择"配置→ MPLS 管理"。

④ 检查 PTN 6900 设备是否全局使能 MPLS。

⑤ 检查 PTN 6900 核心设备的网络侧端口是否使能 MPLS 及 MPLS TE。

⑥ 检查 PTN 6900 设备是否配置 Loopback 接口，以及 Loopback 接口 IP 与 LSR ID 是否一致。

⑦ 检查 PTN 6900 E-Trunk 的配置和状态是否正常。

在主菜单中，选择"配置→节点冗余→ E-Trunk 管理"，检查 E-Trunk 的状态及配置参数是否正确。

⑧ 检查 PTN 7900 的 MC-LAG 的配置和状态是否正常。

在主拓扑中的核心汇聚（L2/L3）网元图标上单击右键，选择"网元管理器"，在功能树中选择"配置→接口管理→链路聚合组管理"的"跨设备链路聚合组管理"页签，查看已创建的聚合组信息和状态。

在"链路聚合组管理"页签，选择已配置的链路聚合组的主备状态，在下方"链路聚合组成端口"界面中，可以查看到节点的主备状态。

（3）检查承载 PW 的 Tunnel 是否发生故障

影响 Tunnel 的告警列表见表 9-5。

表 9-5　影响 **Tunnel** 的告警

告警分类	影响 Tunnel 的告警
硬件	HARD_BAD，BUS_ERR，TEMP_OVER，COMMUN_FAIL
光模块	LASER_MOD_ERR，LSR_WILL_DIE，IN_PWR_ABN，TEM_HA，LSR_BCM_ALM
ETH	ETH_LOS，ETH_LINK_DOWN，MAC_FCS_EXC

① 根据接入 PTN 连接基站的端口，查看关联的 Tunnel。

② 检查该基站对应的 L2VE 绑定的 Eth-Trunk 子接口的管理状态是否为禁用状态。

③ 在连接基站的 PTN 上，检查其 L2VPN 的网络侧端口及所在的单板，在终结该 PWE3 业务的 PTN 上，检查其接入及网络侧端口及所在单板，是否存在可能导致业务中断的告警。如果存在，请先按照告警处理方法排除该告警。

如果发生故障但是没有上报该告警，请到"网元管理器→功能树→网元告警抑制设置"中查看告警是否被抑制。

④ 对于丢包类的故障，在主菜单中，进入"业务→Tunnel→Tunnel 管理"页面，单击相应的 Tunnel，选择"性能→查看历史数据"，在弹出的"性能监控管理"页面中，查看 Tunnel 的历史性能数据，检查 Tunnel 的收发包计数是否正常。

⑤ 如果没有明显的物理告警，则需要梳理清楚受影响 Tunnel 的路径，可以通过 LSP Traceroute 进行连通性检查，能从结果中看到报文在哪一跳被丢弃，从而准确地找到故障点。

⑥ 确认 Tunnel 路径，在 PTN910/PTN950/PTN960/PTN1900/3900/7900 上与 PTN6900 对接的接口的"二层属性"选项卡中，端口的"TAG 标识"应该设置为"Access"。

⑦ 检查 Tunnel 路径上，设备间对接的接口配置的 IP 地址是否在同一网段以及是否符合规划；可以在主菜单中进入"业务→Tunnel→Tunnel 管理"页面，选择一条 Tunnel 后，右键选择"查看 LSP 拓扑"，在弹出的窗口中可以看到跳信息。

⑧ 观察两端端口收发流量，看是否存在"发送流速"和"接收流速"不一致的情况，以排除 Tunnel 路径上某段链路存在连线错误（如鸳鸯线）的情况。

在 PTN 3900/PTN 7900 设备上，通过网元管理器，选择"功能树→配置→接口管理→Ethernet 接口管理"，在高级属性页面，查看端口收发速率。

在 PTN 6900 设备上，通过网元管理器，选择"业务树→接口管理"，单击鼠标右键选择接口后，选择"监控实施性能"，查看端口收发速率。

⑨ 在"业务→Tunnel→Tunnel 管理"页面，找到对应 Tunnel，Tunnel 使能状态应设置为"使能"。

（4）检查 PW APS 是否正常工作

① 检查网元是否配置对应的 APS 保护。进入 PTN 3900/PTN 7900"网元管理器"，在功能树中选择"配置→APS 保护管理"，在"PW APS 管理"页面检查是否配置对应的 APS 保护。

② 确认保护组两端的协议状态都处在使能状态。进入 PTN 3900/PTN 7900"网元管理器"，在功能树中选择"配置→APS 保护管理"，在"PW APS 管理"页面检查两端保护组的协议状态都处在使能状态。

③ 检查 PW APS 两端的配置是否一致。进入 PTN 3900/PTN 7900"网元管理器"，在功能树中选择"配置→APS 保护管理"，在"PW APS 管理"页面检查两端 APS 的配置是否一致。

④ 排查保护通道状态是否可用。如果之前已经存在保护通道不可用状态，此时工作通道发生故障，APS 不会发生倒换。进入"网元管理器"，在功能树中选择"配置→APS 保护管理"，在"PW APS 管理"页面查询倒换状态，观察保护路径状态是否是可用状态。

⑤ 查看保护通道的"PW 状态"是否异常。如果保护通道的"PW 状态"异常，则直接定位保护 PW 所在的 Tunnel 不通的问题，具体方法参考"步骤（3）"。进入"网元管理器"，在功能树中选择"配置→MPLS 管理→PW 管理"，在"PW OAM 参数"页面检查保护通道的"PW 状态"是否正常。

⑥ 排除工作路径和保护路径经过相同链路的情况。

如果存在工作路径和保护路径经过相同链路的情况，当同径链路发生故障时，工作和保护同时发生故障，无法起到保护的作用。

在端到端 PW 管理页面，分别查出 APS 工作 PW 和保护 PW 的实际路径信息，确保工作和保护没有"走"在相同的物理路径上。

（5）检查 PWE3 业务的主备配置是否和 MC-LAG 的主备配置一致

① 找到 PWE3 业务的主备节点，系统中绿色实线连接的宿节点为 PWE3 业务的主节点，另外一个宿节点为备节点。

② 在主备节点上，单击鼠标右键选择"网元管理器→接口管理→链路聚合组管理"，查看主备节点是否都能找到"本端端口"与"PWE3 业务接入口"主接口相等的链路聚合组，如果能找到，查看链路聚合组中"系统优先级"是否是主节点比备节点低。

（6）进一步定位

若上述措施仍无法定位，则采集故障信息，并联系厂商技术支持工程师进一步定位。

3. 典型案例

Tunnel和PW状态正常但基站无法上线

专业：	华为 PTN
故障关键字：	基站无法上线

故障描述

通过 LSP Ping 和 VCCV Ping 确认网络和 DHCP Server 无故障，但基站无法上线。

处理过程

① 查看基站的接入 VLAN 和端口配置的 VLAN 是否一致。测试 VLAN 接入如图 9-48 所示。

业务类型	业务ID	业务名称	占用资源
专线业务	95	lssR6-R21-ETH-PW APS2	VLAN[2]
专线业务	215	成都R6-R21-ETH-无保护-000047	VLAN[199]
专线业务		test1	VLAN[3]

图 9-48　测试 VLAN 接入

② 查看 PTN 端口配置的 VLAN ID 和 PTN 6900 端口配置的是否一致。如图 9-49 所示，VLAN 子接口范围：3。

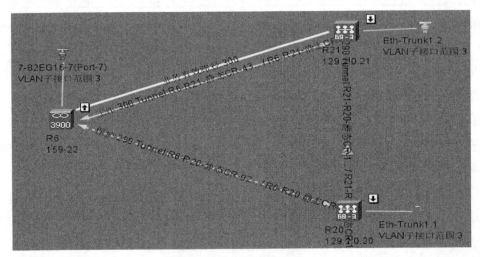

图 9-49　VLAN 端口配置

③ 查看 AC 接口的 VLAN 值是否在 L3VE 子接口的 VLAN 段范围内，如图 9-50 所示。

在"L3VPN 管理→业务接入接口"中，查看 L3VE 子接口的详细信息并查看 VLAN 范围，如图 9-51 所示。

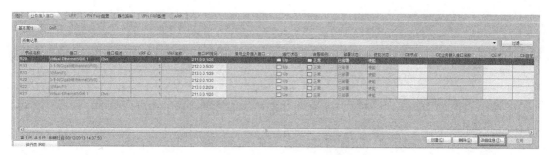

图 9-50　AC 接口 VLAN 值

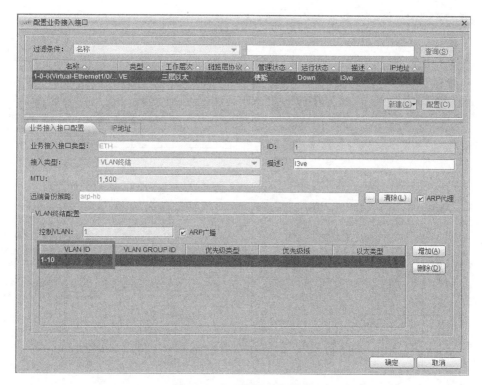

图 9-51　L3VE 子接口信息

分析总结

Ping/Tracert PW 没问题，PW–APS 一切检查也都正常，但是依然不能开通基站业务，说明 VLAN 不匹配，核对规划后确认接入侧 VLAN 是否正确。

9.3.3　故障在核心层 L2VPN 接入 L3VPN 的设备

1. 定位思路

定位思路如图 9–52 所示。

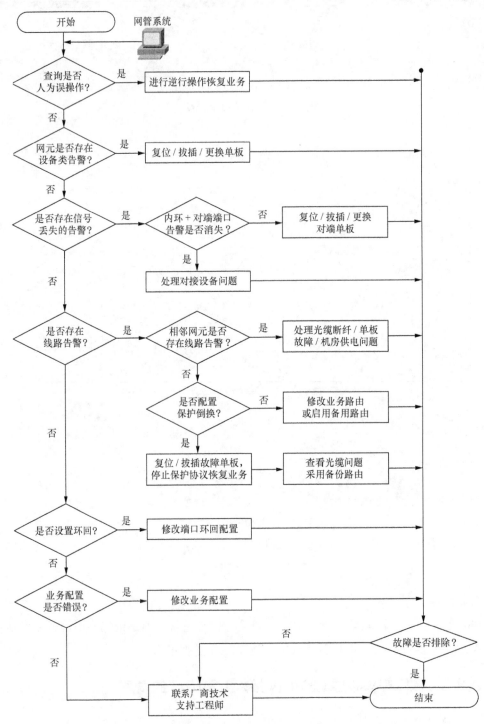

图 9-52　故障在核心层 L2VPN 接入 L3VPN 的设备的定位思路

① 检查汇聚核心 PTN 上是否漏配了到 eNodeB 的静态路由；

② 检查 IP VPN FRR 状态和配置；

③ 检查汇聚核心 PTN 上是否正常学习到了基站的 ARP；

④ 检查汇聚核心 PTN 上 L2VE 的配置是否正确；

⑤ 检查汇聚核心 PTN 上 L3VE 的配置是否正确。

2. 处理步骤

（1）检查汇聚核心 PTN 上的路由表中是否存在到 eNodeB 的路由信息

在"业务→L3VPN 业务→L3VPN 管理→静态路由"中查看是否存在到 eNodeB 的路由信息。如果没有显示信息，则检查是否漏配置了静态路由。

（2）检查 IP VPN FRR 的状态和配置

打开"网元管理器"，在功能树中选择"控制面配置→静态路由管理"查看路由信息。检查汇聚核心节点的下行路由的 IP VPN FRR 状态，主要查看 NextHop 及其主备关系和规划是否一致，查看备份路径"是否使能负载分担"是否为是，如为时，看"出接口"是否已经迭代到 Tunnel。

（3）查看该汇聚核心 PTN 设备的 L3VPN 业务中是否存在基站的 ARP

在"主菜单→L3VPN 业务→L3VPN 业务管理→过滤（选中待检查的业务）"中点击"ARP"页签，然后单击"刷新"，最后看是否有基站的 ARP 表项。

（4）查看 L2VE 和 L3VE 的配置是否正确

① 在"PWE3 业务管理→过滤→业务接入接口"中查看业务接入接口的 VLAN 配置是否正确，对于 L2VE，只需检查 VLAN 值和 L3VE 的 VLAN 值是否匹配。

② 在主菜单中，选择"L3VPN 业务→L3VPN 业务管理→过滤"，然后选择"L3VPN 业务"，在窗口下方的"业务接入接口"页签中，选择需要检查的核心 PTN 上的 L3VE 子接口，单击右下角的"详细信息"按钮，在弹出的窗口中，检查是否勾选 ARP 代理配置、VLAN 配置是否和规划一致。

③ 在网元管理器中，选择"配置→接口管理→L2VPN 和 L3VPN 桥接组管理→VE 口管理"，查看主备 PTN7900 L2 入 L3 设备 L3VE 的 MAC 地址是否一致。

④ 在主菜单中，选择"L3VPN 业务→L3VPN 业务管理→过滤"，然后选择"L3VPN 业务"，在窗口下方的"业务接入接口"页签中，选择需要检查的核心 PTN 上的 L3VE 子接口，查看主备 PTN 7900 L2 入 L3 设备的接口 IP 地址 / 掩码是否相等。

3. 典型案例

PTN 7900 L2入L3设备MC-LAG状态异常

专业：　　　华为 PTN

故障关键字：MC-LAG 状态异常

故障描述

某局点反馈 PTN 7900 L2 入 L3 设备 MC-LAG 状态异常，为独立模式，主备节点都为独立工作。

处理过程

① 登录 PTN 7900 L2 入 L3 设备，查询设备版本号为 V100R006C10；

② 查询 MC-LAG 状态，确认主备节点状态都为独立工作；

③ 查询 MC-LAG 所在 ICB 通道，状态异常，为 down；

④ 检查确认 ICB 所在通道的出接口信息在环上；

⑤ 将 ICB 通道所在通道的出口从环上迁出，ICB 状态变为 up，MC-LAG 协商正常，PTN7900 L2 入 L3 主节点为协同工作，PTN7900 L2 入 L3 备节点为协同保护。

分析总结

核心网到基站的下行路由只配置了到 PTN 7900 L3 主节点，未配置到 PTN 7900 L3 的备路由，导致 PTN 7900 L3 主节点到核心网的链路故障时，核心网主路由撤销，没有到基站网关的路由，从而引起基站托管。

9.3.4　故障在核心层 L3VPN 业务的网络侧（PTN 7900）

1. 定位思路

定位思路如图 9-53 所示。

① 检查主备核心节点间的链路是否发生故障；

② 检查 VPN FRR 状态和配置；

③ 检查 ECMP 配置及成员状态。

2. 处理步骤

（1）检查主备核心节点间的链路是否发生故障

主备核心 PTN 之间可能存在多条链路组成 LAG，LAG 的心跳链路发生单链路故障，不影响业务，但需要及时修复。如果该 LAG 的所有成员链路均发生故障，就会影响业务保护。

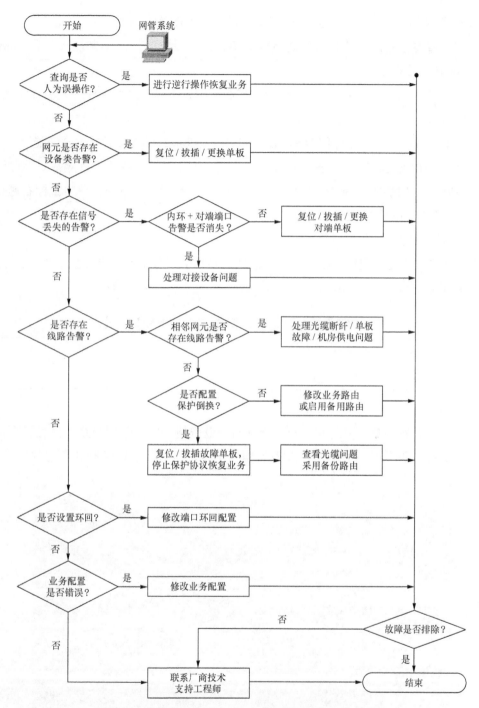

图 9-53　故障在核心层 L3VPN 业务的网络侧的定位思路

（2）检查 VPN FRR 状态和配置

检查汇聚核心节点的上行路由的 VPN FRR 状态，主要查看 NextHop 及其主备关系和规划是否一致，查看主备路由"是否使能负载分担"是否设置为是，如为否，查看 Interface 和备份 Interface 是否已经迭代到 Tunnel。

检查核心节点的下行路由的 VPN FRR 状态，主要查看 NextHop 及其主备关系和规划是否一致，查看主备路由"是否使能负载分担"是否设置为是，如为否，查看 Interface 和备份 Interface 是否已经迭代到 Tunnel。

打开"网元管理器"，在功能树中选择"控制面配置→静态路由管理"，查看路由信息。

（3）检查 ECMP 配置及成员状态

检查汇聚核心节点是否已使能 ECMP，如果没有使能，则需要设置为"使能"。

检查 ECMP 成员状态，状态异常请及时处理，当存在超过两个成员异常时，可能导致业务故障。在 L3VPN 业务中，VPN Peer 配置页，选中检查的 peer，单击鼠标右键查看 Tunnel，查询 ECMP 成员状态。

（4）进一步定位

若上述措施仍无法定位，则采集故障信息，并联系厂商技术支持工程师进一步定位。

3. 典型案例

L3VPN静态路由完整，但IP VPN FRR不生效

专业：	华为 PTN
故障关键字：IP VPN FRR 不生效	

故障描述

静态路由配置完整，但是在"网元管理器→业务树→路由管理→路由信息"页面中查看路由信息，如图 9-54 所示，发现没有备份下一跳信息，IP VPN FRR 不生效。

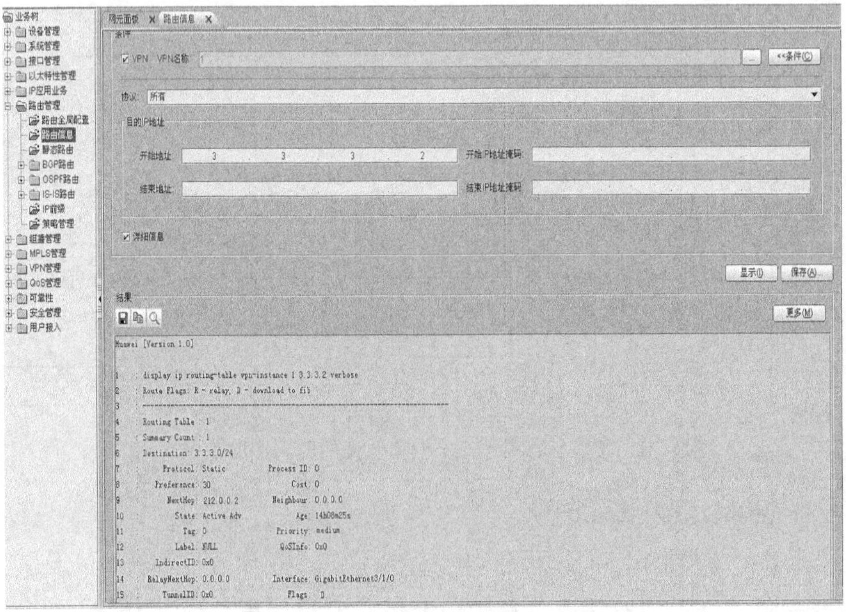

图 9-54　路由信息

处理过程

① 重新添加 L3VPN 用户侧静态路由并绑定出接口，IP VPN FRR 生效后删除原路由。

② 选择"网元管理器→业务树→路由管理→静态路由"，在窗口右侧下单击"新建"按钮进行路由添加；在窗口右侧下单击"删除"按钮进行删除路由。静态路由信息状态如图 9–55 所示。

	所属VPN实例	目的IP地址	掩码	出接口	目标VPN实例	下一跳IP地址	部署状态
135		20.1.1.0	255.255.255.252			1.0.3.8	已部署
333		16.16.16.0	255.255.255.252			1.0.3.8	已部署
333		192.132.2.0	255.255.255.252			1.0.3.8	已部署
333		192.132.2.0	255.255.255.252	Eth-Trunk15.1		15.15.15.2	已部署
333		192.73.12.0	255.255.255.252			1.0.5.8	已部署
		1.0.3.8	255.255.255.252	Tunnel0/0/171			已部署
		100.100.100.100	255.255.255.255	Vlanif100		196.168.10.210	已部署
111		12.12.3.8	255.255.255.255			1.0.3.8	已部署
119		12.12.3.8	255.255.255.255			1.0.3.8	已部署
345		116.116.116.0	255.255.255.252			192.168.10.21	已部署
345		124.124.124.0	255.255.255.252			192.168.10.21	已部署
345		193.132.3.0	255.255.255.0			192.168.10.21	已部署
345		193.132.2.0	255.255.255.0			192.168.10.21	已部署
345		115.115.115.0	255.255.255.252			192.168.10.100	已部署
345		60.60.60.60	255.255.255.255			192.168.10.100	已部署
345		51.51.51.51	255.255.255.255			192.168.10.100	已部署
345		123.123.123.0	255.255.255.252			192.168.10.100	已部署

第1行，共58行，选中 1行　刷新时间 07/29/2014 16:00:53　　　　同步(Y)　新建(R)　删除(E)　配置(G)　另存为

图 9-55　静态路由信息状态

在新建静态路由窗口中填写静态路由信息，如图 9–56 所示。

③ 如果配置了备份下一跳的静态路由，但是没有备份下一跳信息，请检查路由策略的 IP 前缀是否完全包含了路由的目的地址以及掩码，如果配置与项目规划不符，请根据项目规划修改。

在 U2000 客户端主菜单中，选择"业务→ L3VPN 业务→ L3VPN 业务管理"，通过"业务名称"，筛选对应的业务，单击"过滤"，如图 9–57 所示。

在窗口下方的"VRF"页签中选中节点，单击右下角的"详细信息"，如图 9–58 所示。在弹出的"详细信息"窗口中，选中

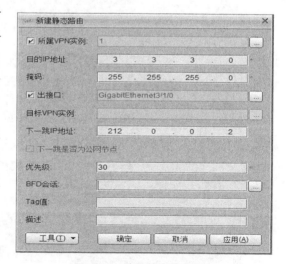

图 9-56　填写静态路由信息

"VRF 配置→基本属性→路由策略→路由策略对象→路由策略"，然后单击右侧的"…"键。在弹出的"选择路由策略"窗口中，单击窗口右下方的"配置"按钮，如图 9–59 所示，查看路由策略的配置情况。

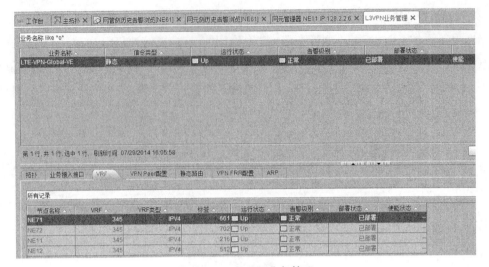

图 9-57　L3VPN 业务管理

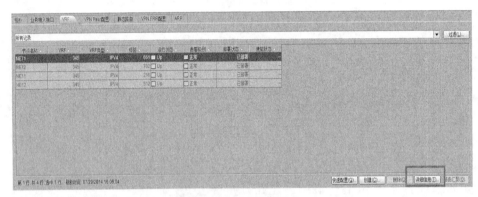

图 9-58　VRF 详细信息

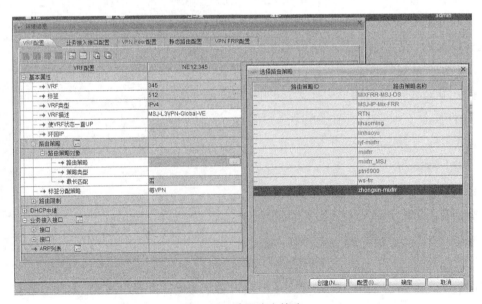

图 9-59　选择路由策略

在弹出的"修改策略"窗口中，找到"规则信息"，然后单击右侧的"修改"按钮，可查看 IP 前缀的生效情况，并确认是否完全包含了静态路由的目的 IP 地址和掩码，如图 9-60 所示。

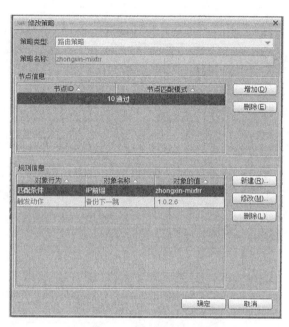

图 9-60 路由策略的修改

分析总结

用户侧 L3VPN 静态路由没有指定出接口，L3VPN IP VPN FRR 需要路由策略匹配 IP 前缀触发备份下一跳，如果 IP 前缀和所配置静态路由的目的地址和掩码不匹配，无法发出路由策略，就无法形成 IP VPN FRR。

9.3.5 故障在核心层的接入侧

1.定位思路

定位思路如图 9-61 所示。

① 从核心 PTN 上发起到无线 SGW/MME 直连接口的 VRF Ping；

② 检查 IP VPN FRR 状态和配置；

③ 和 SGW/MME 对接，查找核心节点上的用户侧路由；

④ 检查核心 PTN 节点的链路是否发生故障；

⑤ 检查核心 PTN 节点与 SGW/MME 之间的 LAG 状态；

⑥ 检查 BFD 状态和 BFD Track。

279

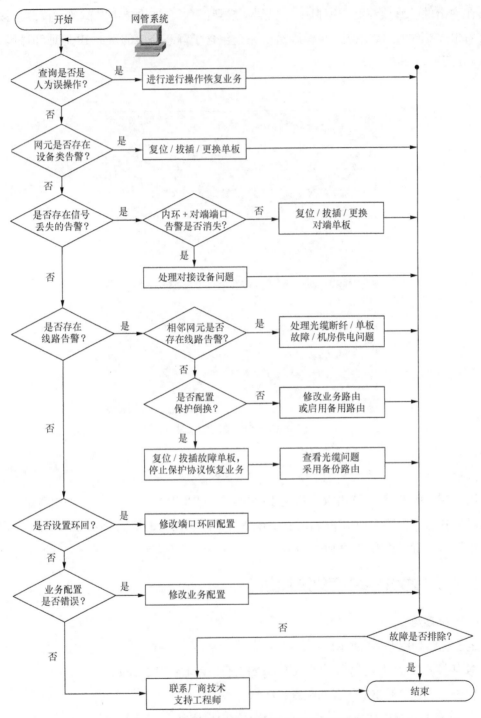

图 9-61　故障在核心层的接入侧的定位思路

2.处理步骤

（1）测试检查

在核心 PTN 设备的网元管理器里，选择"配置→控制平面配置→ Ping 和 Traceroute →

Ping"，对 SGW/MME 直连接口发起 VRF Ping，如果测试异常，检查 IP 是否配置正常。

（2）检查核心 PTN 上的路由表中，是否存在到 SGW/MME 的路由信息

如果核心 PTN 上的路由表中没有到 SGW/MME 的路由信息，则检查是否漏配置了静态路由。

在"业务→ L3VPN 业务→ L3VPN 管理→静态路由"中查看是否存在到 SGW/MME 的路由信息。如果没有显示信息，则检查是否漏配置了静态路由。

（3）检查 IP-VPN FRR 状态和配置故障

检查核心节点的上行路由的 IP VPN FRR 状态，查看 NextHop 及其主备关系和规划是否一致，备份路径"是否使能负载分担"是否设置为是，如为否，查看备份 Interface 是否已经迭代到 Tunnel。

打开"网元管理器"，在功能树中选择"配置→控制面配置→静态路由管理"查看路由信息。

（4）检查主用核心 PTN 节点与 SGW/MME 之间的链路是否中断

在 L3VPN 中的业务接入口，过滤选择核心 PTN 节点，查看对应接口运行状态是否为 down，如果为 down，则说明该链路中断，需要修复该链路。

（5）检查核心 PTN 节点与 SGW/MME 之间的 LAG 状态

检查核心 PTN 节点与 SGW/MME 节点间的 UNI 的 LAG，两端的配置需要一致且 LAG 状态正常。LAG 状态查询可以在"配置→接口管理→链路聚合组管理"中查询。

（6）检查 BFD 状态和 BFD Track

① 检查单跳 BFD 状态为 up，单跳 BFD 配置："源端口"为核心 PTN 设备在 L3VPN 中的用户侧端口；"宿端口 IP"为 SGW/MME 接口 IP；"源端口 IP"为用户侧端口 IP；"报文本端发送间隔""报文本端接收间隔""报文本端探测倍数"与 SGW/MME 配置一致。

② 检查 IP VPN FRR Track 单跳 BFD，并且 Track 正确（混合 FRR 处"跟踪类型"为 BFD 索引，BFD 索引"中有对应的 BFD，混合 FRR 的"接口"与 BFD 配置中的"源端口"需要一致）。IP VPN FRR 跟踪 BFD 配置查询：选择"业务→ L3VPN 业务→ L3VPN 业务管理"，选中对应的 L3VPN 业务，在网管软件界面的下面部分选择 VRF，选中对应的核心 PTN 设备，单击鼠标右键选择"详细信息配置"，在"详细信息配置"中，查询"VPN FRR 配置→混合 FRR"配置。

③ 选择"网元管理→配置→ BFD 管理→ BFD → BFD 配置"，查询多跳 BFD 状态为 up。

④ 核心 PTN 主备设备都存在到同一个 SGW/MME 地址的用户侧路由和网络侧路由，核心 PTN 主设备到 SGW/MME 的网络侧路由跟踪多跳 BFD（BFD 的"源端口 IP"为本设备本 VPN 中 Loopback 接口的 IP 地址；BFD 的"宿端口 IP"为核心 PTN 备用设备本 VPN 中的用户接入口 IP），核心 PTN 备用设备到 SGW/MME 地址的用户侧路由的出接口，应该与核心 PTN 主设备跟踪的多跳 BFD"宿端口 IP"地址所在的接口一致。

⑤ 核心 PTN 主设备跟踪多跳 BFD 配置查询：选择"业务→ L3VPN 业务→ L3VPN 业务管理"，选中对应的 L3VPN 业务，在网管软件界面的下面部分选择 VRF，选中对应的核心 PTN 设备，单击鼠标右键选择"详细信息"，在"详细信息"配置中，在"静态路由配置→网络侧"操作中选择对应路由，"跟踪类型"为 BFD 索引，BFD 索引项为对应的多跳 BFD。

（7）进一步定位

若上述措施仍无法定位，则采集故障信息，并联系厂商技术支持工程师进一步定位。

3. 典型案例

PTN 7900 L3节点UNI故障导致基站托管

专业：	PTN
故障关键字：	L3 节点 UNI 故障

故障描述

某局点进行倒换测试，反馈 PTN 7900 L3 节点与核心网对接的 UNI 去使能时，大量基站托管，使能后基站恢复管理。

处理过程

① 登录 PTN 7900 L2 入 L3 设备，以基站网关为源地址对基站网管 OMC 进行 Ping 测试，测试异常；

② 在 PTN 7900 L2 入 L3 设备上，以基站网关为源地址对基站网管 OMC 进行 Traceroute，可达 PTN 7900 L3 备节点，没有收到核心网的应答；

③ 在 PTN 7900 L3 备节点，查询业务配置正常，IP VPN FRR 状态也正常；

④ 在 PTN 7900 L3 备节点，对 UNI 对端 IP 进行 Ping 测试，测试正常，怀疑核心网存在异常；

⑤ 核心网对基站网关发起 Ping 测试，测试异常；

⑥ 核心网对基站网关进行 Traceroute，第一跳不通；

⑦ 核心网查询到基站网关的路由，发现只存在下一跳为 PTN 7900 L3 主节点的路由，不存在到 PTN 7900 L3 备节点的保护路由，配置保护路由后托管基站恢复管理。

分析总结

核心网到基站的下行路由只配置了到 PTN 7900 L3 主节点，未配置到 PTN 7900 L3 备路由，导致 PTN7900 L3 主节点到核心网的链路故障时，核心网主路由撤销，没有到基站网关的路由，从而引起基站托管。